国家社会科学基金重点项目资助
国家安全学（太空安全）学科培育建设项目
太空安全领域高端智库丛书

太空安全概论

—— GENERAL INTRODUCLION TO SPACE SECURITY ——

丰松江 ◎ 编著

时事出版社
北京

《太空安全概论》
编 写 组

主　　编　丰松江
编写人员　姜　荣　　程子俊　　刘甜甜　　张河苇
　　　　　朱　蓓　　邵潆娇　　陈　宁　　谢家豪
　　　　　苏　欣

前　言

习近平总书记强调，国泰民安是人民群众最基本、最普遍的愿望。实现中华民族伟大复兴的中国梦，保证人民安居乐业，国家安全是头等大事[①]。

太空是人类共同的财富。探索宇宙奥秘、利用外层空间，是全人类的共同梦想[②]。随着太空日益成为人类活动的新疆域，太空不但对国家经济社会发展的影响日益深远，对总体国家安全的影响也与日俱增。太空安全逐渐成为国家建设和社会发展的战略保障，维护太空安全和发展利益逐渐成为国家安全领域的重大时代命题，成为决定国家未来生存和发展空间的重要国家安全战略[③]，关乎国泰民安与中华民族伟大复兴。增强全民国家太空安全意识，提高安全进出和开放利用太空能力，提升太空安全危机管控和综合治理效能，推动国际社会更好地和平利用太空，对维护太空持久和平与共同安全具有重大战略意义。

一个时期以来，伴随着人类航天事业不断革故鼎新，世界主要国家围绕太空开发利用的竞争日趋激烈。太空安全的范畴越来越广，不但包括人类航天活动最为活跃的地球轨道空间安全，还包括临近空间、深空空间、行星际空间，以及与之交织在一起"无形"的网络空间与电磁频谱空间等领域安全。太空安全的影响因素愈加复杂，不但涉及空间碎片、轨道拥挤、频谱干扰等人类航天活动发展过程中必然会遇到的因素，还

[①] 习近平：《汇聚起维护国家安全强大力量　不断提高人民群众安全感幸福感》，新华社，2016年4月16日。
[②] 丰松江、谢家豪：《推动航天事业造福世界》，《解放军报》2024年4月26日。
[③] 安平：《太空不是相互博弈的竞技场》，国家安全部微信公众号，2024年5月17日。

涉及无序竞争、蓄意对抗、资源抢占，特别是太空军事化武器化战场化日益加剧、商业航天如雨后春笋般发展以及太空领域国际秩序和治理规则构建滞后等造成的严峻挑战。近年来，不断涌现的太空安全威胁和冲突苗头、日益复杂的太空安全环境、愈加拥挤的太空交通态势等，已成为全人类航天活动乃至文明进步共同面临的重大安全风险与挑战。

党的二十大报告明确指出，国家安全是民族复兴的根基。维护太空安全是维护国家安全的重要内容和必然要求。积极适应世界太空安全形势变化需要，坚定不移以总体国家安全观为指导，以维护国家太空安全为目的，以推动在太空领域构建人类命运共同体为理念，全面促进国家安全学（太空安全）学科发展与人才培养，编著《太空安全概论》，成为摆在我们面前的一项紧要任务。本书是在军队"双重""育新工程"学科建设与国务院学位委员会批准的航天工程大学国家安全学（太空安全）学科培育建设等任务的支持下，在全体编著人员长期研究基础上，历时3年形成的众多成果的概括总结，也引用借鉴了国内外许多优秀研究成果，力求从太空安全的概念内涵、发展演进、物理域安全、网络与电磁空间安全、商业航天安全、空间环境安全以及太空安全综合治理与危机管控等维度，进行全面系统地研究阐述。

全书共分为十一章。第一章介绍了对太空安全的基本认识、概念辨析与建构。第二章为太空安全的发展演进，主要介绍人类从第一个太空时代开始到当前进入第三个太空时代过程中面临太空安全问题的演化过程。第三章至第七章分别阐述了"大太空"视域下对太空安全所涉及的不同物理域、网络与电磁频谱域以及商业航天发展等安全问题的理解和认识。第八章阐述了复杂空间环境因素对太空安全的影响与思考。第九章重点介绍了总体国家安全观视域下对太空安全问题的理解和认识。第十章、第十一章分别介绍了对太空安全危机管控与综合治理问题的研究与思考。本书可作为高等院校相关学科专业的教材，也可作为太空安全领域战略政策研究、技术开发和工程管理等相关人员的参考工具书，以及太空安全领域爱好者的科普读物。

本书在研究编著过程中，得到了军地相关领导和专家、航天工程大学有关领导和专家的关心指导和大力支持，也参考了国内外许多同行专家的宝贵资料。在此，一并致以最诚挚的敬意和感谢！

限于编者水平，不足之处敬请批评指正，以期不断研究完善。

丰松江
2024 年 12 月

目 录
Contents

第一章　概述　/1
 第一节　对太空安全的基本认识　/1
  一、太空的物理范畴越来越大　/2
  二、太空安全的研究对象越来越广　/7
  三、太空安全跨域交织越来越复杂　/12
 第二节　太空安全概念辨析与建构　/16
  一、太空安全概念辨析　/16
  二、太空安全概念建构　/20

第二章　太空安全的发展演进　/27
 第一节　第一个太空时代：太空安全问题的出现　/27
  一、太空成为美苏冷战领域之一　/28
  二、太空安全问题日益受到关注　/29
  三、新一轮太空军备竞赛再起　/31
 第二节　第二个太空时代：太空安全问题的发展　/33
  一、空间轨道越来越拥挤　/34
  二、空间碎片影响航天器安全　/34
  三、太空支援大显神威　/35
  四、太空作战走向前台　/36
  五、太空安全困境再次出现　/38
 第三节　第三个太空时代：太空安全问题的升级　/41

一、人类活动与国家安全越来越倚重太空　/ 42

二、太空日益拥挤、太空物体碰撞的风险日益剧烈　/ 43

三、太空战场化增加太空军备竞赛和太空武装冲突风险　/ 45

四、太空大开发拉开太空资源之争的帷幕　/ 49

五、国际太空军控规则博弈突然升温　/ 51

六、深空与临近空间正成为太空经济与军事新领地　/ 54

第三章　地球轨道空间安全　/ 57

第一节　地球轨道空间　/ 57

一、高度范围　/ 57

二、运行机理　/ 58

三、轨道类型及几种常用轨道　/ 61

第二节　地球轨道空间的安全问题　/ 65

一、在轨航天器数量激增易引发安全事件　/ 66

二、空间碎片成为在轨航天器的重要威胁　/ 68

三、地球轨道空间频轨资源竞争持续加剧　/ 72

四、地球轨道空间军事化、武器化最为严重　/ 74

第三节　地球轨道空间安全的维护　/ 78

一、聚焦发展先进技术，提升维护太空安全的科技实力　/ 78

二、推动构建规则规范，形成维护太空安全的统一认识　/ 87

三、加强太空军事手段建设，防护太空资产安全　/ 93

第四节　对维护地球轨道空间安全的思考　/ 98

一、强化维护地球轨道空间安全意识　/ 98

二、统筹地球轨道空间安全布局　/ 99

三、构建地球轨道空间安全事件处置机制　/ 99

四、提升维护地球轨道空间安全的技术能力　/ 100

五、加强地球轨道空间资产安全防御能力　/ 101

六、推进国际地球轨道空间安全治理　/ 101

第四章　深空空间安全　/ 103

第一节　地月空间　/ 103
一、空间范围　/ 104
二、运行机理　/ 106
三、战略价值　/ 108

第二节　行星际空间　/ 112
一、空间范围　/ 112
二、运行机理　/ 113
三、战略价值　/ 115

第三节　深空空间的安全问题　/ 118
一、地月轨道空间是经略深空的"咽喉要道"，
一些国家正在加快预置能力　/ 118
二、围绕月球、火星等天体资源的竞争日益激烈，
关乎人类持久生存　/ 122
三、小行星防御是人类维护深空安全的永恒命题　/ 130

第四节　对维护深空空间安全的思考　/ 135
一、加强地月空间可持续发展顶层谋划　/ 135
二、提高对近地小行星防御的重视程度　/ 136
三、避免太空军事化染指深空空间　/ 137
四、共谋人类深空探测与开发的未来　/ 138

第五章　临近空间安全　/ 139

第一节　临近空间　/ 139
一、空间范围　/ 140
二、运行机理　/ 142
三、运用价值　/ 145

第二节　临近空间的安全问题　/ 148
一、临近空间竞争日益激烈　/ 148
二、临近空间活动缺少国际规则　/ 154

第三节　临近空间安全的维护　/ 157
　　一、发展临近空间高超声速武器防御能力　/ 157
　　二、探讨临近空间法律与规则约束途径　/ 166
第四节　对维护临近空间安全的思考　/ 169
　　一、尽快确立临近空间发展战略　/ 169
　　二、加紧临近空间相关技术装备研发　/ 170
　　三、加快构建低动态临近空间飞行平台体系　/ 170
　　四、积极开展高动态临近空间飞行器研究　/ 170
　　五、前瞻形成临近空间高超声速武器防御能力　/ 171
　　六、加快推进临近空间法律制度研究　/ 171

第六章　太空网络与电磁频谱安全　/ 172
第一节　太空网络空间与电磁频谱空间　/ 172
　　一、太空网络空间　/ 173
　　二、太空电磁频谱空间　/ 176
第二节　太空面临的网电安全问题　/ 178
　　一、"没有硝烟的战争"　/ 179
　　二、天基网络安全面临巨大挑战　/ 182
　　三、卫星链路成为威胁太空安全的薄弱点　/ 184
　　四、地面基础设施与应用终端首当其冲　/ 187
　　五、空间环境可极大影响太空网电安全　/ 189
第三节　太空网电安全维护　/ 193
　　一、重塑架构：布局太空网电安全新框架　/ 194
　　二、立法守护：为太空网电安全筑起法律防线　/ 195
　　三、企业先锋：企业引领太空网电安全创新　/ 198
　　四、技术革新：推动太空网电安全科技创新　/ 199
　　五、军事支撑：全力保障太空领域网电安全　/ 200
第四节　对维护太空网电安全的思考　/ 201
　　一、加强顶层设计，完善太空安全理论和政策体系　/ 202

二、深化技术研发，加强太空网络弹性建设 / 202
三、网电一体运用，发展太空网电安全综合防御技术 / 203
四、加快人才培养，为太空网电安全能力建设提供重要保障 / 203
五、推进国际合作，共同构建太空网电安全治理体系 / 204

第七章　商业航天安全 / 205

第一节　商业航天及其发展态势 / 205
一、商业航天 / 206
二、发展态势 / 208

第二节　商业航天安全问题分析 / 213
一、商业航天大国博弈加剧 / 214
二、"凯斯勒现象"风险急增 / 216
三、商业航天监管体系不完善 / 218
四、太空网络和数据安全威胁 / 220
五、太空安全治理难度增加 / 220

第三节　商业航天安全发展的维护 / 221
一、强化战略引领，维护商业航天安全 / 221
二、激发市场活力，营造商业航天安全环境 / 223
三、加强规范监督，正向引导商业航天 / 225
四、刺激技术创新，加强商业航天内核驱动 / 226
五、加强融合发展，拓展商业航天市场需求 / 227

第四节　对维护商业航天安全发展的思考 / 228
一、持续完善政策法规，形成与商业航天市场发展
    相契合的法律规范体系 / 228
二、加强技术监督与评估，引导商业航天市场不断
    向良性循环平稳发展 / 229
三、深化改革创新机制，以技术、模式、应用创新
    带动商业航天企业向强 / 229

四、打通融合发展转化壁垒，推动国家一体化战略
　　体系能力生成 / 229

五、推进国际合作，共同推进太空安全治理体系纵深发展 / 230

第八章　空间环境安全 / 231

第一节　地球轨道空间环境安全 / 231

一、中性大气环境 / 232

二、等离子体环境 / 234

三、辐射环境 / 238

四、宏观粒子环境 / 242

第二节　深空空间环境安全 / 244

一、月球探测面临的空间环境安全问题 / 245

二、火星探测面临的空间环境威胁 / 249

三、其他深空探测面临的空间环境威胁 / 255

第三节　临近空间环境安全 / 255

一、温度环境 / 256

二、风场环境 / 257

三、辐射环境 / 257

四、等离子体环境 / 258

第四节　对防范空间环境安全影响的思考 / 259

一、加强航天系统自身防护 / 259

二、重视空间科学基础研究 / 260

三、提升空间环境监测能力 / 260

四、健全空间环境预警体系 / 260

第九章　总体国家安全观视域下的太空安全 / 262

第一节　总体国家安全观的理论建构与发展 / 262

一、总体国家安全观的理论渊源 / 263

二、总体国家安全观的核心要义与发展演变 / 263

三、总体国家安全观的理论创新价值 / 264

四、总体国家安全观是维护太空安全的科学指导 / 265

第二节 总体国家安全观视域下的太空安全定位与困境 / 266

一、太空安全是具有战略意义的综合性国家安全 / 266

二、太空权力竞争阻碍国际太空安全治理进程 / 270

三、太空武器化和军备竞赛又现端倪严重威胁太空安全 / 271

四、空间资源有限和空间环境日渐恶化影响太空安全与发展 / 272

五、维护国家太空安全的能力亟待加强 / 273

第三节 总体国家安全观视域下维护太空安全的策略建议 / 274

一、全面审视维护太空安全的重大战略意义 / 274

二、以抢占航天技术战略制高点为突破口应对国际太空战略竞争 / 275

三、高举人类命运共同体大旗推动人类太空持久和平与共同安全 / 276

第四节 案例："星链"的挑战及应对 / 277

一、"星链"概述 / 278

二、"星链"带来的安全挑战 / 279

三、应对"星链"安全挑战的对策建议 / 281

第十章 太空安全危机管控 / 283

第一节 对太空安全危机的基本认识 / 283

一、理论借鉴 / 284

二、分类特点 / 286

第二节 太空安全危机演化与博弈 / 289

一、演化过程 / 289

二、危机博弈 / 291

第三节 太空安全危机管控理论剖析 / 292

一、理论借鉴 / 293

二、管控特点 / 296

第四节　对太空安全危机管控的思考　/ 298
　一、最大限度防范太空安全危机　/ 299
　二、加强太空安全危机管控体系设计　/ 299
　三、健全太空安全危机管控运行机制　/ 300

第十一章　太空安全综合治理　/ 302
第一节　太空安全综合治理时代背景　/ 303
　一、太空环境恶化，影响人类太空活动可持续发展　/ 303
　二、太空资源争夺白热化，加剧国家间战略竞争　/ 305
　三、太空商业化大发展，推动参与太空活动的行为体
　　　与日俱增　/ 307
　四、太空开发深空化，对国际太空治理产生重要影响　/ 308
　五、太空战场化，对人类和平利用太空构成严峻威胁　/ 310
第二节　太空安全综合治理困境　/ 312
　一、现有太空制度与太空活动日益脱节　/ 312
　二、技术创新发展带来太空治理难题　/ 314
　三、权力分散与观念多元加大太空治理难度　/ 315
　四、太空武器化与军备竞赛是太空治理的一大拦路虎　/ 318
　五、案例：两颗活动卫星险些相撞　/ 319
第三节　对太空安全综合治理的思考　/ 320
　一、健全国际太空安全综合治理机制、规则、标准体系　/ 321
　二、充分发挥联合国在太空安全治理中的作用　/ 322
　三、加快太空安全治理相关支撑技术发展　/ 323
　四、坚持治理现代化思想提升太空治理能力　/ 324
　五、加快构建太空领域人类命运共同体　/ 325

第一章／概述

太空是人类共同的财富①。1957年10月4日，世界上第一颗人造地球卫星发射成功，开启了人类太空时代。自此，太空就与安全密不可分。太空安全是国家经济社会发展、全球人类文明进步的战略支撑。经略浩瀚宇宙、维护太空安全，首先需要着眼国家战略目标、聚焦今天的太空安全关切，着眼时代发展大势、前瞻未来太空安全发展，研究探讨太空安全的内涵外延，辨析建构太空安全的基本概念，以循序渐进、凝聚共识，启迪思考、激发共鸣。

第一节 对太空安全的基本认识

基本认识是理解和认识客观世界的起点，是一切行为的基础和前提。研究太空安全问题，维护太空安全的一切行为，应以正确认识太空安全的物理范畴、研究对象、涉及领域等为基本前提。如今，关于太空安全的忧虑远不止一些国家使用弹道导弹和将太空武器化。当前的问题还包括新形式的太空武器，如网络战、与太空系统相关的潜在形式的恐怖主义、在轨服务、空间碎片、辐射危害和星际防御，甚至在临近空间运行

---

① "太空""外空""外太空""外层空间""空间""航天"，均指向英文中的"outer space"及其简称"space"，只是不同行业有不同的使用习惯。比如，新闻传媒、国际关系学界和日常口语一般使用"太空"，国际法学界、外交部门一般使用"外空""外太空""外层空间"，航天科技部门一般使用"空间"，航天活动领域一般使用"航天"。本书根据不同的语境，会使用不同的术语。

的高空平台也包括在内。未来的挑战还包括空天飞机与高超声速运输、其他形式的平流层运营、太空采矿等①。面对日益复杂的太空安全问题，可以从以下三个方面进行概括分析。

一、太空的物理范畴越来越大

茫茫星空，浩瀚无穷。人类对太空的探索和利用没有边界。从人类第一颗人造地球卫星进入太空到现在，太空的物理范畴已不仅是传统的近地空间，还包括人类能力正在触及的临近空间、地月空间、行星际空间等。这都是维护太空安全需要关注的物理范畴，同时它们又是紧密连接、密不可分的一个整体——浩瀚宇宙。

（一）近地空间

近地空间，一般是指从地心起 1.015~6.6 个地球半径范围内的空间区域，即从地球海平面起 100~36000 千米之间的球壳状区域。对于航天活动，近地空间也可理解为航天器绕地球做轨道运动的空间范围，也称地球轨道空间。截至目前，人类对太空的开发和利用仍主要集中在近地空间。近地空间的航天器在特定的地球轨道上运行。就人造地球卫星来说，其轨道按高度可分为低轨道和高轨道两种，按地球自转方向可分为顺行轨道和逆行轨道两类。这中间有一些特殊意义的轨道，如赤道轨道、地球同步轨道、地球静止轨道、极地轨道和太阳同步轨道等②。

---

① ［加］拉姆·S. 贾克、［美］约瑟夫·N. 佩尔顿：《全球太空管理》，刘红卫、付康佳、王兴华等译，北京：中国宇航出版社，2021 年 8 月版，第 207 页。

② 高低轨道没有明确的划分界限，一般将离地面几百千米的卫星轨道称为低地球轨道。轨道倾角为零，轨道平面与地球赤道平面重合，这种轨道叫赤道轨道。轨道高度为 35786 千米时，卫星的运行周期和地球的自转周期相同，这种轨道叫地球同步轨道；如果地球同步轨道的倾角为零，则卫星正好在地球赤道上空，以与地球自转相同的角速度绕地球飞行，从地面上看，好像是静止的，这种卫星轨道叫地球静止轨道，它是地球同步轨道的特例。地球静止轨道只有一条。轨道倾角为 90°时，轨道平面通过地球两极，这种轨道叫极地轨道。如果卫星的轨道平面绕地球自转轴的旋转方向、角速度与地球绕太阳公转的方向和角速度相同，则它的轨道叫太阳同步轨道。太阳同步轨道为逆行轨道，倾角大于 90°。

航天器的轨道主要与航天器的任务有关。例如，搜集地球表面高分辨率图像的遥感卫星应该尽可能靠近地球，因此这类卫星常位于近地低轨道。几乎所有的载人航天飞行都是在低轨道上进行，这一方面是由于将大型结构发射到更高轨道比较困难，另一方面也是为了避免长时间的有害辐射暴露。中轨道对于卫星来说环境较为严酷，目前的应用主要是卫星导航。大椭圆轨道上的航天器在靠近远地点时运行较慢，能停留较长时间，同时还能看到地球表面的大部分区域，主要用于通信和导弹预警等任务。商业广播或通信卫星则需要在更广的地理区域内发射接收信号，并且最好是在固定位置，所以大多数通信卫星会选择地球静止轨道。

随着时代发展，人类已经进入太空资源的大开发阶段。人造地球卫星的数量逐年增加。未来，近地空间将被数以万计的人造地球卫星编织成网。其中，低轨星座系统快速发展，特别是以美国太空探索技术公司（以下简称SpaceX公司）"星链"计划为代表的低轨巨型卫星互联网系统的快速部署，更是掀起半个世纪以来一场最大规模的太空"圈地运动"，对近地空间开发利用特别是频轨资源安全等都提出了严峻挑战[1]。

（二）临近空间

临近空间，一般是指海平面以上20~100千米之间的高度区域，从阿姆斯特朗极限（位于海拔18~20千米）开始，向上至卡门线（位于海拔90~100千米）结束。大气层有五层，临近空间跨越其中三层，分别是平流层（海拔20~50千米）、中间层（海拔50~85千米）和热层（海拔85~100千米）。随着空天技术的发展，人类探索和利用空天的脚步逐渐踏入临近空间这一新区域。但也是由于技术和认识上的原因，临近空间的战略价值，直到美军在"施里弗-3"太空战演习中首次将临

---

[1] 俞润泽、江天骄：《"星链"对太空军控的影响》，《现代国际关系》2022年第6期，第40页。

近空间飞行器①作为卫星的备份纳入作战视野，方才引起各国的高度重视。

尽管从物理高度划分上临近空间是独立于传统的"海、陆、空、天"之外的新型自然地理空间，严格来讲它不属于太空②，但临近空间在位置上不仅与太空紧密相接，而且临近空间飞行器在侦察、通信、导航，以及天对地战略突袭等方面的巨大价值，与太空中的航天器更是有异曲同工之处。也正是基于此，一些国家和学者在研究临近空间的军事价值以及安全问题时，常将临近空间纳入"大太空"的范畴，将航天器、临近空间飞行器的研制、部署、运用、管理进行系统设计与体系研究③。比如，临近空间介于空、天之间，对上，高速临近空间飞行器可以携带武器执行反卫星作战任务，在提供足够动力的情况下，还可直接入轨作战，对抢占太空战略制高点、夺取制天权具有重要意义；对下，临近空间飞行器在战场信息获取、通信保障、电子对抗、快速远程精确打击等方面可发挥独特作用，对夺取战场制空权、制海权和制信息权具有重要意义。可见，随着空天技术的发展，该区域必然成为关乎其之上"传统太空空间"以及其之下"陆、海、空"等领域安全的新型安全领域。

正因如此，临近空间正日益成为世界大国关注和争夺的焦点。随着一些国家对临近空间的认识和经略逐步深入，临近空间必将成为未来支撑国家经济社会发展的一个新增长极，如果从军事上讲，也必将成为未来战争激烈争夺的一个主战场。临近空间的安全，直接关系传统空、天的安全。然而，与国家领空或外层空间有关的任何关键文件或条约都未

---

① 临近空间飞行器是指在临近空间区域内飞行并完成攻击、侦察、通信、预警、导航及作战等任务的飞行器，有飞艇、气球、高空长航时无人机、远距离滑翔式飞行器、高超声速飞行器等多种形式，可用于快速远程精确打击、侦察监视、通信中继、导航预警、电子对抗等多种军民用途。

② 中国现代国际关系研究院：《地理与国家安全》，北京：时事出版社，2021年4月版，第195—221页。

③ [加]拉姆·S.贾克、[美]约瑟夫·N.佩尔顿：《全球太空管理》，刘红卫、付康佳、王兴华等译，北京：中国宇航出版社，2021年8月版，第236—252页。

明确涉及这一日益重要的领域，即临近空间①。因此，对于研究"新太空"领域的人们来说，研究太空安全问题，不能忽略临近空间这样一个新领域的安全问题。

（三）地月空间

地月空间，一般是指位于地球同步轨道以外，但仍然受到地球和（或）月球的引力影响的三维空间区域，包括地月拉格朗日点区域、利用这些区域的航天器轨道以及月球表面。月球是太空中最接近地球的天体，是人类迈向月球以外更远空间的"中途岛"，不仅是控制地球的制高点，而且可以作为人类进军火星等天体的中继站。因此，地月空间不仅为推进人类科学技术进步提供了巨大潜力，更是人类走向深空的必经区域。

能够开发与利用包括月球在内的地月空间资源的国家，将赢得经略近地空间与地月空间乃至未来深空探测的主动权。所谓深空探测，是指脱离地球引力场，进入太阳系空间和宇宙空间的探测。某种意义上，对地球以外天体开展的空间探测活动，都可称为深空探测。随着地月空间的探索和利用活动越来越频繁，维护地月空间安全、构建覆盖地月空间的能力建设体系，也对未来的深空探测至关重要。

正因如此，美国国家航空航天局估计，未来10年人类在地月空间的活动将赶超从1957年航天时代开始至今人类在该区域的所有活动。近年来，美国极力推动月球开发与利用、建立月球轨道空间站、构建地月空间轨道巡逻系统等。太空是终极高地，开发地月空间的深层次战略企图或离不开其潜在的巨大军事应用潜力。比如，"天外有天"，如果说近地空间是人类（相对地球而言）常说的传统的"天"，那么地月轨道空间就是这一传统的"天"之上的"天"，其瞰制近地空间的"高地之高地"的军事价值不言而喻。美军退役军官、致力于太空

---

① ［加］拉姆·S.贾克、［美］约瑟夫·N.佩尔顿：《全球太空管理》，刘红卫、付康佳、王兴华等译，北京：中国宇航出版社，2021年8月版，第247页。

与防务的独立战略咨询师彼得·加勒森认为，地月空间已经成为制高点，成为权力政治争夺的新高地①。从这个意义上看，地月空间的安全问题必然成为太空安全关注的重中之重。

（四）行星际空间

行星际空间，是太阳系内由行星际介质主导围绕着太阳和行星的空间，该空间向外一直延伸到太阳圈。行星际空间在衔接太阳和地球方面发挥着关键纽带作用，是日地系统的非线性传输通道，也是空间天气的科学研究和业务预报必须关注的重点区域。

人类探索浩瀚宇宙的梦想永无止境，人类对行星际空间的探索由来已久。天文望远镜的发明，使人们可以隔着大气远距离观测行星；空间探测器②的研制，为近距离观察与深入研究行星打开了新的局面。2024年5月10日，我国首台专门用于行星际闪烁观测的射电望远镜——行星际闪烁监测望远镜（IPS望远镜）正式建成，具备对行星际闪烁信号的连续探测能力，是行星际空间天气日常监测的高效地基设备③。

除地基观测外，星际航行也是人类探测宇宙的重要方式，包括行星际航行和恒星际航行。行星际航行是指太阳系内的航行，恒星际航行是指太阳系以外的飞行。不载人行星际航行已经实现，而恒星际航行尚处于探索阶段。实际上，1957年世界上第一颗人造地球卫星成功发射，不仅开创了人类太空时代，也开启了人类星际航行时代。这标志着人类几千年劳动创造的天文学、数学、物理学、医学以及一系列近代科学技术的综合结晶和升华，也标志着在地球上生活了几千年的人类将要进入宇宙空间、开拓地外文明的开始。

行星际空间探测在以科学探索为主、以科学问题为切入，在探索生

---

① 何奇松：《谋取太空霸权：美国地月空间军事战略走向》，《当代世界》2022年第2期。
② 空间探测器是对地球以外的空间环境、月球、行星等天体以及宇宙进行探测的无人航天器。
③ 倪思洁：《我国首台行星际闪烁监测望远镜正式建成》，《中国科学报》2024年5月13日，第1版。

命起源和外空奥秘的同时，也在催生先进的空间探索技术，也必然会成为经略深空的远征域，其涉及的各种安全问题也应以前瞻性的战略眼光来审视和谋篇布局。

二、太空安全的研究对象越来越广

太空作为人类活动的新疆域与制高点、作为撬动地缘格局的新杠杆[①]，太空安全是国际社会自太空活动伊始即开始关注的重要问题。太空安全的研究对象也正是随着人类太空活动的不断拓展而日益丰富和复杂。

（一）航天员的安全

人的生命是最宝贵的。太空活动早期多次航天飞机发射飞行事故，使人们至今仍然将载人航天活动中航天员的安全问题视为太空安全的首要关注和保障重点。载人航天活动中的"万无一失"，很大程度上正是为了确保航天员的绝对安全。每次载人航天发射，让人们始终最为担心的也是航天员的安全。在人类的航天史上曾多次发生触目惊心的航天事故。1967 年的阿波罗计划、1986 年的"挑战者"号航天飞机事故、2003 年的"哥伦比亚"号航天飞机事故，共造成了 17 名航天员遇难，一直在为千千万万航天人敲响警钟。随着探索宇宙的脚步越走越远，未来载人航天规模或将越来越大，载人登月、载人登火或将陆续实现，确保航天员的安全更是面临新的重大挑战。

（二）太空资产的安全

太空资产是国家战略资产，要管好用好，更要保护好[②]。太空资产

---

① 中国现代国际关系研究院：《地理与国家安全》，北京：时事出版社，2021 年 4 月版，第 195—221 页。
② 《习近平在视察驻陕西部队某基地时强调，聚焦备战打仗，加快创新发展，全面提升履行使命任务能力》，《人民日报》2021 年 9 月 17 日，第 1 版。

是进行一切太空活动的载体，主要涉及各类型应用卫星、试验卫星、空间实验室等。一般意义上，太空资产的范畴可包括一个国家或国际合作行为体以及商业行为体发射入轨的航天器及其地面测运控等基础设施；有时，人们往往也将航天器之间、航天器与地面测运控乃至应用终端之间的网电链路也纳入太空资产的范畴。相对而言，前者属于有形资产，后者可理解为无形资产。显而易见，除上述航天员的安全外，载人航天活动中载人飞船的安全，通信卫星、导航卫星、遥感卫星等各类无人航天器的安全，都属于太空资产的安全问题。太空基础设施堪称"基础设施之基础设施"，更是与人类生活息息相关，维护太空基础设施安全必然是维护太空生产安全的重要组成和任务[1]。

随着人类航天活动的日益频繁与"巨型星座"的快速发展，特别是对于一个国家而言珍贵的太空轨道频率资源日益紧缺，太空呈现出日益的拥挤、竞争甚至对抗态势。空间碎片的爆炸式增长、空间天气的愈加复杂等，也在对太空资产构成安全风险。尤其是太空军事化、武器化、战场化问题，给本就面临日益恶劣空间环境的太空资产，又蒙上了一层时刻面临太空战争威胁的神秘阴影。比如，有学者认为，美国 SpaceX 公司的"星链"卫星具备搭载天基武器系统甚至直接作为武器平台的潜力，若真如此，其必然会对他国航天器的安全构成威胁[2][3]。

此外，模型预测显示，30 年后将出现太空资产轨位饱和，空间资源枯竭；70 年后在地球低轨道将发生链式撞击效应（Kessler 灾难[4]），指

---

[1] 中国现代国际关系研究院：《地理与国家安全》，北京：时事出版社，2021 年 4 月版，第 195—221 页。

[2] 李小历：《"星链"的军事化应用野心及其野蛮扩张，值得国际社会警惕》，《解放军报》2022 年 5 月 5 日，第 11 版。

[3] 李陆、郭莉丽、王克克：《"星链"星座的军事应用分析》，《中国航天》2021 年第 5 期，第 37—40 页。

[4] Kessler DJ, Cour – Palais BG, "Collision Frequency of Artificial Satellites: The Creation of a Debris Belt," Journal of Geophysical Research: Space Physics, Vol. 83, No. A6, 1978, pp. 2637 – 2646.

数级增长的空间碎片将覆盖整个地球①。然而，从航天活动的发展态势来看，若缺乏持续有效的治理，Kessler 灾难恐提前发生。届时，太空资产，无论属于哪个国家，都将面临严峻的安全风险。

（三）太空资源的安全

自然资源的储量和利用程度决定了人类文明能够延续的极限。20 世纪以来，人类进入资源大量消耗、社会高速发展的时代，地球资源正在迅速枯竭，威胁人类在地球上的生存发展②。20 世纪中叶，太空时代刚刚开启时人们就认识到，太空探索可以使封闭的地球经济向无限的太空资源开放，催生新的"太空经济"③，推动人类文明迈向一个未来，为未来千年提供生命线和新的机会④。

太空资源，广义上指地球大气层之外能够为人类开发利用并获得经济和其他效益的物质或非物质资源的总称，包括轨位资源（如 LEO、GEO、EML 等特殊轨道和位置，涉及太空资产在太空中的部署问题，对太空资产的合理开发与利用起到至关重要的作用）、信息资源（如恒星、脉冲星等特殊的方位和频率信息，可提供导航服务等）、环境资源（如微重力、高真空、强辐射、大温差等特殊天然环境）、能源资源（如太阳能、地热能、潮汐能等）和物质资源（如月球、小天体、火星等蕴藏的自然资源）等⑤。在过去的半个世纪里，空间位置、信息、环境、能源资源已得到广泛应用。比如，通过利用空间高远位置资源，航天器实现了卫星通信、导航定位、对地观测等应用；利用空间环境资源开展了

---

① 龚自正、赵秋艳、李明等：《空间碎片防护研究前沿问题与展望》，《空间碎片研究》2019 年第 3 期，第 2—13 页。

② Nicklesse, Ali Sh, Arndtn, et al. "Resourcing Future Generations: A Global Effort to Meet the World's Future Needs Head–On," London, UK: The Geological Society of London, 2015.

③ Cordiner, R. "Competitive Private Enterprise in Space: Peacetime Uses of Outer Space," New York: McGraw–Hill Book Company, Inc., 1961.

④ [加] 拉姆·S. 雅各布、[美] 约瑟夫·N. 佩尔顿等：《太空采矿及其监管规则》，果琳丽、姜生元、陈旭等译，北京理工大学出版社，2021 年 11 月版，第 158 页。

⑤ 王魏、姚伟：《太空资源开发技术体系研究》，《宇航学报》2023 年第 44 卷第 11 期，第 1622—1632 页。

各种空间科学实验，对人类社会发展产生了深刻而广泛的影响。随着航天科技的快速发展，人类已到达月球并向更远的深空进发，深空物质资源开发正在成为人类航天活动的重点。美国《2015外空资源探索与利用法》定义太空资源是"在外空原位发现的任何种类的自然资源"，海牙国际空间资源治理工作组给出的太空资源定义为"外层空间可采的原位非生物资源"。参照当前联合国和多国立法的定义，太空资源的狭义内涵特指地外天体物质资源。

综上，本书所论述的太空资源既包括太空位置资源、信息资源、环境资源、能源资源，也包括太空物质资源及其开发利用。相对而言，太空物质资源的开发利用，对于人类而言还是一个新课题。迄今为止，人类还未实现对太空物质资源的规模化开发利用。按应用目标，太空资源开发可分为两大类：一是服务于可持续、规模化太空探索的资源利用（即For Space），它更强调就地取材，在地外天体上识别、获取和利用本地自然资源和废弃资源，以获得有用的产品和服务，直接支撑太空探索活动以及未来可能的地外移民和长期居住，这一般被称为原位资源利用[1]；二是服务于地球可持续发展的资源利用（即For Earth），它从地外天体获取地球发展所需的重要资源，并运回地球利用，这一般被称为太空采矿，包括小行星采矿、月球采矿等内容[2]。

太空资源开发作为未来太空探索重大任务和人类可持续发展的使能技术，已成为当前国际航天新兴的前沿方向。近年来，面对地球可持续发展面临的战略性资源短缺的问题，国际上兴起了"太空淘金热"。正如大航海时代创造的奇迹一样，以太空资源开发为代表的"大航天时代"将会拓展人类生存发展新空间，创造人类发展史的下一个奇迹，带来人类文明新的繁荣。美国太空战略学家加勒森说，各国在地球上争得头破血流，所争不过一国GDP的一个百分点，而太空资源

---

[1] RAPP D., "Use of Extraterrestrial Resources for Human Space Missions to Moon or Mars," Cham: Springer International Publishing, 2018.

[2] Zacny, K., Chu, P., Craft, J., et al. "Asteroid Mining," Proceedings of the AIAA SPACE 2013 Conference and Exposition, San Diego, CA, USA, September 10-12, 2013.

则无数倍于全球 GDP 总额，善于开采利用太空资源的国家将获得与其领土和人口不成比例的优势①。那么，如何规范、有序、安全、合作地进行太空资源开发利用，将是新的太空时代人类共同面临的太空安全领域的重大课题②。

（四）小行星防御的安全

2022 年 4 月 24 日，中国国家航天局表示，中国将着手组建近地小行星防御系统。4 月 25 日，中国外交部发言人汪文斌表示，中方组建近地小天体防御系统，旨在应对近地小天体撞击这一全人类面临的共同风险。中国科学院国家空间科学中心研究员李明涛表示，10 米至 20 米直径的小行星会在低空大气中发生空爆，产生的冲击波可能造成城镇级危害；140 米直径的小行星会使我国一个省或欧洲一个国家面积的区域受创；300 米直径的小行星会使澳大利亚面积的区域受到严重损伤；1000 米直径的小行星则会造成全球性灾难。一时间，且时至今日，"小行星防御"一直是太空安全领域的热门话题③。

近地小行星撞击地球事件在宇宙的时间长河中并不罕见，多次导致地球环境灾变和生物灭绝。6500 万年前，一颗直径约 14 千米的小行星撞击在如今的墨西哥湾附近，爆炸当量约 100 万亿吨 TNT，这被认为很有可能是造成恐龙灭绝的直接原因④。1908 年的通古斯大爆炸，一颗直径约 30 米的小天体撞击地球，爆炸当量约 2000 万吨 TNT，造成 2150 平方千米的地面生态环境被焚毁。而就在不远前的 2013 年，一颗直径约 17 米的小天体撞击地球，爆炸当量约 50 万吨 TNT，此次事件在俄罗斯车里雅宾斯克造成大约 1500 人受伤、3000 栋房屋受损，摧毁了近 2200 平方千米的森林。迄今为止，人类已发现的小行星数量还只是冰山一角，

---

① 中国现代国际关系研究院：《地理与国家安全》，北京：时事出版社，2021 年 4 月版，第 195—221 页。
② ［加］拉姆·S. 雅各布、［美］约瑟夫·N. 佩尔顿等：《太空采矿及其监管规则》，果琳丽、姜生元、陈旭等译，北京理工大学出版社，2021 年 11 月版。
③ 倪思洁：《小行星防御难在哪儿》，《中国科学报》2022 年 4 月 29 日，第 1 版。
④ Cowen R. The Day the Dinosaurs Died. Astronomy, Vol. 24, No. 4, 1996, pp. 34–41.

大量可能危及地球安全的近地小行星还隐匿于茫茫的太空之中。

尽管小行星撞击已引起全球广泛关注，但是目前全世界在小行星监测、预警、防御上都面临着普遍的技术难点。小行星撞击威胁将长期存在，一旦发生可能影响人类存续。开展小行星监测预警和防御工作，既能保卫人类生命财产安全，也能使我们进一步认识太阳系、迈向深空。因此，面对这样一个世界性难题，亟须国际社会携起手来，从维护人类持久生存的高度来思考应对之策。

三、太空安全跨域交织越来越复杂

除上述从物理范畴、研究对象两个方面来理解和认识太空安全的内涵外，研究太空安全问题，还需认识到太空安全不仅是太空这一领域的安全，还涉及太空领域网络、电磁等无形空间的安全。此外，以总体国家安全观为指导，太空领域的安全，还关乎国家政治、经济、科技、社会、文化、军事、国土、能源、金融、交通等方方面面的安全，属于牵一发而动全身的领域安全。

（一）太空领域网络与电磁频谱安全

太空领域网络通信、电磁频谱交织。太空安全问题，不仅局限于太空这一物理域本身的安全，还与网络通信安全、电磁频谱安全密切相关。

太空领域网络化、信息化的发展，使得太空系统的设计和运行越来越依赖网络，特别是太空与地面系统间的指挥、控制和信息传输等，致使太空系统不可避免地出现网络安全威胁[1]。俄乌地缘政治冲突表明，对太空系统及其地面组件的网络攻击可以影响整个国家安全和公民安全，更凸显了高烈度军事对抗中太空网络安全的重要意义[2]。近年来，在技

---

[1] 陈世杰：《天基信息网络安全体系架构研究》，《通信技术》2017年第7期，第1499—1505页。

[2] 张婷婷、苏晓瑞、韦荻山、张大伟、付晓冉：《国外太空网络安全形势分析与启示》，《指挥信息系统与技术》2024年第2期，第13—19页。

术发展、商业资本和国家战略的共同推动下，太空互联网呈现加速发展态势，进一步促进了太空与网络新兴空间的相互融合。当前，低轨卫星星座和太空互联网建设呈现飞速发展态势。两个新兴空间的深度融合带来了太空网络安全领域新问题、新挑战。除网络安全外，太空电磁频谱是太空资产选择何种频段、构建何种信息链路的关键因素，已经成为信息时代不可或缺的国家战略资源。面对越来越复杂的电磁频谱环境所带来的重大挑战，电磁频谱空间研究对未来频谱共享、无线电秩序管理以及电磁频谱对抗博弈等均有着重要意义。

卫星等太空资产以及地面站等关键基础设施[1]存在一定的网电脆弱性或易损性。如攻击者可通过网电干扰、网络接入、黑客入侵、信息欺骗和干扰、病毒感染传播、数据盗取、渗透性延伸攻击、拒绝服务攻击等多种手段，干扰天基网络、阻断天基链路、瘫痪卫星地面测控与数据中心、破坏地面应用终端。1998年美国和德国共同研制的一颗X射线科学卫星ROSAT就接收到来自地面的恶意指令，导致其太阳能电池板因直接对准太阳而被烧毁。2022年初，美国卫星运营商Viasat的地面基础设施遭遇大规模网络攻击，导致数万名乌克兰及欧洲其他地区的用户断网，德国数千台风力涡轮机组甚至因此断线。

值得关注的是，作为指导美国太空军建设、发展和运用的基本军事理论——《太空顶层出版物：天权》更是将"太空电磁战""网络作战"列入7个专业领域之中，并认为"不使用网络空间、电磁频谱就没有现代化太空作战"[2]。美国新版《太空作战条令》明确指出，"太空控制"通过欺骗、干扰、拒止、降级、摧毁行动使敌方太空能力失效，其中"欺骗、干扰、拒止、降级"均是网络战、电子战特有或以网络战、电子战为主要手段开展的作战行动。美国连续举办"黑掉卫星"太空信息安全挑战赛、"黑色"天空——太空电子战演习、"蓝色天空"——太空

---

[1] ［德］卡伊-乌维·施罗格等编著：《太空安全指南》（上册），杨乐平、王国语、徐能武译，北京：国防工业出版社，2019年8月版，第156页。

[2] U. S. Space Force, "Space Power, Doctrine for Space Forces," 2020, https：//www.spaceforce. mil/Portals/1/Space%20Capstone%20Publication_10%20Aug%202020. pdf.

网络战演习等活动，意味着美国也已将网电攻防从地球延伸到太空①。

可见，维护太空安全，除关注航天器等有形资产的安全外，还应特别关注与太空安全交织在一起的网络、电磁频谱等安全问题。因此，有学者表示，卫星上天后，"玩的"就是测运控，靠的就是运维与应用系统，重点就是要确保与之密切相关的网络和链路安全。

（二）太空安全关乎国家安全与可持续发展

随着太空成为人类活动的新疆域，世界各国围绕外层空间开发利用的交流合作日益频繁，太空对国家安全的影响与日俱增，维护太空安全和利益逐渐成为国家安全与发展领域的重大命题②。

太空对国家经济社会发展影响深远。各种太空活动和空间技术的发展，使"太空经济"已经成为世界经济发展的显著增长点。2023年，欧盟空间政策研究所发布的报告显示，2022年全球太空经济价值约为4600亿美元，对经济领域的贡献价值为3.1万亿美元，预计将在2025年至2040年间产生超过80万亿美元的积累影响。当前，以卫星遥感、卫星通信、导航定位和数字地球等为代表的空间技术已经广泛应用于日常生产、工农业建设、海陆空交通运输、气候监测和抢险救灾等多个领域，成为推动国家信息化建设、促进经济社会可持续发展的重要引擎。反之，如果不能确保太空安全，国家经济社会发展的多个领域将会受到级联影响。

随着航天技术在人类社会各领域应用日益广泛深入，世界大国社会经济发展和国防军事建设严重依赖太空系统，国家安全空间向太空新域全面拓展延伸，太空设施成为牵一发而动全身的安全资产，太空利益成为事关国家发展的重要支柱。当太空成为国际战略竞争制高点，太空安全自然而然成为国家建设和社会发展的重要保障，维护太空安全自然而然成为决定国家未来生存和发展空间的重要国家安全战略。

---

① 刘必鎏、丰松江：《将网络攻防从地球延伸到太空——美国发展太空网电力量破坏太空安全》，《解放军报》2023年9月18日，第4版。

② 安平：《太空不是相互博弈的竞技场》，国家安全部微信公众号，2024年5月17日。

特别是，我们应该清楚地看到，一个时期以来，世界各国尤其是航天大国在太空的开发、利用上竞争日趋激烈，太空霸权论和军备竞赛论甚嚣尘上，太空军事化、武器化日益加剧，太空领域国际秩序和治理规则制定进展缓慢，太空威胁和冲突苗头不断涌现，诸如上述不断恶化的太空安全环境已成为全人类共同面临的重大安全挑战。特别是随着中国空间技术的发展，某些国家将我国视为太空领域主要竞争对手，对我国进行不遗余力的遏制打压，必然要求我们务必高度重视太空安全问题，统筹谋划，多措并举，有力维护太空安全。

特别是，当今时代，"太空军事化"与"太空武器化"是事关太空安全的头等话题[1]。"太空军事化"是指通过运用太空资源提高传统军事力量的效率，或是为了军事目的使用太空资源，这些军事目的包括通信、电子侦察、空中照相侦察、气象监控、早期预警、导航等。依此推论，只要太空运用于军事领域或军事力量进入太空，就可称之为"太空军事化"。事实已经证明，拥有先进太空技术的一方，在军事行动方面会具备相当的优势，未来"太空军事化"趋势将难以逆转。如果说"太空军事化"概念已不存在争议，那么与之相比，究竟什么是"太空武器化"现在仍是一个让国际社会争论不休的问题。"太空武器化"与"太空军事化"相伴而生，然而目前所有关于太空的国际法律机制都没有明确界定何谓太空武器，也很难达成共识。然而，无论如何，可以肯定的是，一旦"太空武器化"成为现实，对全世界都会产生巨大影响。

因此，在这一新的时代背景下，维护太空安全，必须贯彻落实总体国家安全观，以实际行动有力维护太空领域国家安全。这是维护总体国家安全与发展利益、维护全人类太空权益的重大时代课题。

---

[1] 兰顺正：《"军事化"和"武器化"——太空安全核心挑战》，《世界知识》2021年第20期，第18—21页。

第二节 太空安全概念辨析与建构

虽然国际社会对太空安全认识由来已久，但国内外对太空安全概念的理解尚没有达成一致[①]。基于上文理解认识，结合国内外文献资料分析，本节重点剖析太空安全的基本概念[②]。

一、太空安全概念辨析

（一）国内外有关情况

从目前所见文献中，国外官方仅英国对太空安全概念有比较明确的表述，其他如美国、欧盟、日本等国家或组织未见规范、明确的表述。国外官方对太空安全的认识主要基于1966年12月19日联合国大会通过的、1967年1月27日开放供签署的、1967年10月10日生效，永久有效期的《关于各国探索和利用包括月球和其他天体的外层空间活动所应遵守原则的条约》（简称《外空条约》）。《外空条约》是国际空间法的基础，也奠定了各国太空安全概念的基础，即确立了全世界太空活动的最基本原则——太空和平利用和太空非领土化[③]。然而，出于不同的战略目的，不同国家在太空安全概念上对《外空条约》的理解、把握和体现各有不同。

美国官方对国家太空安全概念的认识主要体现在美国历届政府出台的国家安全政策和太空政策中。比如，2001年美国国会出台的《太空安

[①] 陈瑛、卫国宁、唐生勇等：《国际太空安全形势分析与发展建议》，《空天防御》2021年第3期，第99—104页。
[②] 赵志勇、单玉泉、苏宪程：《国家太空安全概念辨析与建构》，《中国军事科学》2020年第4期。
[③] 王国语：《外空、网络法律属性与主权法律关系的比较分析》，《法学评论》2019年第5期，第145—158页。

全评估》报告指出:"美国在太空中的利益包括:推进太空的和平利用;利用国家在太空的潜力支持美国内政、经济、外交和国家安全目标;开发和部署太空手段,慑退和防御针对美国太空资产的敌对行动,慑退和防御敌视美国利益的航天运用。"2010 年美国《国家太空战略》的表述:"美国认为,对太空持续、稳定和自由地利用对美国的利益很重要。"2017 年美国《国家安全战略》进一步强调:"美国认为,不受限制地进入太空并在太空自由行动是一项核心利益。"2018 年美国《国家太空政策》指出:"我们在太空中的切身利益:确保不受限制地进入太空并在太空中自由行动,以促进美国的安全、经济繁荣和科学研究。"2022 年美国《国家安全战略》进一步明确了太空战略的核心任务,即保持美国在太空探索和太空科学方面的领导地位,美国的"太空行动将继续遵守适用的国际法,并在负责任利用太空和管理太空环境方面展现领导能力","美国将保持在太空领域的世界领导者地位,并与国际社会一道确保太空利用的可持续性、稳定性和安全性"[①]。由此可见,美国政府对于国家太空安全关注重点是在不断变化的,综合美国历届政府的观点,总体包括三个方面的内容:一是不受限制地进入太空并在太空自由行动;二是维护太空利益的能力和领导地位;三是太空支撑和促进美国的安全、经济、科学发展等。

英国官方对国家太空安全的表述更加明确。英国 2014 年发布的首份《国家太空政策》中指出:"我们将太空安全定义为,能够安全、可靠、可持续地利用太空能力,拥有充足的、可抵御威胁与灾害的恢复力。"其实质包括两种太空安全,即太空生存安全与太空发展安全。欧盟国家太空安全概念体现在 2016 年《欧洲航天战略》中,"增强欧洲平安、安全地自主进入和利用太空能力"是欧洲航天四大战略能力之一,这可以看作是欧盟关于太空安全的内涵要义。作为欧盟主要成员国的德国,其 2016 年版《安全政策与联邦国防军的未来白皮书》也提出,太空应用和卫星系统是德国关键基础设施的重要组成部分,德国必须努力确保使用

---

① White House, "The Interim National Security Strategic Guidance," 2021, p. 1.

太空不受阻碍,可以看作是德国对于国家太空安全内涵的理解。2019年,北约正式出台"太空政策",这是北约历史上首份系统性的太空战略规划。在2022年6月出台的指导性文件《北约2022战略概念》中,北约再一次明确强调太空在北约威慑及防御态势中的重要作用①。日本2019年《防卫白皮书》指出:"安全地利用外层空间已经成为各国的重要安全问题。"这可以看作是日本官方对国家太空安全的认识。

西方学界对于国家太空安全也有比较丰富的认识。2010年,加拿大麦吉尔大学空天法学院、美国乔治·华盛顿大学空间政策研究所在多个基金会支持下,创建了"太空安全"国际合作学术项目,每年定期发表《太空安全索引》评估报告。在2013年度《太空安全索引》评估报告中,将太空安全定义为"确保安全、可靠、可持续地进入和利用太空,消除来自太空的威胁"。2014年一批国际知名太空安全专家联合编撰《太空安全指南》一书中,有专家提出了太空安全的新定义及太空自身安全以及与太空相关的地球上的安全。2019年出版的《太空安全指南》第二版中,太空安全定义为整合所有技术、管理和政治手段,以实现不受任何阻碍地自由利用太空,以及利用太空保障地球安全②。

我国关于太空安全的概念尚未形成权威表述,学界对太空安全的讨论比较热烈。有学者认为,从国家安全的视角分析,太空安全至少包括三个层面的内涵:一是维护国家太空权益;二是保护国家太空资产;三是抵御来自太空的威胁与侵略。有学者认为,就一个主权国家来说,空间安全是指国家的太空活动、太空资产以及与太空紧密相关的国家利益的安全状态。就整个人类来说的空间安全是泛空间安全,就主权国家来讲空间安全是国家空间安全。空间安全有四个方面的内涵:一是空间资产不受破坏和影响;二是进出空间不受阻挠,进入空间的能力不受破坏;三是利用空间的活动不受干扰;四是防止敌方利用空间进行任何妨碍国

---

① 田赐、何淼:《北约太空战略的发展布局及影响》,《情报杂志》2024年第5期,第64—71页。

② [德]卡伊-乌维·施罗格等编著:《太空安全指南》(上册),杨乐平、王国语、徐能武译,北京:国防工业出版社,2019年8月版。

家安全的活动。有学者认为，太空安全主要是指一个国家在太空这个疆域中的安全利益。有学者认为，空间安全，是指国家的太空利益不受损害和威胁，以及国家各项利益不受来自外层空间的损害和威胁这样一种状态和过程，也称为航天空间安全、外层空间安全。有学者认为，太空安全在一般意义上泛指在太空没有危险，不受威胁，不出事故。太空重大安全问题，指在太空领域发生的对国家政治外交、社会和谐稳定、人民生命财产和军队战斗力造成重要影响的安全风险、安全威胁和事故事件。此外，也有观点认为，太空安全是指国家在太空活动过程中，可自由、安全地往返太空并合理利用太空，或者在需要时按照自己的意图控制太空，而不受或有能力免遭自然或人为因素的干扰或破坏。也有观点认为，太空安全是指太空资源的开发与利用、空间力量的生存与发展等利益不受侵犯和损害的安全状态，不仅包括空间资产安全、空间行动自由，还包括空间控制能力。也有观点认为，太空安全，基本概念是指航天器系统及航天员的安全，涉及国际社会乃至全人类利益的安全问题[1]。另有观点认为，太空安全是国家能够合理利用太空资源自由地进行太空活动，灵活应对各种可能的威胁和破坏，有效维护太空利益的一种良好状态[2]。

（二）对比分析

审视太空安全，不同国家的诉求和关切点有所不同。对于大多数国家而言，太空安全的关键在于维护太空利用带来的商业与发展利益，努力使太空成为免受空间碎片及恶意行为影响的可持续发展环境。但美国这样高度依赖太空的国家，在太空安全上更强调维护和巩固太空带来的战略性安全优势和全谱型军事优势。从学术层面看，当前国内外对国家太空安全概念的认识既有一定的共识，也存在明显差异。

---

[1] 徐纬地：《太空安全博弈与国际航天合作》，《空间碎片研究》2021年第21卷第1期，第18—25页。
[2] 陈瑛、卫国宁、唐生勇、康志宇：《国际太空安全形势分析与发展建议》，《空天防御》2021年第3期，第99—104页。

共识主要体现在两个方面：一是《外空条约》对太空安全的阐述在各国官方国家太空安全表述中都得到不同程度的体现。二是主要从国际政治的角度对太空安全予以关注，影响国家太空安全的因素主要关注外部因素。

差异主要体现在三个方面：一是对太空安全概念的思维对象定位不同。其一，认为太空安全的思维对象是"安全状态"。其二，将太空安全的思维对象分为两方面，即"安全状态"和"维护安全状态的能力"。二是对于太空安全的直接指涉对象存在两种不同的表述。其一，将航天器、太空活动等具体太空系统和太空行为作为直接指涉对象。如美、英、欧盟等国以及国内大多数学者均采取此类表述。其二，将国家利益作为安全直接指涉对象。国内部分学者采用此类表述。三是在太空安全概念的思维视野上存在三种不同认识。其一，认为太空安全概念思维视野应限制在太空。其二，认为太空安全思维视野应放在整个国家利益范围内，既包括太空利益，也包括国家其他利益可能遭受源于太空的威胁。其三，认为国家太空安全概念的思维视野不仅包含上述范畴，还应考虑国家其他领域安全对太空愈发紧密的依赖，即还应包含太空对国家其他领域安全的稳定支撑。

可见，太空安全概念是国家太空安全观和国家太空安全理论的基本概念，也是实践性很强的概念。不同思维主体行为目的不同、思维反映不同，对国家太空安全的考察角度、范畴界定、关注重点就会不同。各国太空开发和太空利用水平不同，对国家太空安全的思维视野、思维关注点也会不同。比如，太空安全涉及政治、经济、外交、军事等多种因素，与军、民、商太空活动紧密相关。各种因素共同作用使太空安全上升为对全球安全和发展具有全局性、长期性影响的重要安全领域，与核安全、海洋安全、网络安全秉承当今时代四大新兴安全构想。

二、太空安全概念建构

建构太空安全概念，包括确定太空安全的内涵和外延，并以适当的词项进行表述。概念是思维的表现形式。明确概念应该充分考虑思维的实践要求和形式逻辑学的科学要求。明确太空安全概念，应该重点把握以下几个方面的依据：第一，应该把握太空安全的基本属性、特点和蕴含的矛盾运动，明确其在理论体系中的定位及其与相关概念的关系，为界定太空安全内涵和外延提供基本依据。第二，应该把握思维主体对太空安全的思维定位，从思维主体的思维目的和思维视野去分析界定太空安全的内涵与外延。第三，应该把握太空安全的历史性和发展性，既要总结太空安全发展的历史，也要立足当前太空安全理论与实践前沿和关注重点，还要关照太空安全发展趋势，以发挥理论对实践的引导作用。第四，应该把握太空安全概念在国家太空安全理论体系中的地位和作用，为国家太空安全理论体系发展提供有效支撑。第五，应该把握概念作为思维形式的逻辑规范要求。

（一）太空安全的直接指涉对象

内涵是概念对思维对象本质属性的反映，本质属性是一事物区别于其他事物的特有属性。明确太空安全的内涵，既要把握太空安全基本理论的要求，也要符合形式逻辑的要求。国家安全的实质是国家利益安全，国家利益是国家生存和发展的一切需求，并随国家环境和国家发展而不断变化。国家利益是安全的直接指涉对象。国家太空安全始终归属于国家安全范畴，是由太空自然因素和人类太空行为直接引发的国家安全问题，其安全直接指涉对象本质也是国家利益，包括国家太空利益、受太空威胁的国家利益、密切依赖太空能力支撑的国家安全利益。

首先，国家太空利益，泛指国家进行太空开发和利用的利益，既包括存在于太空域中的国家太空利益，也包括与太空系统密切相关的发射、测控、航天产品获取以及航天科研、生产等存在于地表的国家利益；既包括本国太空能力产生的国家太空利益，也包括借助他国太空能力或跨国商业太空集团产生的国家太空利益；既包括国家现实太空利益，也包括国家太空发展利益；既包括国家太空人员、资产、国家太空活动等有形的利益，也包括国家应有的太空权益、太空地位等无形利益。其次，受太空威胁的国家利益，指除国家太空利益外，存在于太空的危险源可能危害到的国家利益。这一部分国家利益在空间上包括存在于地面、空中和海洋的利益，在形态上包括物质利益、精神利益；在时间上包括现实利益、潜在利益，并且随着太空能力发展而不断扩大。在人类太空活动初期，受到存在于太空的危险源威胁的国家利益，主要指在国家太空竞争影响下的政治体制优越性、国家形象，可能遭受放置于轨道器上的武器威慑与攻击的国土、民众、军队、设施等国家主权利益，以及受太空侦察影响的国家秘密等。随着太空资产增加、太空武器化发展以及太空安全与国家安全各领域交互影响日趋密切和复杂，受到存在于太空的危险源威胁下的国家利益范围不断扩大。此外，随着太空资产的增加、太空技术的发展，军事安全、国土安全、海洋安全、网络信息安全等安全领域与太空安全的关联日益密切。对于这些国家安全领域来说，太空不仅具有增能作用，而且具有赋能和使能作用，太空与这些领域在安全上已经融为一体，离开太空支撑，其安全不仅会降级，而且有"归零"的风险。

（二）太空安全概念的思维对象

作为反映事物本质属性的思维形式，概念所反映的具体事物或事物的某一方面就是概念的思维对象。明确国家太空安全概念的思维对象是确定国家太空安全概念内涵的基本前提。

国家太空安全概念是围绕认识和解决太空自然因素和人类太空行为直接引发的国家安全问题而形成的理性认识，与安全、国家安全概念一脉相承。作为元概念，安全的内涵目前尚未形成共识，国家安全的内涵同样也存在不同观点，究其原因是对概念思维对象的定位存有争议，主要表现为存在"状态""能力"和"活动（或过程）"三种不同的思维对象。目前，多数观点把国家太空安全概念的思维对象定位于"状态"，也有部分观点将其界定为"能力"和"活动"。因此，本书认为，如果从概念形成的思维过程看，国家太空安全"状态""能力"和"活动"三者是紧密联系的思维过程中的三个不同节点。思维主体在建构国家太空安全概念时，其思维过程通常以考察"安全状态"为起点，归宿点落于"安全能力"。连接国家太空安全"安全状态"和"安全能力"的桥梁就是国家的"安全活动"。在"安全状态"需求引导下，国家通过"安全活动"形成"安全能力"，而"安全能力"也反向通过"安全活动"维持"安全状态"。因此，作为国家太空安全概念的思维对象，"安全状态""安全能力"和"安全活动"三者之间是一个相互关联的系统。

思维主体的身份和思维目的不同，对三者的关注侧重以及系统性也会不同。在安全心理学看来，如果安全概念的思维主体同样也是安全的行为主体，那么在安全思维上较之关注"状态"则更加关注"危险"乃至抵御危险的"能力"。因此，国家作为思维主体时，建构国家太空安全概念的目的可能不仅是考察"安全状态"，更多是抵御威胁的"安全能力"或"安全活动"，以实现"免于危险"。因此，本书认为，一方面，国家太空安全的思维对象可以分为"安全状态""安全能力""安全活动"三类情况，这三种观点都是从不同方面对国家太空安全本质属性的揭示，也体现了当前不同主体、出于不同目的探究国家太空安全理论，推动国家太空安全实践的现实状态。另一方面，在实践中，以"安全状态"和"安全能力"二者单独或组合作为安全或国家安全的思维对象较多，"安全活动"则多是作为具体工作层面的安全或国家安全概念的思维对象。为体现国家太空安全与国家安全的一致性，本书倾向于以"安全状态"和"安全能力"二者单独或组合作为国家太空安全的思维对象。

（三）太空安全概念界定与理解

给太空安全概念下定义可以首先应用"属+种差"的方法得出内涵的基本结构框架，然后再结合对太空安全特性的理解进行分析和凝练。

太空安全最邻近的属概念是国家安全。在国家安全属概念之下，国家太空安全的同级种概念包括：国家国土安全、国家海洋安全、国家领空安全、国家网络安全以及国家极地安全等，都属围绕某一空间域的国家安全。相互间最本质的种差在于围绕的空间域不同。国家太空安全与其他同级种概念的本质区别就在于其一切安全思维起始于"太空域"，是太空域中的自然因素影响和人类太空行为引发的国家安全问题。因此，应用"属+种差"的定义方法，太空安全的内涵可以初步表述为：围绕太空自然因素影响和人类太空行为的国家安全。这一初步定义内涵概括、外延容量大，有利于适应不断发展的人类太空活动。但是，由于内涵过于抽象，不便于具体把握，有必要进一步分析和凝练。

《中华人民共和国国家安全法》关于国家安全的定义为："国家安全是指国家政权、主权、统一和领土完整、人民福祉、经济社会可持续发展和国家其他重大利益相对处于没有危险和不受内外威胁的状态，以及保障持续安全状态的能力。"将其引入上述国家太空安全概念的初步定义，即可得到"国家太空安全是围绕太空自然因素和人类太空行为影响或产生的国家利益的安全状态，以及保障持续安全状态的能力"。再进一步将上文探讨的国家太空安全直接指涉对象——"国家利益"三部分引入，我们可以给出一个太空安全的定义：太空安全是指国家太空利益相对处于没有危险和不受内外威胁、国家其他利益不受太空威胁、国家其他领域安全得到太空稳定持续支撑的状态，以及保障持续安全状态的能力。

对于太空安全概念定义，可以从以下几个方面进行理解和把握：

第一，太空安全是国家安全面向太空领域的具体反映。国家太空安全属于国家安全范畴，遵从国家安全的一般规律。如果排除地外文明入侵、重大天文灾难等目前尚属小概率的安全问题，国家太空安全是人类开始太空行为之后出现的国家安全新问题、新领域，并随人类太空行为、国家太空行为的发展而发展。人类太空行为是形成国家太空安全的直接动因，国家安全是国家太空安全的归宿点。国家太空安全并非仅存在于具有太空能力的国家，在太空时代，只要是与太空行为有关联的国家，就存在国家太空安全问题。

第二，太空安全是国家整体利益的安全。国家太空安全内涵包括三大部分、两种形态。三大部分指的是国家太空利益安全、国家利益免于来自太空的威胁、国家安全得到太空能力稳定持续支撑。两种形态指的是安全状态、安全能力。单独描述某一部分或某一形态的国家太空安全概念均是狭义的国家太空安全概念，对国家太空安全内涵各部分、各形态的综合描述是广义的国家太空安全概念。当前太空武器化是国家利益面临太空威胁的最重要因素，在国家太空安全概念中强调国家利益免于来自太空的威胁，有利于增强遏制太空武器化的国际意识，为全面禁止开发和部署太空武器奠定理论基础；太空安全与国家各领域安全的影响互动日趋密切，强调太空安全对国家各领域安全的稳定持续支撑，有利于增强太空安全与国家整体安全一体化的总体国家安全观意识，拓宽太空安全思维视野，适应新时代国家安全的发展趋势。研究国家太空安全的目的，归根结底是服务于维护国家太空安全；强调国家太空安全的安全能力形态，主要是突出国家太空安全的目的性，并保持与国家安全概念的一致性。国家太空安全的本质是国家利益"免于"危险，而非没有危险。因为自人类进入太空时代，影响国家太空安全的危险源就同时存在，可能威胁国家太空利益，也可能从太空威胁国家利益，只有具备安全能力、行使安全行为才能够有效维护国家太空安全。

第三，太空安全不仅限于国际关系或国际政治范畴，具有内部安全和外部安全的交叉性和融合性。影响国家太空安全的主要危险不仅包括外部因素，也包括内部因素。伴随太空战略地位的日益提升，影响国家太空安全的外部因素作用更加激烈、多样、复杂。同时，随着太空与国家各领域之间相互联系、相互影响愈加密切，以及国家太空体系的多样化和规模化发展，内部因素诱发的国家太空安全问题也会日益增加。

第四，太空是一个高速创新的安全领域，随着太空能力发展，国家太空安全外延不断扩大，内涵快速更新。目前，随着太空多极化、战场化、产业化三大趋势的发展，国内外学界已经提出了"第三太空时代"的概念[1]。"第三太空时代"是以深空应用、地外移民为特征的新的太空时代。在"第三太空时代"，太空将产生独立于地外又与地球保持密切

---

[1] 中国现代国际关系研究院太空安全课题组：《第三太空时代的安全挑战与规则构建》，《当代世界》2022年第2期，第47—51页。

联系的"太空社会","太空社会"安全问题将以新的特征和机理出现,并与"地球社会"及其地球母国产生密切互动,这又将为母国的国家安全带来新的变化和挑战。

总之,太空域不存在国家主权概念,属于全人类的公共领地,传统的陆、海、空域安全经验很难适用于太空领域,太空安全的非传统性特点十分突出。太空安全可划分为全球、国家、组织等多个层次。由于太空属于国际公域,不隶属任何国家或个人,为了维护人类共同的利益,需要在全球层次上谋求共同治理太空之道。当前太空安全作为国家安全的重要组成部分,直接关系到国家发展兴衰,因此世界主要国家都高度关注本国太空安全问题,制定出台太空政策,积极发展太空产业和力量,致力抢占太空制高点。太空工业企业等组织开展生产经营需要安全的外部环境,也对太空安全提出了很高要求。太空能力和安全效应不仅体现在太空域本身,而且还与国家经济、科技、社会等各领域安全密切关联。太空领域高风险、高投入、长周期的发展特点也需要国家强大的经济、科技等实力来保障。因此,太空安全已经与其他领域的国家安全紧密关联在一起,形成了交叉依赖的安全形势。此外,太空领域是现代科学技术发展和应用最快的领域之一。随着太空技术和产业的快速发展,在旧的太空安全问题尚未有效解决时,又出现了新的太空安全问题挑战[1],使得太空安全形势始终处于动态变化之中。

太空带来了新的梦想、愿景和合作。探索浩瀚宇宙,发展航天事业,建设航天强国,是我国不懈追求的航天梦。维护太空安全,维护太空公共利益,推动在太空领域构建人类命运共同体,则是人类共同的美好愿望。

---

[1] 俞润泽、江天骄:《"负责任外空行为"议程与太空安全机制新动向》,《国际安全研究》2023年第3期,第133—156页。

第二章/太空安全的发展演进

历史是最好的教科书。伴随人类太空活动的开展与浩渺太空的竞相角逐,不同历史时期太空安全的发展历程呈现出不同的特点或规律①②。无论过去还是现在,国内外学者对其进行了大量详尽系统地研究③④。本章在总结归纳相关成果的基础上,以历史的视角重点从以下三个阶段阐述对太空安全发展与演进的认识与思考。

第一节　第一个太空时代:太空安全问题的出现

1957 年,苏联发射人类第一颗人造地球卫星是冷战史乃至人类历史的一个重要转折点,人类从此进入了太空时代,也进入了美苏在太空激烈竞争的时代⑤。太空时代几乎是与核时代一起出现的,二者都是在美

---

① 周碧松:《浩渺太空的竞相角逐》,北京:军事科学出版社,2015 年 5 月版。
② 陈瑛、卫国宁、唐生勇、康志宇:《国际太空安全形势分析与发展建议》,《空天防御》2021 年第 3 期,第 99—103 页。
③ 郭荣伟:《九天揽月——中国太空战略发展研究》,北京:国防大学出版社,2014 年 10 月版。
④ [德] 卡伊 - 乌维·施罗格等编著:《太空安全指南》(上册),杨乐平、王国语、徐能武译,北京:国防工业出版社,2019 年 8 月版,第 18—31 页。
⑤ 张杨:《冷战时期美国的太空安全战略与核战争计划研究》,北京:九州出版社,2017 年 9 月版,第 1、3 页。

苏冷战对抗的背景下产生，早期的太空时代充满了危险①，即太空中安全风险重重。

一、太空成为美苏冷战领域之一

苏联抢先发射第一颗人造卫星"斯普特尼克1号"后，美国、苏联不断将自己的卫星发射升空，而且成功发射了宇宙飞船，把航天员送入太空，并进一步实现深空探测。由此让人类走出地球、飞向太空，开辟了继陆地、海洋、大气层之后的第四个生存空间。太空技术改变了人类的时空观，人类物质财富之源扩大到宇宙空间。然而，也是从第一颗人造卫星上天后，国际关系的地缘政治背景悄然发生变化，国际关系的太空背景也随之产生巨变。此后30多年，太空成为美苏冷战的领域之一，冷战时期的美苏太空竞赛，是第一个太空时代的鲜明特点。

第一颗人造地球卫星上天，苏联利用广泛而成功的宣传，形成了有效的国际影响力。世界普遍认为，苏联在科学和技术上占据了领导地位，在军事方面形成了安全优势。特别是"斯普特尼克1号"发射升空，使苏联终于找到了可以提高对美国进行核威慑的手段。这对美国造成了巨大冲击，美国民众完全相信，苏联既然可以把人造卫星送入太空轨道，就一定能把许多核武器送入轨道，对美国实施致命的核打击。同时，英国、法国、加拿大等美国的盟国认为，苏联的军事实力已经超过美国，尤其是在导弹技术方面。在这种判断的冲击下，美国政府加快航天技术发展，于1958年1月31日成功发射该国第一颗人造地球卫星，同年成立美国国家航空航天局（NASA）并颁布《太空法》，从组织和法律上确保太空事业的发展，争夺相对于苏联的太空优势。自此，太空就逐步演变成为美国和苏联冷战的"新战场"，双方迅速开展了太空军事化行动，并进行了一系列反卫星试验，针对卫星和导弹的地基和天基武器的开发

---

① ［美］福里斯特·E. 摩根：《太空威慑和先发制人》，白堃、艾咪娜译，北京：航空工业出版社，2012年1月版，第7页。

迅速兴起。据统计，在冷战时期，美苏两国先后进行了9次太空核武器反卫星试验、53次反卫星试验①②。

从1962年美国将"奈基-宙斯"反导武器系统转为反卫星"505号"计划，到1963年5月成功击中目标，再到用"雷神"反卫星系统代替"奈基-宙斯"系统，美国反卫星技术不断趋向成熟③。1962年7月，在太平洋约翰斯顿岛上空，美国用"雷神"火箭把140万吨TNT爆炸当量的核武器发射到400千米的高空，进行"海星黎明"反卫星试验。该试验产生的电磁脉冲不仅严重破坏了几千千米之外的新西兰电信设施，更严重的是该试验至少使美国、英国、苏联的6颗卫星失去了功能。同年，苏联为了"回敬"美国的此次试验，进行了代号为"K工程"的3次太空核爆炸试验，所产生的电磁脉冲造成的破坏性比美国的核试验更大。在进行太空核武器反卫星试验的同时，美苏双方也在军事侦察卫星上开始了相互较劲，试图通过空间侦察发现对方的军事秘密，为建立军事优势奠定必要的情报基础。美国在1960年发射第一颗侦察卫星，1962年苏联也发射了该国第一颗侦察卫星，两国开始在太空相互侦察对方的军事战略目标。美苏双方"乐此不疲"的太空军事竞争，不断将太空军事化推向高潮。在这种情况下，以往祥和寂静的太空，日益成为军事竞争与对抗的新领域。正如当时的美国国务卿迪安·腊斯克所指出的，太空可能成为人类最新战场④。

二、太空安全问题日益受到关注

在最初的太空军事化进程中，由于空间科学技术还不十分成熟，对

---

① 何奇松：《太空安全问题研究》，上海：复旦大学出版社，2014年2月版。
② 何奇松：《太空武器化及中国太空安全构建》，《国际安全研究》2020年第1期，第39—67页。
③ 徐能武：《太空安全治理：态势分析与路径选择》，《湖湘论坛》2023年第3期，第21—34页。
④ 徐能武、龙坤、孟鑫：《国际安全视角下太空军控的缘起、演进和发展动向》，《国际安全研究》2022年第5期，第107—129页。

抗双方对太空军事化所带来的严重后果了解也非常有限。在冷战正酣、军事对抗十分激烈之时，美苏双方都没有任何退让的意愿，都缺乏对太空安全的关注。但是，1962年美苏相继在太空进行核武器反卫星试验所造成的巨大破坏，尤其是对自身和盟国的巨大伤害，使双方逐步意识到太空安全的重要性。双方终于认识到，不受约束的太空军备竞赛、空间核导弹反卫星试验，不仅会使对方太空、空中和地面的各种系统受到巨大损失，也会使自己蒙受巨大损失，而且增加了两国之间发生核大战的风险。1962年的古巴导弹危机，进一步使美苏双方认识到，偶然的事件可能导致两国发生核大战，给双方带来毁灭性的危险。于是，从20世纪60年代开始，美苏双方就太空安全进行了一系列谈判，以保护双方用于军事、商业目的的卫星，以及人类空间探索。1963年8月，美国、苏联、英国三国签署《禁止在大气层、外层空间和水下进行核武器试验条约》（即《部分禁试条约》），同年10月10日生效，并规定该条约无限期有效。接着三国又达成了禁止在月球上进行军备竞赛的协议，该协议成为1963年联合国大会决议的一部分。

然而，美苏两国达成的协议并没有阻止双方在太空其他领域军备竞赛的继续进行。双方继续在侦察卫星与载人航天①等项目上展开较量，加速研发其他形式的反卫星武器。如苏联进行能使卫星致盲的共轨式反卫星武器。激烈的太空军事竞争，使美苏双方再次发现太空安全巨大危险依然存在，而且有不断增加之势。因此，20世纪60年代末期，美国和苏联开始了新一轮太空安全谈判。1967年，美苏形成了《关于各国探索和利用外层空间包括月球与其他天体活动所应遵守原则的条约》（以下简称为《外层空间条约》）和《营救宇宙航行员、送回宇宙航行员和归还发射到外层空间的物体的协定》（以下简称为《营救协定》）。前者禁止在月球、其他星体上部署大规模杀伤性武器。后者规定任何一国宇航员在太空遇到危险时，对方应该给予援助。这两个条约后来在联合国

---

① 20世纪60年代，美苏为了在这场太空竞赛中获胜，分别制定了载人航天计划，如苏联"东方计划""上升计划""联盟计划"，美国"水星计划""双子座计划""阿波罗计划"。

得到通过，成为国际条约。随着美苏两国关系的相对缓和，双方在太空安全领域继续开展对话，达成了一系列协议，如反对相互干扰对方侦察卫星、反对试验和部署天基导弹防御武器等，所达成的协议成为后来的《战略武器限制谈判临时协议》以及1972年的《限制反弹道导弹系统条约》（《反导条约》）。前者成为1991年《削减和限制进攻性战略武器条约》的基础，后者则形成"双方保证不研制、试验或部署以海洋、空中、空间为基地的以及陆基机动反弹道导弹系统及其组成部分"的共识。根据这些协议，双方停止了反卫星武器的试验，1975年美国彻底取消了核导弹反卫星武器项目。双边关系的缓和也进一步促进了太空合作，1975年美苏两国宇航员实现了历史性的"太空握手"。尽管此段时间内双方自我限制反卫星武器的研发与试验，但是双方的太空军事化步伐并没有停止，仍在进一步加强，太空的军事支持功能进一步强化，军事通信卫星、预警侦察卫星、定位导航卫星等开始研发和升空。

三、新一轮太空军备竞赛再起

出于各自的战略考虑，美苏又发起了新一轮太空军备竞赛，竞相发展反卫星武器。1976—1985年，苏联重新开启早期的共轨式反卫星试验。1975年10月18日，苏联连续5次用激光器照射两颗飞临西伯利亚上空的美国预警卫星，使其红外传感器失效达4小时之久。同时，苏联也加强了天基激光武器的试验。1981年，在"宇宙"系列卫星、飞船和"礼炮"号空间站上，苏联进行了一系列激光武器打靶试验，均获得成功。尤其是1981年3月，苏联利用一颗卫星上的小型高能激光器照射一颗美国卫星也获得成功。与此同时，苏联也研制了其他反卫星武器，如从米格－31战斗机上发射拦截机，能够释放一枚小型导弹打击卫星。此外，苏联成立了第一个轨道碎片轰炸系统，这是迄今为止唯一的在轨军事核武器系统。然而，该系统从来没有用核武器进行过测试。1976年，美国开始发展从空中发射的直接上升式动能反卫星武器系统。1978年，美国国防部正式批准空军研制机载反卫星导弹。1985年9月13日，美国首次成功地用反卫星导弹击毁了一颗在500余千米高度轨道上运行的军用卫星。同期，美国还大力推进太空态势感知能力建设，提升美国军事及情报太空资产的存活性。

20世纪80年代初，美国丹尼尔·格雷厄姆中将和30多位著名的科学家、经济学家、空间工程师以及军事战略家经过研究，于1982年3月发表了《高边疆——新的国家战略》报告，提出了以军事战略为核心的、面向全球的高边疆国家战略。报告中宣称："今天，当人类对太空进行了史诗般的载人和不载人的探索之后，我们将会看到总会有一个国家将把能够与英国商船队和海军舰队相匹敌的东西送入太空。我们怎敢让鹿死他手。"这一报告为次年时任美国总统里根提出"战略防御倡议（SDI）"提供了理论和技术上的论据。SDI以防御为幌子，实际的目的是将这种"东西"送入太空，以控制太空[①]。

为了谋取对苏联的全面战略优势，时任美国总统里根提出了"星球大战"计划，即SDI计划，旨在发展各种手段攻击苏联太空洲际战略导弹和航天器，形成严密防护美国本土的防护网，以防止苏联对美国及其盟国发动的核打击。计划由"洲际弹道导弹防御计划"和"反卫星计划"两部分组成，是一个多层拦截系统。由于里根时代美国所遵循的原则是，"只要'星球大战'计划能够让苏联在启动核武器之前停下来哪怕一分钟，耗费多少钱都是值得的"[②]。在美国发起"星球大战"计划后，苏联也采取了应对之策，提出了所谓的反"星球大战"计划，计划发展80吨、以激光武器装备的Polyus – Skif – DM空间站，1987年5月15日首次发射时因高度控制出现问题，最终因戈尔巴乔夫新思维的提出而完全取消[③]。同时，美国的"星球大战"计划，也因为耗资巨大（当时的预算为1万多亿美元）和技术过于复杂，加上苏联的解体等多种因

---

① 王春永：《"天防"：太空时代的国家安全战略》，《解放军外国语学院学报》1999年第1期，第105—109页。

② [美]琼·约翰逊-弗里泽：《空间战争》，叶海林、李颖译，国际文化出版公司，2008年版，第250页。

③ James Oberg, "U. S. Vulnerability in Space Deserves Attention Now," USA Today, May 17, 2001, http：//www.usatoday.com/news/opinion/2001 – 05 – 17 – ncguest2.htm.

素,于20世纪90年代宣告取消。伴随"星球大战"的结束,人类第一个太空时代也接近尾声。

第二节 第二个太空时代:太空安全问题的发展

冷战结束后,特别是苏联的解体,使以往以美国和苏联两极对抗为主体的太空安全格局发生了全新的变化。特别是海湾战争开启了以太空军事应用为鲜明特点的第二个太空时代[1][2]。进入21世纪的头十年,太空技术的快速发展使得越来越多的国家进入太空,太空军事化、武器化等新情况不断出现,进一步使太空安全呈现出日益复杂化、多样化等特点。特别是大国再也无法在太空中发挥绝对的支配作用,太空安全互动环境呈现出如2011年美国《国家安全太空战略》中所表述的特征:拥挤、竞争和对抗[3],造成太空安全困境再次出现。

---

[1] 美国智库国际战略研究中心(CSIS)的学者托德·哈里森(Todd Harrison)在《第二个太空时代的国家航空航天局:探索、合作与安全》及《第二个太空时代的冲突升级与威慑》中,认为太空商业利用、地缘政治环境和军事力量平衡的同时变化,带来了国际太空活动的新面貌。在这样新的时代背景下,太空国际环境呈现出太空活动主体数量猛增、太空国际竞争更加激烈、太空军事对抗更趋明显、太空商业化势头迅速高涨的主要特征,并面临着公地悲剧、沟通失效、战略稳定性失衡等一系列新问题。参见:Todd Harrison and Nahmyo Tomas, "NASA in the Second Space Age: Exploration, Partnering, and Security," Strategic Studies Quarterly, Vol. 10, No. 4, 2016, pp. 2 - 13; Todd Harrison, Zack Cooper, Kaitlyn Johnson, et al., Escalation and Deterrence in the Second Space Age, Washington D. C.: Center for Strategic and International Studies, October 2017.

[2] 高杨予兮:《第二太空时代的美国太空威慑战略研究》,北京:世界知识出版社,2021年11月版。

[3] Department of Defense of the United States of America, Office of the Director of National Intelligence, "National Security Space Strategy," January 2011, p. 1.

一、空间轨道越来越拥挤

20世纪末开始，两个超级大国支配的两极太空世界逐渐转变为相对多极化的太空世界，"太空奥林匹克竞赛"大幕拉开，许多国家、地区设立太空机构。仅到2008年，全球的太空机构就有40个，具有独立航天发射能力的国家扩大到11个。除此之外，哈萨克斯坦、巴西、韩国、朝鲜等也在大力发展运载火箭。另外，还有阿根廷等18个行为体具有亚轨道发射能力，越来越多的国家拥有航天器和卫星。随着航天器越来越多，轨道也显得越来越拥挤，出现了严重的无线电频率干扰。与此同时，卫星越来越多，导致卫星频谱耗尽。在轨道拥塞地方，卫星必须保持一定距离以避免信号交叠，虽然技术进步可以减少卫星距离间隔，但是轨道空间资源有限。卫星专家称，"同步卫星的'定点'已经成了稀缺物品，引发了国家之间甚至一个国家不同部门之间的竞争"。

二、空间碎片影响航天器安全

一般来说，包括卫星在内的任何航天器，都是有一定寿命的。所发射的任何航天器，特别是卫星在其功能丧失、寿命到期后，大多继续留在太空，久而久之会出现解体，形成碎片。另外，运载火箭发射升空后，也在太空留下部分残骸，形成空间垃圾和碎片。在太空进行包括空间武器在内的各种空间试验，有时也会产生大量空间碎片。碎片与碎片相撞存在着可能，也就存在着产生更多碎片的可能。有研究表明，在未来50年内，碎片相撞将成为碎片产生的重要来源，随着碎片的增多，最终形成碎片"碰撞潮"，威胁着人类可持续性地进入和利用太空。由于空间碎片的速度很快，远远超过7.9千米/秒，高速度所带来的高动能，使小于2毫米的碎片会给航天器带来严重的安全灾难，威胁到未受保护的能源线路和其他敏感部件；航天器通过加装保护装置，可以防御1~10毫米的碎片碰撞，抵御较大碎片则只能通过碰撞规避程序实现；1~10毫米的碎片则能击穿和损坏多数航天器，卫星的功能将会丧失，同时也会产生大量额外碎片。空间碎片的不断增多，使其与航天器相撞的概率也会逐渐增加。

三、太空支援大显神威

如果说上述两类太空安全问题带有"自然"性，那么太空军事化、武器化则是"人为"的太空安全问题。在太空的军事应用方面，近几场局部战争将多种军事卫星用于实战，在激起人们对太空支援在现代战争中的重要价值进行热烈讨论和重点发展外，也有学者认为，这也意味着人类战争已延伸到太空，已进入"太空战争"范畴[1][2]。

1990—1991年的海湾战争，美国首次把战争的触角伸向了太空，利用70多颗卫星构成了航天侦察监视、卫星通信保障、卫星导航定位和空间气象保障四大系统，给地面作战部队以巨大的信息支援：保证多国部队对伊拉克军事行动了如指掌，保证多国部队的及时通信联络，保证多国部队对伊拉克军队的精确打击。美军在总结海湾战争的经验时认为，无论是战术行动还是战略行动，太空系统已经成为作战系统中不可或缺的部分。当时的美国空军中将托马斯·穆尔曼说："沙漠风暴……是太空军事应用发展史上的分水岭，因为太空系统首次在军事冲突中综合运用，并对战争的结局起到了关键性的影响。"[3] 此次战争因而被称为首次"太空战"。海湾战争大量使用军事卫星，开创了太空战的新纪元，标志着战争进入了太空时代。军事专家普遍认为，太空战不是神奇的幻想，而已成为现实，未来的战争首先是从太空中发起，谁夺取了制天权，谁就能控制制空权、

---

[1] "Triumph Without Victory: The Unreported History of the Persian Gulf War," U. S. News and World Report, New York: Times Books, 1992, pp. 7–9.

[2] Richard Hallion, "Storm over Iraq: Air Power and the Gulf War," Washington, D. C.: Smithsonian Institution, 1992, p. 159; Rick Atkinson, "Crusade: The Untold Story of the Persian Gulf War," Boston: Houghton–Mifflin, 1993, p. 511.

[3] "Air Force Doctrine Document 4: Space Operation Doctrine," July 10, 1996, http://www.fas.org/spp/military/docops/usaf/afdd4.htm.

制海权以及制信息权和陆地作战主动权，也就夺取了战争的胜利①。

1999年3月的科索沃战争，北约动用了15~20类50多颗不同卫星参与其协同、情报和空袭行动，巴尔干上空可谓"天眼"密布。在整个78天的轰炸中，美国的太空系统自始至终为北约军队提供情报信息支援，使得北约军队实时、精确打击成为可能。简言之，卫星系统保证了此次空袭行动，被美国国防部长和参谋长联席会议主席评价为"历史上最有成效的空中行动"②。由于掌握了制天权，美军在战争中自始至终掌握着主动权，很快取得军事胜利。一些军事专家因此评价道，上述近几场战争的战场等于处在美国天军的驾控之中③。

四、太空作战走向前台

进入20世纪90年代，太空系统的价值越发凸显。约翰·柯林斯援引哈尔福德·麦金德的"世界岛"理论，提出了自己的太空地缘战略。他说，谁控制了环地球太空，谁就控制了地球；谁控制了月球，谁就控制了环地球太空；谁控制了L3和L4，谁就控制了地球－月球体系④。伴随太空"俱乐部"成员越来越多，在美国看来，这已经挑战了其太空地缘战略。对此，严重依赖太空的美国着手制定太空作战设想及计划，以为其维持太空地缘战略提供军事支撑。种种迹象表明，全面夺取太空优势也已经成为美国国家安全战略的基本国策。

美国1996年公布的国际航天政策明确提出，要发展太空控制能力，

---

① Steven J. Bruger. "Not Ready for the 'First Space War', What About the Second?", http://handle.dtic.mil/100.2/ADA266557.
② Department of Defense, USA, "Kosovo/Operation Allied Force After-Action Report, Report to Congress," Washington, January 31, 2000, p.1, http://www.dod.mil/pubs/kaar02072000.pdf.
③ 杨立群：《21世纪的星球大战》，《解放日报》2007年6月21日。
④ 阿尔文·托夫勒、海迪·托夫勒：《未来的战争》，阿笛、马秀芳译，北京：新华出版社，1998年1月版，第122页。L3和L4指在月球和地球之间引力平衡的地点。从理论上来讲，太空基地设在这两个点上，不需要太多的燃料即可长期驻守。因此，相当于未来太空战争的"制高点"。约翰·柯林斯是美国国会防务问题高级专家、国防大学战略研究所所长，《大战略》一书的作者。

确保美国在太空中的活动自由,并有能力剥夺别国的这种自由。1997年,美国空军航天司令部发表《2020年航天构想》,称至21世纪前半叶美国的"航天力量将发展成一支具有与其他军种同等地位的独立军种",太空优势日渐成为战场获胜和未来作战必不可少的因素[①]。该构想明确提出太空作战的战略概念,标志着美军在太空领域的争夺进入了理论化与实战化相结合的新阶段。2002年,美军又制定了《太空联合行动》文件,提出从2009年开始部署天基监视卫星,成立太空攻击队,并制定了相应的太空作战设想。2004年,美国空军公布的《美国空军飞行转型计划2004》,详细描述了美军太空作战的发展方向、武器研发、短期与长期目标等,提出美国要获取制天权就必须具备3种实力:保护太空资产、制止敌方利用太空、快速发射航天器以替换被摧毁或失效的太空资产的实力。为了实现上述目标,该计划制定了太空作战的武器发展规划,包括发展天基与全球激光发射器、机载反卫星导弹、空间定向能反卫星武器系统和其他太空战系统。美国新太空战计划的出炉,清楚无疑地表明了美军进一步加快太空武器部署,在臭氧层上空建立"军事帝国"以独霸太空的野心。该计划还首次明确了太空武器在太空争夺中的特殊地位。

如果说美国空军制订的太空行动计划是单一军种的设想,那么2006年10月美国公布的新版国家太空政策,则为美国全面太空军事化以及武器化打开了方便之门。美国公布的新版国家太空政策指出,美国反对任何旨在限制美国在太空部署武器的条约;对美国来说,保持太空行动自由与空中力量和海上力量同样重要;美国反对任何国家对太空、天体或其中部分拥有主权,反对限制美国在太空行动和获取资料的基本权力;美国的航天系统拥有自由进出太空和在太空不受阻碍的权力,任何对美国太空系统的恶意阻挠都将被视为对其权力的侵害,必要时,美国将剥夺敌人使用太空的能力。也就是说,美国可以先发制人地打击对其太空资产与能力构成威胁的各种系统。

[①] United States Space Command, "Vision for 2020," February 1997, p.5, http://www.fas.org/spp/military/docops/usspac/visbook.pdf.

此外，为了消除太空武器化的障碍，卸下束缚天基反导能力的包袱，2002年6月，美国单方面退出《反弹道导弹条约》，开始了实现其"独霸"太空目标所采取的第一步行动。为此，美国国防部全力加快了太空武器的研发与部署。在此期间，美国发展太空武器大体上可以分为三大类：一是发展太空侦察、预警设施，提高太空环境的透明度；二是积极采取防护措施，增强抵御反卫星武器攻击的能力；三是发展进攻性手段，毁坏敌人的卫星系统。为了验证其太空作战方案以及武器系统的有效性，美国进行了多次太空作战演习以及实战演练。从2001年开始，美军每一到两年就会举行一次"施里弗"太空战演习。美国还多次进行拦截弹道导弹试验，以验证其导弹防御系统。2008年2月，美国从其"伊利湖号"发射"标准－3"导弹攻击在轨报废卫星，再次证明其在反导技术日益成熟的基础上改进完善的反卫星技术已形成充足的实战能力。所有这些，都正式敲响了"星球大战"计划或许正在变为现实的警钟。

五、太空安全困境再次出现

随着太空军事化武器化的发展，太空不再仅仅是科幻作家笔下"蓝色的梦幻"，而必然成为继陆、海、空之后的第四维战场空间。多国特别是一些军事大国纷纷将太空作为经济、政治角逐的重要目标和未来战争中的重要基地和战略依托，在大力建设军事航天力量的同时，加强"天战"[①] 理论的研究。特别是美国为保持太空优势，大力推进太空武器化，引起了一场全球性的太空武器化竞争热潮。在这一趋势的刺激下，其他航天大国、强国被迫进行太空武器的开发和试验，尝试推进太空武器化。新一轮太空军备竞赛显出端倪，太空安全困境再次出现。

太空武器化不仅给太空安全造成巨大威胁，更为严重的是破坏了国际战略平衡与稳定，严重地威胁着世界和平与安全。比如，面对这一趋

---

① 天战，太空作战的简称，也称太空战。

势，俄罗斯也奋起应对①。俄罗斯除继续研制以往的反卫星武器外，还进一步加快了粒子束反卫星武器的研究与开发的步伐。时任俄罗斯航天兵司令波波夫金上将2007年8月22日在莫斯科航展上宣布，俄罗斯将会考虑将载人航天用于军事目的，再过两年俄航天兵将开始试验新型导弹袭击预警系统轨道集群，两年后在其框架内，航天兵将开始试验整个系列的各种用途的新型空间装置。

此外，对于太空力量相对较弱甚至非太空国家而言，攻击对方卫星与地面设施联系的上下行通信链路，或许是一种更合算的非对称反制手段。2009年，伊朗为制止欧洲通信卫星组织传播攻击伊朗政府利益的信息，曾干扰其"热鸟"6/8W6和"欧鸟"9A/2两颗卫星的通信链路。在市场上花几十美元就可以购买卫星信号干扰器的今天，相互确保脆弱的非对称制衡使得太空力量安全运用大打折扣，太空攻防关系更易变换。另外，太空系统地面设施也很容易成为对手攻击的目标。地面段是确保太空系统运作的关键节点，失去了地面段的安全就必然意味着失去了空间段②。考虑到太空力量建设和运用往往会将太空系统与网络系统融为一体，构成一个复杂庞大的太空网络信息系统，这为隐匿的、难以归因的网络攻击提供了缺口和机会，大大加剧了太空系统的脆弱性。网络攻击正日益成为人们对太空系统担忧的一大主因。网络攻击事实上可能会有多种形式，影响整个太空与控制系统的众多组成部分。从近年一些主体相互指责对方网络攻击己方太空系统却往往无法归因实证的情况来看，不仅是太空国家之间，甚至在太空国家与非太空国家之间，这种脆弱性也是触手可及的，由此太空领域的以强凌弱更易遭到对方反制，有关安全决策更需三思而后行，危机稳定性相对较高③。

国际社会为解决以上太空安全问题进行了持久努力，取得了一些成

---

① 李赟：《天军突起——俄罗斯航天兵揭秘》，北京：解放军出版社，2015年1月版。
② ［德］卡伊－乌维·施罗格等编著：《太空安全指南》（上册），杨乐平、王国语、徐能武译，北京：国防工业出版社，2019年8月版。
③ 徐能武：《太空安全治理：态势分析与路径选择》，《湖湘论坛》2023年第3期，第21—34页。

绩，主要体现在国际社会在太空碎片减缓方面，而在太空频轨资源的公平、公正分配以及防止太空武器化方面，举步维艰，进展甚缓。出现这种情况的原因是多方面的，如国际权力失衡，等等。比如，冷战时期，美苏在太空军备竞赛之时，还曾经讨论限制太空军备的合作事宜；而在冷战结束之后，自认为没有任何对手的美国，拒绝进行任何限制太空军备竞赛的讨论，更不用说签订什么保证太空安全的协议和条约了。为此，2001年，俄罗斯呼吁国际社会开始制定有关禁止在太空部署武器、不对太空目标使用或威胁使用武力的全面协议。2002年，中俄等国提出禁止在太空部署武器的倡议，向联合国裁军大会提交了《关于未来防止在外空部署武器、对外空物体使用或威胁使用武力国际法律文书要点》。这个建议包括三方面的内容：一是不在近地轨道部署任何类型武器，不在天体上安装此类武器，不在外空以其他方式部署此类武器。二是不求助于威胁或使用武力打击空间目标。三是不支持、鼓励其他国家、国家集团、国际组织参与本条约所禁止的活动。此后，中俄等国开始起草禁止在太空部署武器的条约草案文本，连续多次在联合国裁军大会、联大会议上进行讨论。通过这些活动，中俄两国在裁谈会"防止外空军备竞赛"项目中占据了重要地位，俄方议程也成为联合国大会第一委员会（裁军和国际安全委员会，简称"联大一委"）常年设立的子项目。不过，美国根本无视俄罗斯、中国等全世界绝大多数国家的呼吁，明确表示反对。

此外，在这一时期，全球化浪潮在航天领域塑造了商业航天。商业航天是指按照市场规则配置技术、资金、人才等资源要素，以盈利为目的、独立的非政府航天活动。它涉及卫星制造、发射服务、卫星运营及应用、地面设备制造与服务、太空旅游、太空资源开发等多个领域[1]。这一时期，也是商业航天快速发展的一个重要历史阶段。商业航天的发展与应用，既为国际社会维护太空安全注入新的活力，同时也带来新的太空安全问题。特别是随着太空技术的发展与成熟，太空技术军民两用

---

[1] 黄志澄：《新航天：创新驱动的商业航天》，电子工业出版社，2017年版，第14页。

的特点产生了一些难以解决的安全问题。例如，从目的论而言，使用商业卫星为军事行动提供信息支援属于军事行为，但从技术角度而言，它无法与一般商业活动相区分；航天器在轨机动与抵近可用于俘获、撞击、干扰敌方卫星，也可以用于在轨燃料加注、检修等；直接使用商业卫星对敌方卫星进行撞击的做法明显属于军事行为，但在平时几乎无法核查。2010年起，联合国和平利用外层空间委员会（简称"外空委"）[1]发起了"外空活动长期可持续性议题"第一阶段议程，该议程旨在以政策和规则层面的综合手段促进全世界应对太空环境安全问题，手段包括建立碎片减缓规范、在轨机动与抵近操作规范、技术能力合作、政策沟通等。2019年，"外空活动长期可持续性议题"的第一阶段报告出台，转入第二阶段的讨论。2011年，联合国大会成立"外空透明与建立信任措施"政府间专家组，讨论太空活动中的增进透明与建立信任措施问题。"外空透明与建立信任措施"政府间专家组2013年出台的报告较为全面，在侧重外空军控视角的同时也涉及一些军民结合的新问题，但落实层面仍有技术困难且不具备国际法约束力。这些都是太空安全领域值得我们思考的关键问题。

第三节　第三个太空时代：太空安全问题的升级

如果说冷战时期的美苏太空竞赛是第一个太空时代，海湾战争开启了第二个太空时代，那么近十多年来随着太空多极化、战场化、产业化三大趋势的发展，人类已迈入第三个太空时代[2][3]。在这个新的时代，太

---

[1] 联合国和平利用外层空间委员会，是联合国于1958年成立的一个机构，通常以协商一致的方式开展工作。

[2] 中国现代国际关系研究院太空安全课题组：《第三太空时代的安全挑战与规则构建》，《当代世界》2022年第2期，第47—51页。

[3] 果然伶俐译：《约翰·肖中将：欢迎来到第三个太空时代》，《星际航行》，2023年8月30日。

空军备竞赛、太空武装冲突、太空物体碰撞、太空资源争夺以及地外小行星威胁、商业航天发展等安全风险剧增。特别是伴随太空军事化、武器化、战场化步伐加快，国际太空安全态势急剧升温，太空安全问题急剧升级。

一、人类活动与国家安全越来越倚重太空

有专家认为，今天，太空似乎在人类日常生活中"并不起眼"，但正在孕育的太空变革将深刻地改变世界格局、关乎国计民生与人类社会发展，其力度甚至与20世纪60年代激烈的太空竞赛时期不相上下[1]。

对主要航天国家以及整个人类社会而言，太空具有彻底改变全球经济格局、安全形势甚至人类文明本质的潜力。几十年来，太空一直是一种至关重要的战略资源，它不但能促进全球安全与繁荣，而且正迅速成为人类经济社会发展中越来越重要的重地。太空使地球上关键的经济和安全活动得以开展，目前全球经济高度依赖于太空中的各种通信、导航、定时和遥感等设施设备。社会的信息化程度越高，对太空的依赖性就越大。太空对国家安全也至关重要，导弹的预警探测、跟踪拦截，与部署在全球各地的武装部队进行安全通信或侦察监视无法进入的区域等，都高度依赖太空。太空技术从根本上塑造和支撑了全域联合作战，让军事力量看得更远、听得更清、飞得更快、打得更准。正是基于上述原因，就整体国家战略而言，一些主要国家将太空领域视作国家安全和军事护持的关键领域，高度重视太空军事能力建设[2]。

从长远来看，太空将超越陆、海、空成为国家安全最重要的领域。人类在太空的存在感将持续增加，最终人类将像今天在空间站上那样生活在其他星球上。随着人类在地球以外活动的增加，保护太空的需求将

---

[1] 杨乐平、彭望琼：《未来30年太空安全发展趋势及影响》，《国防科技》2021年第6期，第1—5页。

[2] 潘亚玲、赵雪研：《拜登政府太空战略的安全化动向》，《现代国际关系》2023年第3期，第100—117页。

更为紧迫，太空作为经济领域的重要性将进一步凸显，太空产生财富的规模与水平也将对国际社会产生重要作用和影响。太空也将在未来成为国家安全最重要的领域，太空将定义国家安全的未来。甚至有学者认为，到 2030 年，太空甚至可能主导国家安全[1]。时任美国副总统彭斯曾声称，"我们今天正处于一场太空竞赛之中，就像 20 世纪 60 年代我们的处境一样，而且事情所关系到的得失更为重大"[2]。历史上，美国空军用了近 70 年的时间来融入和主导联合作战，天军很可能用更短的时间完成这一进程。2019 年 9 月 5 日，美国空军航天司令部出台《未来 2060 年的太空及对美国战略的影响》报告指出，必须认识到在 2060 年的世界里，太空是国家政治、经济和军事的重要引擎[3]。

可见，正是由于太空对一个国家安全的重要性，如果太空自身安全存在问题，那么它将必然作用和影响其他安全领域。因此，包括空间碎片和交通管制等在内的太空可持续发展问题，必将日益上升为每一个航天大国乃至相关国家的安全优先事项。

二、太空日益拥挤、太空物体碰撞的风险日益剧烈

冷战时期，角逐太空的主要是美苏两家，其余具备航天能力的国家只是崭露头角，难望两个超级大国项背，更多的国家则基本没有能力利用太空。在第二个太空时代，美国一骑绝尘，俄罗斯相对衰落，其他国家的航天力量逐步发展，太空领域"一超多强"格局明显。而在第三个太空时代，太空格局日趋多极化，已有上百个国家拥有自己的卫星，其

---

[1] The White House, "2017 National Security Strategy of the United States of America," December 19, 2017, https://www.whitehouse.gov/wp-content/uploads/2017/12/NSS-Final-12-18-2017-905.pdf.

[2] Christian Davenport, "Another front in the Tensions between the U.S. and China: Space," Washington Post, July 26, 2019, https://www.washingtonpost.com/technology/2019/07/26/another-front-tensions-between-us-china-space/.

[3] "The Future of Space 2060 and Its Implication for U.S. Strategy," Air Force Space Command, Accessed September 6, 2020, https://www.politico.com/f/?id=0000016d-0513-d6ab-a97f-4f93520b0001.

中美国、俄罗斯、中国、日本、印度、法国、英国、以色列和乌克兰等有能力从本国领土发射卫星。特别是中国航天崛起，近十年来航天发射和太空设施数量均居全球前两位，稳步迈向航天强国之列。此外，新型航天私企异军突起，美国 SpaceX 公司、美国蓝色起源、英国维珍银河公司等，或涉足载人航天，或发射巨型星座，一时风头正盛。不可否认的是，多极化使国际太空格局更趋均衡，航天发展更具活力，但太空"玩家"的爆炸性增长，也使得因太空拥挤和竞争带来的安全问题更为复杂和严峻。

  航天器在轨爆炸解体是空间碎片的主要来源。据统计，迄今共发生在轨爆炸、解体、撞击事件 500 余次。地球轨道上约有 2600 颗报废卫星和 1 万块体积大于电脑显示器、2 万块大过苹果手机、50 万块玻璃球大小以及至少 1 亿块小得无法自地球上准确标记的碎片[①][②]。数量庞大的空间碎片，使任何一个国家的航天器都处于危险之中，任何一国的航天器都有被空间碎片撞击的可能。根据公开报道，由于碎片撞击而失效或异常的卫星超过 16 颗，每年全球卫星机动规避空间碎片的操作超过 100 次，国际空间站为躲避空间碎片撞击共进行了 29 次机动规避[③]。美国航空航天局（NASA）卫星每年规避空间碎片操作 20 余次，而 2008 年这一数字为 5 次[④]。2013 年 1 月，俄罗斯一颗科研卫星撞上一个质量不到 0.02 克的太空垃圾，顷刻间成为碎片。2018 年，欧洲航天局（ESA）卫星规避空间碎片操作 17 次（其中 15 次在低轨，2 次在高轨）[⑤]。2021 年 6 月，国际空间站的机械臂被太空垃圾击出小洞。研究预测，70 年后在

[①] Space Debris Office at ESOC/ESA, "Space Environment Statistics," Accessed January 8, 2021, https: //sdup.esoc.esa.int/discosweb/statistics/.

[②] Jessica West, ed., "Space Security Index 2019," Ontario: Project Ploughshares, 2019, p. 2.

[③] 《太空也需要"清道夫"》，《人民日报》2022 年 7 月 29 日。

[④] J. C. Liou, "Highlights of 2018 – 2019 NASA Orbital Debris Research Activities," Rome: 37th IADC Meeting, 2019.

[⑤] Ph. Marchal, "2018 Space Debris Activities in France: Highlights," Rome: 37th IADC Meeting, 2019.

近地轨道区域将发生空间碎片链式撞击效应，近地空间①将彻底不可用；30 年后轨位将饱和，无新的轨位资源可用②。需关注的是，2009 年 2 月，美国一颗铱星卫星与俄罗斯一颗报废的宇宙系列卫星相撞，开启人造卫星相撞先例，或也进一步验证了太空碎片就是潜在的太空武器。以美国 SpaceX 公司等为代表的航天企业在加快建设"星链"等数万颗低轨小卫星星座，大规模低轨小卫星星座的爆炸式发展，标志着人类进入巨型星座时代的同时，也进一步使已经十分拥挤而脆弱的太空轨道环境"雪上加霜"。2019 年 9 月 2 日，欧洲航天局地球观测卫星 Aeolus 采取了机动规避，以避免与 SpaceX 公司发射的 60 颗微小卫星发生碰撞。2021 年 7 月和 10 月，两颗"星链"卫星接近中国"天宫"空间站，中国空间站被迫采取紧急避碰措施。

诸如此类事件说明，在轨航天器以及空间碎片数量急剧增长，空间碰撞风险不断攀升，空间环境正日益恶化。目前看，尽管越来越多的国家都意识到，要真正缓解日益恶化的空间碎片、轨道拥挤等问题，需要国际社会采取更大的一致行动，但国际社会应对太空拥挤的技术能力还不足，机制也还不健全。长远来看，建立太空安全交通管制体系是应对太空拥挤的必要路径。太空安全交通管制体系涉及飞航信息通报、太空态势感知和避碰规则制定等众多环节，需要国际社会采取切实措施，群策群力，在防止产生不必要碎片的同时，共同应对空间碎片和轨道碰撞的威胁。

三、太空战场化增加太空军备竞赛和太空武装冲突风险

人类甫一进入太空，太空军事化进程就已开启。但在第一个太空时代和第二个太空时代，太空的军事作用相对有限。到了第三个太空时代，太空本身成为战场，主要国家太空军事化步伐加速，进一步增加太空军备竞赛和太空武装冲突的风险。

---

① 近地空间，也称地球轨道空间。
② 龚自正、赵秋艳、李明：《空间碎片防护研究前沿问题与展望》，《空间碎片研究》2019 年第 3 期，第 2—13 页。

在军事建制上,建设太空军成为潮流。早在2011年,美国国防部就公开宣布,太空环境发生了重要的转变,已经成为一个明确的对抗性作战域。近年来,为准备打太空战,美国成立太空发展局、太空司令部、太空军等机构,太空军事化战略昭然若揭[1]。法、日、英、印、德等国也纷纷效法,建立自己的太空部队。与此前的军事航天重在导弹防御和天基信息支持保障不同,当前各国纷纷成立的太空军把太空本身视为争夺领域,发展太空攻防作战手段,既包括导弹防御,也包括卫星攻防,乃至天基对地攻击等能力。

在太空装备上,太空军备竞赛风险剧增。尽管太空军事化由来已久,但多数人认为,太空武器化进程尚未开启,因为还没有哪个国家在轨道中部署核、动能杀伤或激光武器等,但这道红线已岌岌可危。美国高调推进太空武器研发,根据其未来几年防务计划,美国将投入巨额财力发展太空攻防能力。美国太空发展局筹划构建由数百颗卫星组成的太空国防架构,直接与导弹相联,能发现并摧毁高超声速导弹等运动目标。其他航天国家也不甘落后。俄罗斯发展"努多利"机动反卫星系统、"隼"空基激光反卫星系统等多款反卫星武器。法国宣称使用纳米卫星和反卫星激光武器回击对手。日本计划在21世纪20年代中期发射干扰卫星。印度2019年3月进行反卫星试验,摧毁一颗在近地轨道运行的本国卫星,再次拨动了世界对太空武器化敏感的神经。

在太空体系上,随着国际社会逐渐将太空视为战略资源,将太空安全视为国防安全和国家安全的重要组成部分,保护太空资产免受攻击成为一个国家广泛而深入关注的焦点。未来太空体系的核心是追求太空体系弹性能力,与太空相关的网络安全和体系弹性能力将迅速发展。在这个方面,尤以美国最具有代表性。早在2011年美国《太空安全战略》即提及加强太空体系弹性,之后2012年美国国防部《太空政策指令》(DoDD 3100.10)要求在所有体系规划和评估中考虑所需太空能力的可

---

[1] 赵春潮、满璇、葛颖等:《美国最新航天发展政策分析》,《国际太空》2024年第1期,第40—44页。

靠性、防护性和弹性；2013年版的美军联合作战条令JP3-14《太空作战》、美国空军航天司令部发布的《弹性和分散化空间体系结构》等，进一步强调了加强太空体系弹性能力的重要性①。目前，提高太空体系弹性能力已成为美国等增强太空资产抵御风险能力的重要措施，同时也成为美国等在太空形成代差优势的重要路径。若一个国家所谓的太空弹性体系一旦建成，其是否不再会"投鼠忌器"，而是会"肆无忌惮"地在太空威胁别国太空资产安全，都是值得前瞻性思考的太空安全问题。

在冲突风险上，太空战日益临近。在第三太空时代，太空不但有了其独立的作战域地位，而且与陆、海、空整体军力结合极为紧密，卫星攻防不一定会导致核大战，那么在太空中动武的心理门槛就会降低。同时，一些国家此前具有的太空优势受到冲击，为确保自身优势，必然会以全政府模式进行大国竞争，那么在太空率先动武的可能性就会增加。比如，美国在《太空防御战略》中提出，要增强美国太空能力的抗毁性，实施拒止性太空威慑战略，如果在太空中的威慑战略失败，那么就要赢得延伸到太空的战争②。2021年8月24日，美国太空司令部司令詹姆斯·迪金森在美国空间基金会第36届外空研讨会上发表讲话表示，美太空司令部已具备初步作战能力，建设成熟且具有战略效应，未来几年内将具备完全作战能力，不久还将重点围绕太空战开展军事演习。

有学者表示，在美国黩武的太空政策下，任何国家太空技术的发展，在美国看来都是对其太空霸权的挑战③。美国认为，太空基础设施是其"阿喀琉斯之踵"，最让美军担心的场景之一就是所谓的"太空珍珠港事件"④。因此，美国扬言，如果他国妨碍其自由进出太空，剥夺美国使用太空的权利，都被视为对其主权的侵犯，可根据《联合国宪章》有关自卫的权利，对他国实施武力攻击。为落实这一政策宣示，美国制定太空

---

① 汉京滨、张雅声、汤亚峰：《太空体系弹性研究现状》，《中国航天》2018年第7期。
② 高杨予兮：《美国太空威慑战略调整及其影响》，《和平与发展》2018年第3期。
③ 何奇松：《太空武器化及中国太空安全构建》，《国际安全研究》2020年第1期，第39—67页。
④ 中国现代国际关系研究院：《地理与国家安全》，北京：时事出版社，2021年4月版，第195—221页。

作战条令，进行太空战演习。如果说"施里弗"系列演习是偏重于验证太空作战概念的演习，而从近几年开始的"太空旗"等演习则从战役战术上演练如何进行太空作战。毋庸置疑，这很容易引发太空领域大国之间的冲突。同时，也应看到，太空军事化、武器化、战场化要花费巨大的人力、物力、财力，如果一个国家执行庞大的太空军事计划，巨大的经费开支将不仅会导致其太空安全困境的进一步恶化，还会导致其在载人航天、深空探测、空间技术等方面的投入下降甚至处于危险境地，进而陷入太空军备竞赛的陷阱。因为这一过程，将不可避免地要迫使其在"要大炮还是要黄油"之间作出艰难的选择。

比如，一个国家为了保持自己在太空的霸权，千方百计阻止他国获得空间技术，其中一个办法就是对他国实行技术封锁，不与他国进行空间合作。但事实已经充分证明，这一政策或是完全失败的。通过封锁并不能阻止其他国家之间的空间合作，反而损害了本国太空产业。因此，即使发展先进的太空武器，其他国家也会发展相同或类似的武器，只不过是时间上快慢和金钱上多寡而已。纵使其他国家没有雄厚的资金发展先进空间技术和武器，以对等实力挑战其太空资产，它们也只需要寻求其想要的航天技术，通过非对称的手段方式，就可以轻而易举地颠覆这一国家的优势。如在导弹防御领域的反制措施，只研发用来干扰、压制导弹制导系统的技术与设备，要比研发和部署导弹防御本身简单得多、廉价得多。这又迫使这一国家要不断投入大量的人力和物力，大力研发更加先进的航天装备，追求确保万无一失的太空防御系统。这样，就必然要与自己进行一场没有终极的太空军备竞赛，其代价必然是昂贵的，最后必然也会因耗费巨大而终结。

在未来，尽管太空多极化趋势的出现，会在一定程度上迫使航天国家回到谈判桌上，就限制太空武器化、禁止在太空部署武器等进行谈判，但也应清醒地看到，太空不再是无战事的"圣域"[①]。特别需要关注的

---

① 冯昭奎：《太空战争：国际安全的新视角》，《国际安全研究》2017 年第 5 期，第 3—25 页。

是，太空用于军事目的的用途正在扩大。军事实体正在增加对商业卫星的使用和依赖。军民两用的航天器及其搭载的有效载荷，使得军事、民用、人道和企业之间的传统划分复杂化。伴随各国对太空武器化的认识日益加深，人们也开始担心恐怖分子和组织等也会将太空作为下一个战场[①]。诸如这些变化，都是催化太空安全问题升级的重要因素。

四、太空大开发拉开太空资源之争的帷幕

在太空这个广阔的未知领域，人类有诸多需要探索发现的东西，尤其是对人类生存发展不可或缺的宝贵资源，这使得太空在未来几十年甚至几百年的重要性进一步凸显，其价值不可估量。太空蕴藏着几乎无限的能源资源、大量有用的材料以及未开发的巨大潜力，能够为未来的人类提供"极其丰富"的资源。这些资源使得人类在应对环境污染、气候变化、地球资源枯竭等挑战时，有了新的选择。几十年来，太空在创造财富、促进商业发展和打赢战争等方面一直发挥着不可估量的使能作用。时至今日，太空的价值范式正在发生质的变化，并且这一变化可能在30年后成为主流，即太空价值创造正在从以地面安全和经济活动为主转移到以太空领域自身发生的安全和经济活动为主，标志着太空将从配角上升为主角。时任美国商务部部长罗斯曾指出，在未来20年内太空产业规模可达1万亿美元，足见太空产业潜力巨大[②]。

在第一个太空时代和第二个太空时代，商业航天发展有限。而到了第三个太空时代，太空产业发展步伐加速，对各类太空资源的争夺更加激烈。随着太空商业化的大发展，政府不再是占主导地位的太空运营者，太空领域中的参与主体日趋多元化、安全问题愈加复杂化，给当前的太空安全治理体系带来极大挑战。例如，巨型小卫星星座的发展使得最具

---

① [加]拉姆·S.贾克、[美]约瑟夫·N.佩尔顿：《全球太空管理》，刘红卫、付康佳、王兴华等译，北京：中国宇航出版社，2021年8月版，第4页。
② 中国现代国际关系研究院：《地理与国家安全》，北京：时事出版社，2021年4月版，第195—221页。

经济和实用价值的有限频轨资源变得炙手可热。有专家表示,美国 SpaceX 公司的"星链"计划,不仅是世界第一个超大型低轨卫星星座,也绝非建立太空 Wi-Fi 那么简单,该计划的背后不仅有美国官方,还有美国军方的身影,它实际上是在近地轨道"跑马圈地",是美国推进其太空优势新的重大举措。有学者认为[1],"星链"的攻防一体属性加剧了军备发展的"安全困境","星链"的军民两用属性易引发技术扩散和军备竞赛风险,"星链"技术系统的不透明性和不可预测性会导致军备控制的信心建立及措施难以施行,"星链"计划或会加剧外层空间爆发"意外战争"的风险。在美国"星链"计划的影响下,欧洲、印度等都在酝酿各自的低轨卫星星座计划。毕竟,低轨太空资源有限,谁也不愿意看到被别人尽占的局面[2]。然而,大型低轨卫星星座竞争,带来一个严峻的问题:地球近地轨道航天器容量的门限是多少[3]?近地轨道空间广袤,但并非无限。如果近地轨道资源被一两个国家独占,其他国家怎么办?这就带来低轨太空轨道和频率资源的公平公正分配问题。大型低轨卫星星座竞争带来的各种现实和潜在的问题,也使太空交通管理问题变得困难、突出和紧迫。太空交通管理定义为确保长期利用太空和太空资产,避免有害干扰而进行的一个有组织的过程,包括政策、法律、服务和信息[4]。太空交通管理能否有效解决这个问题?目前尚看不到答案。再如,技术发展使原本遥不可及的太空矿产资源逐渐变成现实的财富源泉。主要航天大国都在筹谋如何在方兴未艾的太空"淘金热"中多分一杯羹,而这也将成为第三太空时代的一个冲突之源。

可见,太空不再仅仅是进行科学探索和发现的领域。正如陆地、海

---

[1] 张煌、杜雁芸:《"星链"军事化发展及其对全球战略稳定性的影响》,《国际安全研究》2023年第5期,第29—53页。

[2] 徐纬地:《太空安全博弈与国际航天合作》,《空间碎片研究》2021年第21卷第1期,第18—25页。

[3] 国内外基于在轨碰撞概率的理论计算显示,近地轨道空间物体的容量大约为100000颗。随着轨道确定精度和碰撞预警技术的提高,这个门限可能会稍微提高。

[4] [德]卡伊-乌维·施罗格等编著:《太空安全指南》(上册),杨乐平、王国语、徐能武译,北京:国防工业出版社,2019年8月版,第188页。

洋和空中从陌生领域转变为众所周知的普通领域一样，太空领域也在经历同样的变革。人类太空活动正从"探索发现"阶段向"商业活跃"和"安全主导"的新阶段过渡。以美国太空探索技术公司、维珍银河公司、蓝色起源公司等为代表的私营太空企业，正竞相降低进出太空和利用太空的成本，并围绕巨型星座、太空旅游、小行星采矿、在轨服务等新型项目上不断探索[①]，亚轨道点对点运输、太空旅游等正在走向现实。比如，诺格公司 MEV-2 成功应用，标志着在轨服务实用化迈出了历史性一步。在这一阶段，由于太空商业活动激增，为保护这些商业活动、确保太空安全并为常态化太空活动保驾护航，人们不得不采取必要的安全行动。未来，太空对于国际安全的价值将与确保地球经济活动繁荣的需要相匹配，而且这一时刻将很快到来。即使短期内太空商业活动仍然集中在地球静止轨道以下的近地空间，但未来太空经济与安全活动的边界很有可能扩大到地月空间以及临近空间。以"阿尔忒弥斯"为代表的月球计划开启了对地月空间新高地的战略追逐，小行星探测刺激了人类太空采矿的强烈欲望，行星防御更使人类超越国家与政治的局限从全人类视角审视共同威胁[②]。为了使太空发展与大开发顺利进入新阶段，国际社会必须共同建立一个保护太空安全与太空资产的合作框架。

五、国际太空军控规则博弈突然升温

如前所述，为限制太空军事化，国际社会在 20 世纪 60—70 年代就制定了一系列条约，提出了维护太空安全的基本原则，作出了某些限制性规定，但这些规则不足以应对第三太空时代的安全挑战。主要表现在以下几个方面：

一是现有太空军控规则具有时代的局限性。现有国际太空军控规则

---

① 徐能武、高杨予兮：《太空安全秩序构建中的体系压力与战略指向》，《国际安全研究》2020 年第 2 期，第 116—134 页。

② [加] 拉姆·S. 贾克、[美] 约瑟夫·N. 佩尔顿：《全球太空管理》，刘红卫、付康佳、王兴华等译，北京：中国宇航出版社，2021 年 8 月版。

基本确立于第一个太空时代的早期。在这一时期，形成了涉及太空安全和发展的三大平台和五大条约。所谓三大平台，就是联合国大会、联合国和平利用外层空间委员会和日内瓦裁军谈判会议。所谓五大条约，就是联合国《外层空间条约》《营救协定》《空间物体造成损害的国际责任公约》《关于登记射入外空物体的公约》和《月球协定》。经由这些条约，国际社会确立了太空是全人类共同遗产、和平利用太空、禁止在太空中部署大规模杀伤性武器等基本原则。但受科技发展水平以及国际政治因素制约，这些条约有其不足之处，如没有禁止近地轨道的军事化，没有禁止发展和部署天基常规武器，也没有禁止反卫星武器，对"和平利用太空""太空军事化"等具体概念没有明确界定等。

二是大国围绕太空军控规则的博弈加剧。从2010年前后开始，关于国际太空军控规则的讨论和制定变得再度活跃，成为第三个太空时代的突出特点。联合国框架内三大太空讨论平台均有新的进展。2010年，在联合国和平利用外空委员会框架下成立了外空活动长期可持续工作组，就太空活动的最佳实践达成一系列共识，涉及太空碎片、太空活动以及太空态势感知、太空气象等。联合国大会2010年通过了《太空透明与建立信任措施决议》，2012年联合国根据该决议成立透明信任措施政府专家组，提出信息交换、设施访问、信息通报、国际合作等提高透明度和增进信任的措施，其报告得到中美俄一致支持。在日内瓦裁军谈判会议上，中俄积极回应各方对"防止太空武器化条约草案"的关切和疑问，并于2014年提出新的条约草案，对其内容加以澄清和细化。俄罗斯还在联合国大会提出"不首先在太空部署武器决议草案"，2014年以来每年均表决获得通过。2017年，联合国大会决定成立防止外空军备竞赛政府专家组，就相关法律文书要素进行研究。

在各种推进构建太空军控规则的倡议中，有三个影响较大。其一是中俄的《防止太空武器化条约草案》。其二是欧盟2008年底提出的《外空国际行为准则》。该准则提出一系列自愿措施，重点强调避免故意摧毁太空物体、减少制造碎片、加强透明和信任措施建设。该倡议一度声势颇大，但因在自卫权等问题上过于偏向美国，遭到多方批评，2015年之后偃旗息鼓，近乎休眠。其三是 2020 年 8 月英国提出的"负责任外空行为准则"，建议各国就何为负责任的外空行为准则达成共识，意图扩大以美国为首的外空同盟的领导力及话语权①。2021 年 11 月，联合国大会第一委员会通过英美提出的决议案，设立工作组，就负责任太空行为的规范、规则和原则提出建议。该工作组在 2022 年和 2023 年举行两次会议，并于 2023 年秋向第 78 届联合国大会提交报告。该倡议与欧盟的《外空国际行为准则》有颇多相通之处。

国际太空军控规则讨论之所以突然升温，主要有三个原因。首先，太空安全风险陡增，强化现有国际军控规则已渐成国际主流看法，因此涉及太空安全的联大决议多获高票通过。其次，美国认为太空"民主化"对其太空优势构成挑战，急于抢抓第三太空时代的规则制定权。最后，太空军控与太空国际治理日渐融合，部分新的太空军控规则以和平利用太空之名悄然确立。

三是完善和强化太空军控规则面临重重障碍。太空军控讨论虽然热烈，但要取得突破并不容易。军事上，越来越多的国家将太空视为"终极高地"，太空军力发展方兴未艾，无意限制太空军备；政治上，大国竞争加剧，彼此猜忌加深，通过军控共谋安全变得更难；技术上，太空技术军民两用性突出，太空武器、太空攻击等概念难以明确界定，难以进行有效核查。其中最大的障碍是，各国对太空安全的基本原则缺乏共识，难以确定推进目标和路径。

概言之，目前太空军控规则存在三大争议。首先是太空资产安全与太空军控先后之争。太空领域的安全问题分为两类：一类是太空的武器化和战场化威胁；另一类是随着太空日益拥挤而带来的碰撞风险升高、轨道与频率稀缺性显现等太空资产安全问题。有的国家则主张应当先立乎其大者，禁止风险最大的太空武器化和战场化。有的国家主张从简易处入手，先谈太空碎片、交通管理等太空资产安全问题。其次是太空软

---

① 胡艺凡、王国语、吴清颖：《"负责任外空行为"倡议各方立场文件及走向分析》，《上海法学研究》集刊 2022 年第 7 卷，第 27—35 页。

法与硬法可行性之争。有的国家主张制定具有法律约束力的国际文书，由上而下禁止太空武器化；有的国家倾向于讨论透明和信任措施以及自愿性规则，由下而上构建国际太空软法。最后是太空霸权与太空民主化的目标之争。有的国家谋求利用自己的优势地位主导太空安全话语权、规则制定权与解释权，将太空安全规则制定作为维护太空优势和绝对自由、打压和遏制他国的工具。有的国家则主张关于太空军控的讨论应该坚持多边主义，避免政治化歧视性和排他性。可见，目标的差异决定了太空军控优先事项和实现路径的不同。

六、深空与临近空间正成为太空经济与军事新领地

今天，几乎所有的太空军事与经济活动都集中在地球静止轨道以下的地球轨道空间，尤其是地球低轨道区域和地球静止轨道区域，导致这两个区域目前已十分拥挤，太空碎片威胁日趋严峻。随着人类太空活动足迹进一步拓展，从探索能力和程度来看，地月空间等深空以及临近空间正在被认为是人类进军太空过程中下一个资源争夺、经济活动和军事对抗的新领地。

地月空间主要由地球轨道空间、月球轨道空间和地月转移轨道空间构成。其中，5个地月平动点（也称拉格朗日点）是地月空间的关键战略地理位置。将航天器置于拉格朗日点或围绕拉格朗日点的"光晕"轨道，可以使其相对于天体保持固定位置，不仅燃料消耗更低，也节约了成本，并延长了寿命。从空间尺度看，地月空间距离是地球轨道空间的十几倍，体积是地球轨道空间的1000多倍，资源丰富，经济潜力巨大。美国正在通过实施"阿尔忒弥斯"计划大规模开发月球资源，计划通过寻求在地月空间建设太空物流基础设施，最终形成与今天近地空间经济相媲美的"地月空间经济"。

就军事而言，与地球轨道空间相比，地月空间轨道、机动与感知特性存在显著差别。地月空间轨道动力学由经典二体问题转变为三体问题，轨道不再是经典圆锥曲线，大多数轨道也不再是平面轨道和周期性轨道，

颠覆了人们熟悉的轨道形状与特性。在地月转移和月球轨道空间，航天器的运行摆脱了地球"重力井"的影响，机动所需速度增量大大减少，甚至只要以很小的速度增量就可实现大范围轨道转移。地月空间分布范围广、空间尺度大，不仅对太空态势感知提出了新挑战，同时特殊地月周期轨道和拉格朗日点也为太空态势感知提供了有利条件。美军已明确未来太空战场将从近地空间拓展到地月空间，为此制定了地月空间感知生态系统建设路线图，着手研究地月空间轨道确定算法，开发地月空间目标探测、建模与仿真以及轨道分析与可视化软件工具，加快在拉格朗日点部署探测器，加快建设地月空间高速巡逻系统等。

从地球轨道空间往下看，人类正在经历临近空间大开发的前夜，临近空间在信息支援、远程投送以及天临一体等方面的战略运用价值正在凸显。如此，如何维护临近空间的安全，也是第三个太空时代需要加强前瞻统筹，并加快太空力量在临近空间布局布势的独有特征。后续章节会对上述内容进行更加详尽地介绍，在此不再赘述。

综上，我们正处在一个新的、富有成效的太空时代的新纪元，我们正处在太空技术和应用的创新时代[①]。人类开发利用太空正在相当程度上改变着人类的生产、生活方式，促进社会文明进步。伴随国际社会正以前所未有的力度和速度开发利用太空，太空领域正呈现出大发展、大变革的时代特征，太空在国家安全、经济发展、大国竞争等方面的作用和影响也将会越来越大[②]，太空安全环境也将会发生剧变，新的问题挑战也将会不断涌现。如果要在维护太空安全方面切实取得进展，必须正视这一太空新时代的特征规律与分歧纷争，想方设法就太空安全基本原则等方面达成共识。否则，纠缠于具体的技术问题和国际博弈的短期利益考量，就会迷失大方向。如果在急需建章立制的太空大开发前夜无所作为，就有可能释放出太空战的"魔鬼"。

---

① ［加］拉姆·S.贾克、［美］约瑟夫·N.佩尔顿：《全球太空管理》，刘红卫、付康佳、王兴华等译，北京：中国宇航出版社，2021年8月版，第Ⅳ页。
② 杨乐平、彭望琼：《未来30年太空安全发展趋势及影响》，《国防科技》2021年第6期，第1—5页。

这些问题和其他一些前所未有的发展被认为在不久的将来对太空活动以及全人类和平可持续利用太空产生严重的负面影响，例如维护全球在太空的公共利益[①]。2021年9月15日，习近平总书记在驻陕西部队某基地视察调研时强调，太空资产是国家战略资产，要管好用好，更要保护好。明显的是，太空安全已经是一个必须重视的问题[②]。为此，一定要坚持以总体国家安全观为指导，高度重视太空安全问题，采取有效的手段和措施，共同解决人类所面临的太空安全困境，有效防止第三个太空时代成为一个大冲突甚至是大破坏的时代。这是目前及今后一个时期，人类共同面临的一个重大时代课题。

[①] ［加］拉姆·S. 贾克、［美］约瑟夫·N. 佩尔顿：《全球太空管理》，刘红卫、付康佳、王兴华等译，北京：中国宇航出版社，2021年8月版，第4—5页。

[②] 兰顺正：《浩瀚苍穹的竞逐：新时代太空安全博弈》，《世界知识》2021年第20期，第12—14页。

第三章/地球轨道空间安全

作为探索浩瀚宇宙的第一站，地球轨道空间航天活动已广泛深度融入国防、金融、交通、电力、科技、信息等多个领域，既直接关乎国计民生与经济社会运行，又紧密关联国家安全与人类社会进步发展，是目前人类航天活动的最主要区域。维护太空安全，或许首先要做的是维护地球轨道空间航天活动及与其相关的航天资产、航天系统等要素的安全。当前，诸如航天器数量激增、空间环境恶化、太空军事化甚至武器化趋紧等，正在加剧地球轨道空间安全风险[①]。对此，应多措并举，尽可能地解决人类太空安全风险燃眉之急。

第一节 地球轨道空间

当前，人类对地球轨道空间的开发利用已进入井喷式增长期。了解和掌握这一物理空间环境特点、航天器运行机理、不同类型轨道特点等，是认识地球轨道空间安全形势、研究应对举措的前提和基础。

一、高度范围

地球轨道空间，指卫星绕地球做轨道运动的空间范围，是距离地面

[①] 段玉瑞、孙振江、王建伟等：《地球轨道空间碰撞风险区域态势分析》，《力学与实践》2022年第6期，第1279—1285页。

100～65000 千米的地球外围空间[1]，也称近地空间，包括低地球轨道空间、中地球轨道空间、高地球轨道空间。其中，低地球轨道空间，是一个以地球为中心的轨道空间，其高度不超过 2000 千米（约为地球半径的 1/3），或每天至少有 11.25 个周期（轨道周期为 128 分钟或更短）。相对而言，这个空间内的卫星瞬时视场较小，这就意味着需要一个"星座"来提供连续的覆盖。目前，太空中的大部分人造物体都在这个空间内。中地球轨道空间，是位于低地球轨道空间（2000 千米）和地球同步轨道（36000 千米）之间的轨道空间。导航卫星大都运行于中地球轨道空间，例如 GPS、格洛纳斯系统、北斗卫星导航系统以及伽利略定位系统。部分跨越南北极的通信卫星也会使用中地球轨道空间。中地球轨道空间内的卫星运转周期在 2～24 小时之间，但大部分在 12 小时左右。高地球轨道空间，是绕地球运行且轨道高度完全在地球同步轨道（36000 千米）以上的轨道空间。这种空间中的卫星运行周期要长于 24 小时，因此在这一轨道空间内运行的航天器有着明显的逆行运动，即便是它们位于轨道倾角在 0°～90°之间的顺行轨道上，由于其轨道速度小于地球自转速度，其星下点轨迹在地面上也是向西运行的。高地球轨道空间中最重要的就是地球同步轨道，是指地球赤道面上方 36000 千米的圆形轨道，该轨道上航天器的运行方向和地球自转方向一致。在该轨道上的航天器绕地球运行一周的时间和地球自转周期（一个恒星日）相同，因此在地面观测者看来，这样的航天器在天空中是固定不动的。

二、运行机理

航天器在宇宙内运动遵从一定的运动规律，同时也受到特殊空间环境等的影响。航天器质心的运动轨迹被称为航天器运行轨道，简称轨道。

---

[1] 高耀南、王永富等：《宇航概论》，北京：北京理工大学出版社，2018 年 5 月版，第 72 页。

（一）基本原理

德国数学家约翰内斯·开普勒在研究丹麦天文学家第谷·布拉赫等人对行星运动的观测数据之后，于1609—1619年间先后归纳提出了三大定律，被称为开普勒行星运动定律，简称开普勒定律。开普勒定律虽然是用于描述行星绕太阳运动的规律，但它对于天然或人造小天体绕中心引力体运动的描述同样适用。因为"小"是相对于中心引力体而言的，通常中心引力体的质量远远大于绕其运动的小天体的质量。在地球轨道空间内，将地球作为中心引力体、航天器作为小天体时，开普勒定律就同样适用于描述航天器围绕地球的运动[1]。

其中，开普勒第一定律，又称椭圆定律/轨道定律，即行星沿椭圆轨道围绕太阳运动，太阳位于椭圆的一个焦点上。对于航天器而言，航天器围绕地球的运行轨迹是椭圆；航天器和地球两个天体构成的椭圆的质量中心总与一个交点重合，由于地球质量与航天器质量相比巨大，该质心就与地球中心重合，因此地心始终在焦点上。开普勒第二定律，又称面积定律，即行星与太阳的连线在相等时间内扫过的面积相等。对于航天器而言，航天器与地球的连线在相等时间内扫过的面积相等。结合开普勒第一定律，航天器绕地球沿椭圆轨道运行时，由于其在轨道上的每一个点与地球的距离都不一样，由此可知，当距离地球较近时，航天器运动速度较快。开普勒第三定律，又称周期定律，即所有行星的轨道半长轴的立方与行星的公转周期的平方的比值为常数。对于航天器而言，围绕地球运行的航天器椭圆轨道的半长轴越大，运行周期越长，航天器的轨道运行速度越小。

经典力学之父艾萨克·牛顿在约翰内斯·开普勒和伽利略·伽利雷成果的基础上，发表了万有引力定律和牛顿运动学三大定律。如果说开普勒定律为轨道运动提供了概念模型，那么牛顿定律则为轨道的数学描述提供了基础，并解释了为什么卫星能够保持轨道运行。

---

[1] 高耀南、王永富等：《宇航概论》，北京理工大学出版社，2018年版，第66—67页。

其中，牛顿第一运动定律，又称惯性定律，即任一物体在不受任何外力或受到的外力平衡时，将保持其静止或匀速直线运动状态，直到有作用在物体上的力迫使其改变这种状态。对于航天器而言，由于地球引力为施加在其上的一个外力，因此使得航天器会沿弧形路线绕地球旋转。牛顿第二运动定律，又称动量定律/加速度定律，即如果一个物体的受力总和不为零，那么该物体将具有一定的加速度，加速度的大小与所受合力成正比，与物体的质量成反比，加速度方向与合力方向一致。对于航天器而言，由于其受到非地球引力的外部力量，因此会造成轨道改变，这也就解释了航天器轨道调整的必要性。牛顿第三运动定律，即作用力与反作用力定律。这一定律主要在航天器入轨中有所应用。牛顿万有引力定律，即宇宙中任何两个物体都是相互吸引的，引力的大小与两物体的质量的乘积成正比，与两物体间距离的平方成反比。对于航天器而言，为克服万有引力，需通过一定速度绕地球运行以产生一个脱离地球的离心力，当速度大小满足一定条件时，就会达到始终绕地球运行的目的。

（二）轨道运动描述

二体问题主要研究两个质点仅在两者之间存在万有引力作用时的运动规律。当一个质点质量远小于另一质点质量时，称为限制性二体问题。在研究航天器轨道运动时，通常将其看作是一个限制性二体问题。即只考虑地球引力作用，并将地球视为质量分布等密度的同心球且引力指向地球中心。相对于地球，航天器质量可以忽略不计。

轨道参数，又称航天器轨道根数，用于表示航天器轨道的大小、形状、轨道平面空间位置以及航天器在轨道上的瞬时位置的参数。根据开普勒定律而来的开普勒轨道根数是最常用的轨道根数，主要包括轨道半长轴、轨道偏心率、轨道倾角、升交点赤经、近地点辐角、真近点角等6个参数[1]。其中，轨道半长轴用于描述轨道大小，轨道偏心率用于描述轨道形状，轨道倾角、升交点赤经和近地点辐角用于描述轨道平面空间

---

[1] 高耀南、王永富等：《宇航概论》，北京理工大学出版社，2018年版，第69页。

位置，真近点角用于描述航天器在轨道上的瞬时位置①。

事实上，航天器在轨道上除地心引力作用外，还会受到很多作用力的影响。虽然其相对于地心引力而言都很小，但是经过长期作用也会导致航天器运动逐渐偏离理论轨道，引起轨道参数的变化，这些力通常称为摄动力，航天器偏离由开普勒定律所确定的轨道的现象称为轨道摄动。在地球轨道空间的摄动力主要包括地球非球形摄动、大气阻尼摄动、三体引力摄动以及太阳光压摄动。为了描述地心引力，一般将航天器受力分解为中心引力部分和摄动部分，在所有摄动中，地球非球形摄动对轨道的影响最为明显②。由于地球并非理想的圆球体，而是一个赤道鼓胀、质量分布不均的椭球体，地球自转速度也不均匀，从而导致地球引力场分布复杂，导致航天器轨道面绕地球极轴（自转轴）缓慢旋转，同时近地点和远地点在轨道面内旋转，这种现象称为地球非球形摄动。合理利用地球非球形摄动会产生一些特殊的轨道，如太阳同步轨道、冻结轨道等。此外，大气阻尼摄动，是由于高空大气对航天器轨道运动的阻尼作用而产生的摄动，会导致航天器轨道能量的耗散，从而使轨道高度不断降低、轨道圆化，最终将导致航天器陨落。三体引力摄动，是由于太阳和月球以及其他星体对航天器的引力而对航天器轨道产生的影响，是一种长周期变化，且与航天器轨道对太阳和月球的定向有关。太阳光压摄动，即太阳光辐射以及反射过程中对航天器产生的摄动力，该影响十分复杂，与航天器反射特性、轨道与太阳的定向关系以及太阳活动等因素有关。

三、轨道类型及几种常用轨道

根据不同的分类标准，轨道类型有不同的分类方式。按照轨道形状划分，可以将轨道分为圆轨道、椭圆轨道、抛物线轨道和双曲线轨道四

---

① 张雅声：《弹道与轨道基础》，国防工业出版社，2019 年版，第 180—185 页。
② 高耀南、王永富等：《宇航概论》，北京理工大学出版社，2018 年版，第 82—83 页。

种。这与轨道六根数之一的偏心率相关。偏心率 $e=0$ 时，为圆轨道；当 $0<e<1$ 时，为椭圆轨道；当 $e=1$ 时，为抛物线轨道；当 $e>1$ 时，为双曲线轨道。按照轨道高度划分，可以分为低地球轨道（Low Earth Orbit, LEO）、中地球轨道（Medium Earth Orbit, MEO）和高地球轨道（High Earth Orbit, HEO）三种。当高度 $100<h<2000$ 千米时，为低地球轨道；当高度 $2000<h<36000$ 千米时，为中地球轨道；当高度 $h>36000$ 千米时，为高地球轨道。其中，高地球轨道中含有一类特殊轨道称为地球同步轨道（Geosynchronous Orbit），其轨道高度约为 36000 千米。按照轨道倾角大小划分，可以分为顺行轨道、逆行轨道、赤道轨道、极地轨道四种。当轨道倾角 $0<i<90°$ 时，为顺行轨道，卫星自西向东顺着地球自转的方向运动；当轨道倾角 $90°<i<180°$ 时，为逆行轨道，卫星自东向西逆着地球自转的方向运动；当轨道倾角 $i=0°$ 或 $180°$ 时，为赤道轨道，卫星轨道平面与地球赤道平面重合，卫星始终在赤道上空飞行；当轨道倾角 $i=90°$ 时，为极地轨道，卫星轨道平面与地球赤道平面垂直，卫星飞跃南北两极上空，它的星下点轨迹可以覆盖全球，是观测整个地球的最合适的轨道。

航天器轨道的选择与它的任务功能密切相关，实际应用中根据应用任务不同，航天器轨道不同。几种常用的轨道主要有：地球同步轨道、太阳同步轨道、回归轨道、冻结轨道（闪电轨道、苔原轨道）、伴随轨道等[1][2]。

地球同步轨道是轨道周期与地球自转周期（23 小时 56 分 4 秒）相同的轨道，其轨道高度为 35786 千米，通常认为约等于 36000 千米。其星下点轨迹近似为一条封闭曲线。对于地面观测者来说，每天相同时刻卫星大致出现在相同方位。根据轨道倾角不同，可分为地球静止轨道和倾斜地球同步轨道两种。地球静止轨道（Geostationary Orbit, GEO），是运行周期与地球自转周期相等、倾角为 0°、圆形的人造地球卫星轨道，

---

[1] 张雅声：《弹道与轨道基础》，国防工业出版社，2019 年版，第 272—275 页。
[2] 高耀南、王永富等：《宇航概论》，北京理工大学出版社，2018 年版，第 73—77 页。

简称静止轨道。从 GEO 卫星上看，地球是固定的，且相较于低轨和中轨上的卫星而言，覆盖区域要大很多，但由于卫星高度过高，观测细节会受到距离的影响。地球静止轨道上的卫星星下点轨迹为赤道上的一个点，在地面上的人看来，卫星始终不动。但其实这种卫星并非"挂"在天上不动，其运行速度为 3.07 千米/秒，只是由于它绕地轴的角速度和地球自转角速度大小相等、方向相同，因此卫星相对于地面是静止的，故称为静止卫星。一颗静止卫星可以覆盖大约地球表面 42% 的区域，3 颗等间距配置在赤道上空的静止卫星，可以覆盖除两极地区外的全球区域。因为卫星相对地面不动，地球站天线极易跟踪，因此在一般情况下，通信卫星、广播卫星和气象卫星选用这种轨道较为有利。理论上静止轨道只有一条，如果按照每 2° 部署一颗卫星，则只能容纳 180 颗卫星。因此，静止轨道上的点位是重要的轨位资源。在这条轨道上目前已有许多卫星在运行，它们分布在不同地理经度的赤道上空。每颗卫星静止的位置是它进入静止轨道那一瞬间卫星所处的地理经度，这个经度也称为定点位置。静止轨道的精度要求很高，稍有偏差，卫星就会漂移，当轨道倾角不为标准的 0° 时，轨道平面不能与赤道平面完全重合，这时卫星每天在纬度方向摆动一次，其星下点轨迹就会呈南北向的"8"字形。鉴于此，卫星严格地静止几乎是不可能的，人们只能将漂移控制在某一个允许的范围内。例如，经、纬度方向漂移不超过 0.1°，这样就要求卫星具备修正轨道误差和位置保持的能力。倾斜地球同步轨道（Inclined Geosynchronous Orbit，IGSO）的轨道倾角不为 0°，由于轨道周期与地球自转周期相同，使得其星下点轨迹近似为一条封闭曲线，为一个"8"字形，且每天在纬度方向摆动一次。我国北斗导航星座部分卫星即采用了倾斜地球同步轨道。

地球非球形摄动会使得航天器轨道面在惯性空间中发生旋转。太阳同步轨道（Sun-Synchronous Orbit，SSO），是指轨道平面绕地球极轴旋转的方向与地球公转方向相同，且旋转角速度等于地球公转的平均角速度（0.9856°/日或 360°/年）的卫星轨道。根据轨道摄动的内容可知，轨道面的进动与轨道高度和轨道倾角有关，而地球公转周期为 365.25

天，平均角速度为0.9856°/日，所以太阳同步轨道的半长轴、偏心率和轨道倾角之间能够建立一定的关系。由此可知，太阳同步轨道的轨道倾角都大于90°，即为逆行轨道。通常太阳同步轨道的轨道倾角为90°~100°，轨道高度为500~1000千米，且最大轨道高度不会超过6000千米。在太阳同步轨道上运行的卫星，由于轨道面旋转速度与地球公转速度一致，所以其以相同方向经过同一纬度的当地地方时相同，且具有相同光照条件。根据这一特点，选择适当的发射时刻，可以使卫星经过特定地区时，其光照条件始终很好，有利于获取高质量地面目标的图像。另外，由于太阳同步轨道卫星与太阳保持固定的相对取向，有利于以太阳能为能源的卫星长期稳定工作。考虑到运行于近地的太阳同步轨道都接近极轨道，卫星轨道运行和地球自转运动结果可以使卫星能够飞越除很小极区之外的全球各处。这些特性使得该轨道十分适合于对地观测，气象卫星、地球资源卫星等常选用这种轨道。

回归轨道为星下点轨迹周期性重复的航天器轨道，重复的时间间隔称为回归周期。回归周期主要取决于卫星的运行周期。相同回归周期的轨道有很多条。例如，回归周期为一天的回归轨道，它的运行周期可以为24小时、12小时、8小时等。在回归轨道上运行的卫星，每经过一个回归周期，卫星重新依次经过各地上空。这样可以对覆盖区域进行动态监视，借以发现这段时间内目标的变化。回归轨道对轨道周期的精度要求甚高，且轨道周期需在长时间里保持不变。因此，卫星必须具备轨道修正能力，以克服入轨时的轨道误差和消除运行中的轨道变化。以获取地面图像为目的的卫星，如侦察卫星、气象卫星、地球资源卫星等，多选择太阳同步型的回归轨道，兼有太阳同步轨道和回归轨道的优点，可以多次获取同一地区的同样地方时和观测条件的图像，以对其进行有规律的动态观测。

冻结轨道是指保持卫星地面高度在同一地区几乎不变的轨道，这种轨道半长轴指向不变，轨道形状不变。在两种条件下可以建构出冻结轨道：一种是轨道倾角取临界倾角63.4°或116.6°的大椭圆轨道，由于卫星在远地点附近运动较慢，卫星轨道周期的大部分过境时间位于这一纬度上空，可以弥补静止轨道卫星对高纬度地区仰角太低、两极不能使用的缺陷；另一种是对于近地轨道卫星，采用特定临界倾角无法满足任务需求的情况下，可选取近地点辐角为 90°，偏心率约为 0.0008 的轨道，同样可以达到冻结效果。闪电轨道是一类具有冻结特性的大椭圆轨道。其主要特点是在北半球或南半球滞空时间很长。闪电轨道的轨道倾角为 63.4°，远地点高度为 40000 千米，近地点高度为 1000 千米，偏心率为 0.75，周期为 12 小时。典型代表是苏联"闪电"通信卫星系列，其在 12 小时轨道周期中有 8 个小时在远地点覆盖区域内可见，且地面仰角超过 70°。因此，只需要 3 颗主轴彼此相交 120°的卫星组成星座，就能确保该地区的连续覆盖。美国的情报卫星早期即主要采用这种轨道对俄罗斯进行监视，而俄罗斯的预警卫星也采用这种轨道监视美国的导弹发射。

除上述几种典型轨道类型外，伴随轨道是近距离多航天器之间形成的紧密相对轨道。伴随轨道的形成源于交会对接技术的发展。交会对接中的航天器之间的相对运动构成了伴随轨道。近年来，伴随轨道出现于一类新型航天应用中，即分布式航天器。分布式航天器是由不同功能的多个航天器协同工作实现特定功能的航天器系统。主要基于高精度测量与控制和分布式载荷等技术，一般采用航天器编队飞行技术来实现，各航天器间通过信息交换和任务支持形成一个整体系统，又称"虚拟航天器"。与传统的单个航天器相比，分布式航天器能够提供较长的测量基线，在对地遥感、侦察监视、空间探测等领域有着很高的应用价值，且可在提高系统性能的同时降低系统成本。

第二节 地球轨道空间的安全问题

地球轨道空间蕴含着巨大的经济、军事、科技和社会价值，战略地位日益重要，成为国际竞争"新疆域"、大国博弈"新战场"，安全风险日益严峻。

一、在轨航天器数量激增易引发安全事件

鉴于部署于地球轨道空间的航天器能够对国计民生和国家战略产生巨大价值和重大影响，世界主要国家均不遗余力地发展航天技术、拓展太空能力。从重复使用火箭和快速发射能力带来进出太空的技术变革，到微小卫星和互联网星座概念带来的航天器规模化，加上越来越多的商业航天力量也加入航天活动，造就了当前常态化、高密度、批量化的地球轨道空间尤其是低轨道空间航天器部署态势。根据 Celes Trak 卫星数据库的统计信息，截至 2024 年 1 月，绕地球运行的卫星数量已达 9349 颗[1][2]，而从第 1 颗卫星部署到第 2000 颗卫星部署用了 61 年，但是从第 2000 颗到第 4000 颗仅耗时 2 年[3]。不得不说，太空正在呈现出"爆炸增长""公地悲剧"现象[4][5]。

一是火箭发射活动达到新量级，航天器高频规模化部署常态化。目前，具备火箭发射能力的国家已扩展到十余个。2023 年，全球运载火箭发射已达 223 次，发射质量达到 1490 吨。可以看出，发射次数、发射质量均为 1957 年人类首次实施航天发射以来的最高值。特别是以重复使用技术闻名的"猎鹰"（Falcon）系列运载火箭，其发射次数从 2013 年的 3 次提升到 2023 年的 96 次，10 年间增长了 31 倍，并创造了年度单一型号火箭的发射次数纪录。"长征"系列运载火箭发射次数连续三年达到

---

[1] Celes Trak, "Orbital Data," January 5, 2024, https：//celestrak.org/NORAD/elements/supplemental/supgp – statistics.php.

[2] 龙杰、张韬：《低轨大型星座下空间交通管理的安全挑战与应对》，《国际安全研究》2024 年第 3 期，第 126—156 + 160 页。DOI：10.14093/j.cnki.cn10 – 1132/d.2024.03.006.

[3] 陈瑛、卫国宁、唐生勇等：《国际太空安全形势分析与发展建议》，《空天防御》2021 年第 3 期，第 99—104 页。

[4] 公地悲剧，是指当资源或财产有许多拥有者，他们每一个人都有权使用资源，但没有人有权阻止他人使用，由此导致资源的过度使用。例如，草场过度放牧、海洋过度捕捞等。当前太空活动参与方为了争取自身在太空的权益，不断加速航天器的部署，使得太空也呈现出这种现象，尤其是在地球轨道空间，这一现象更加严峻。

[5] 毕俊凯、肖武平、何慧东：《2023 年全球航天发射统计分析》，《国际太空》2024 年第 2 期，第 12—16 页。

约 50 次量级,"联盟"系列运载火箭则保持在 15~20 次量级。

二是微小卫星技术日益成熟,带动航天器数量急剧增长。随着利用空间需求的不断变化,航天器逐渐向小型化、微型化发展。为形成相对原来大中型航天器等同的能力,势必需要通过增加微小航天器数量的方式达到应用目的。据统计,2013 年来,立方星大规模业务化应用推动 1~10 千克的卫星占比大幅增加,一度占年发射卫星数量的 50%;2019 年起,"星链""一网"卫星开启大规模部署,推动 100~1000 千克的卫星数量占比增长,2023 年已占部署数量的 76%。2023 年,SpaceX 公司发射"星链"卫星达到 1996 颗。截至 2024 年 12 月 13 日,"星链"卫星总发射颗数达到了 7568 颗。

三是低轨星座构建部署巨型化、规模化进一步增大拥挤碰撞风险。由于低轨星座能够向地面和空中终端提供通信、导航或遥感服务,具有广覆盖、低延时、宽带化、低成本、高弹性等特点,已成为天基系统建设发展的主要趋势,更多低轨遥感星座、低轨互联网星座、低轨物联网星座等正在启动大规模部署,推动全球航天器发射数量持续攀升,造就了当前常态化、高密度的星座部署态势。根据 SpaceX 公司计划安排,后续还将加速部署,直至形成 4.2 万颗的全球互联网星座[1]。截至 2024 年 10 月 20 日,SpaceX 公司的"猎鹰 9"火箭将 20 颗"一网"卫星送入预定轨道,使一网公司在轨卫星数量达到 654 颗,一网星座成为世界上首个建成的近地轨道宽带卫星星座[2]。除互联网通信卫星外,遥感卫星包括光学、合成孔径雷达(SAR)和电子侦察等星座也开始加速部署,典型代表有"黑色全球"(Blacksky Global)、"鸽群"(Flock)、"卡佩拉"(Capella)、"新卫星"(NewSat)、"狐猴"(Lemur)等[3][4]。由成千上万

---

[1] 王惠芬、张少文、徐敏等:《国外星座卫星的规模化制造能力浅析》,《国际太空》2024 年第 3 期,第 53—56 页。

[2] 石晓龙:《二代"一网"前景如何》,《太空探索》2023 年第 4 期,第 3 页。

[3] 柯知非、黄石生、李玉良等:《低轨大型遥感星座发展现状及其关键技术》,《航天返回与遥感》2023 年第 44 卷第 1 期,第 93—101 页。

[4] 龚燃:《美国行星公司商业遥感卫星星座的现状与发展》,《国际太空》2023 年第 11 期,第 14—18 页。

颗卫星组成的低轨巨型星座在给教育、电信、地球观测和减轻灾害等领域带来很多惠益的同时，也会带来频谱轨道资源占用、在轨碰撞风险增加、影响他国发射窗口和地基观测等现实问题，同时给国际法规则适用带来新的挑战[1]。

二、空间碎片成为在轨航天器的重要威胁

空间碎片，又称空间垃圾，主要是指人类在航天活动过程中遗留在空间的废弃的航天器残骸和它们因爆炸或碰撞而产生的碎片网。1999年联合国《空间碎片技术报告》中关于空间碎片的完整定义是："空间碎片系指位于地球轨道或重返大气稠密层不能发挥功能而且没有理由指望其能够发挥或继续发挥其原定功能或经核准或可能核准的任何其他功能的所有人造物体包括其碎片及部件，不论是否能够查明其拥有者。"

自从人类进入太空时代以来，空间碎片一直呈现不断增加的趋势，已严重影响人类正常的航天活动，应对空间碎片对在轨航天器的威胁已成为人类航天活动无法回避的现实问题。空间碎片绝大多数分布在距地面2000千米的人类使用最频繁的低地球轨道以及高度约为3.6万千米的地球同步轨道上，它们可能会与航天器发生超高速撞击，其相对撞击速度范围在0~15千米/秒，平均撞击速度为10千米/秒。空间碎片超高速撞击产生的极高压力超过航天器材料强度的数十到数百倍，会穿透航天器表面，并形成大面积的碎片云以非常高的速度破坏航天器内部器件和系统，造成航天器功能严重损伤，甚至导致航天器彻底解体或爆炸失效。航天器的体积越大、飞行时间越长，其遭遇空间碎片撞击的风险也就越大。航天器被空间碎片撞击后，发生的解体、碰撞等安全事件又会导致连锁反应[2]，进一步增加地球轨道空间上的碎片数量和密度，引发恶性

---

[1] 王国语、卫国宁：《低轨巨型星座的国际空间法问题分析》，《国际法研究》2022年第2期，第84—97页。

[2] 黎璐玫、刘伟骏、俞越：《空间碎片现状与挑战》，《中国无线电》2023年第8期，第33—36页。

循环，最终导致特定轨道空间无法继续使用①。

空间碎片的构成主要包括失效的航天器、卫星碰撞或解体产生的碎片、发射过程中入轨的火箭末级、用于远地点入轨的远地点发动机、火箭喷射出来的喷射物、航天活动甚至航天员遗留下来的各种各样的物质等②。欧洲航天局发布的2023年度环境报告显示，爆炸解体是最主要的碎片源之一，历史上与爆炸有关的碎片事件占比约31.04%，且航天器平均爆炸解体概率约为3%③。美国航空航天局轨道碎片项目办公室通过名为"LEGEND"的全尺寸三维碎片演化模型，对碎片环境进行长期性研究发现④，由于空间碎片轨道的自然衰减过程相当缓慢，若不采取措施，未来50年间，碎片数量将以每年10%的速度增加（参见图3.1）。

空间碎片引起的超高速碰撞能够损坏甚至毁灭航天器，对太空活动构成严重威胁。在低地球轨道空间，直径1厘米的碎片的冲击速度是56000千米/时，其产生的能量足够摧毁一颗数吨的卫星或损坏国际空间站，重量100克的螺丝都会对国际空间站的舱段造成致命一击，如有航天员舱外执行任务更会危及航天员性命⑤。一般而言，空间碎片对航天器的影响与其大小相关，直径小于0.01厘米的碎片（在近地轨道上数量很多）主要使航天器表面产生凹陷和剥蚀，长期与卫星碰撞可能造成明显的累积影响；直径0.01～1厘米的碎片会对航天器产生明显影响，其中，直径大于0.1厘米的碎片会对卫星结构造成损害；直径大于1厘米

---

① 金紫涵、温昶煊、乔栋：《卫星解体碎片云对低轨星座的碰撞影响分析》，《航空学报》2024年6月4日，第1—11页。http://kns.cnki.net/kcms/detail/11.1929.V.20240604.1314.011.html。

② 蔡高强、张雨尧：《以国际环境法基本原则推进空间碎片治理》，《国际太空》2023年第6期，第34—40页。

③ 袁雨润、杨科莹、张景瑞等：《星座卫星爆炸对空间碎片环境演化的影响分析》，《宇航学报》2024年第45卷第5期，第790—797页。

④ Legend: 3D/OD Evolutionary Model [EB/OL]. https：//www.orbitaldebris.jsc.nasa.gov/modeling/legend.html，2022-10-25。

⑤ 黄林江等：《借鉴陆海空域交通运行规则，透视太空交通管理规则》，《空间碎片研究》2022年第22卷第4期，第49—57页。

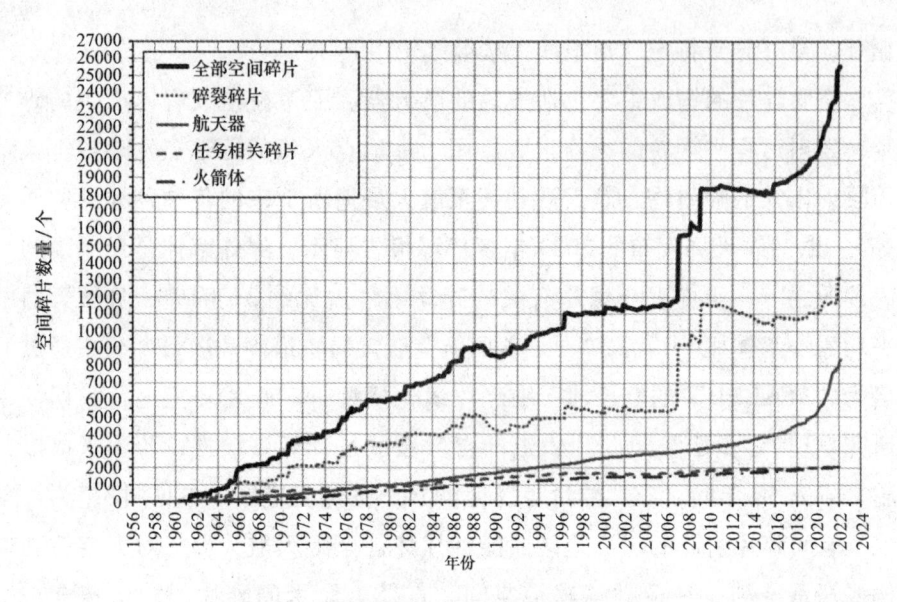

图 3.1 地球轨道空间各类空间碎片数量

的碎片会对航天器造成灾难性的破坏[1]。

除碎片直接撞击外，更大的危险还来自碎片之间或碎片与航天器之间碰撞产生的大量新碎片，进而发生新的碎片碰撞级联效应威胁。由前文可知，在轨航天器数量不断上升，引发太空安全事件的概率随之升高，特别是在低地球轨道空间，由于低轨巨型星座的密集部署，航天器碰撞预警频发。只要有一次真实碰撞或其相应上面级的碰撞发生，都可能造成后续无数的碰撞事件，形成"碎片潮"，持续加剧空间环境的恶化，呈现"凯斯勒效应"（Kessler Syndrome）[2]。例如，2009 年 2 月 11 日，俄罗斯 1993 年 6 月 16 日发射的已报废多年的"宇宙 2251"通信卫星和美国 1997 年 9 月 14 日发射的"铱星 33"通信卫星在西伯利亚上空突然发生激烈碰撞，撞击速度达 11.6 千米/秒，导致两颗卫星全毁，共产生

---

[1] 陶江、曹云峰、丁萌：《空间碎片检测技术研究进展》，《激光与光电子学进展》2022 年第 59 卷第 14 期，第 126—136 页。

[2] Kessler. D. J. & Cour‑Palais, B. G, "Collision Frequency of Artificial Satellites: the Creation of a Debris Belt," Journal of Geophysical Research, No. 83, 1978, pp. 263–264.

超过2200余个新的空间碎片。这次碰撞除了造成卫星的直接损毁，新产生的数千个空间碎片更加大了后续空间碎片撞击的风险[1]。如果说在此之前卫星相撞、"凯斯勒效应"只存在纸面上的可能性，那么这次撞击无疑给人们敲响了警钟[2]。

特别需要关注的是，空间碎片对载人航天器安全和航天员生命可能造成巨大潜在威胁。国际空间站是目前建造的最大航天器，因此受空间碎片威胁也最大。2007年6月7日，俄罗斯宇航员在执行第19次舱外活动时，发现FGB舱段前端热毯上有一处撕裂损伤痕迹。据美国航空航天局专家的估计，造成这一后果的可能是一个2～3厘米的空间碎片或微流星体。除受到碎片撞击以外，国际空间站为了躲避大型空间碎片，进行了多次主动规避。1999年10月26日，国际空间站为了避免与25422号碎片相撞，启动Zarya舱推进系统，耗费30千克燃料，把与该碎片的距离增加到140千米，以避免与之相撞。这是国际空间站的第一次主动规避。截至2013年底，国际空间站共进行了16次针对空间碎片的规避机动。

近年来，多次发生的反卫星试验或卫星解体事件，也造成难以计数的空间碎片，对空间站等航天器安全以及航天员安全等构成严峻威胁。如北京时间2024年6月29日，俄罗斯在中东地区的一颗重载卫星于距地面约355千米的低地轨道突然解体。该轨道空间是许多卫星运行的热门区域，包括SpaceX"星链"通信卫星、国际空间站、中国空间站等。美国太空关注公司LeoLabs表示，截至28日凌晨，雷达探测到至少180块碎片。LeoLabs声明："这片碎片云轨道较低，估计可能需数周到数月才能完全消除危险。"卫星解体事件发生在靠近国际空间站的轨道，使空间站美国宇航员紧急避难约1小时。美国航空航天局空间站办公室表示，6名美国宇航员27日上午9时收到休斯敦任务控制中心警报，执行"安全避难"程序，

---

[1] ［德］卡伊-乌维·施罗格等编著：《太空安全指南》（上册），杨乐平、王国语、徐能武译，北京：国防工业出版社，2019年8月版，第192页。

[2] 汤靖师、程昊文：《空间碎片问题的起源、现状和发展》，《物理》2021年第50卷第5期，第317—323页。

每个宇航员迅速进入抵达空间站乘坐的太空船，以防需要紧急撤离①②。无独有偶，2024年10月，美国通信卫星Intelsat 33E（IS-33E）在地球同步轨道上解体，被追踪到的卫星碎片数量达80多块，对轨道上包括中国运营卫星在内的数百颗卫星均构成严重威胁③。

总之，空间碎片演化将严重污染空间环境，使一些特殊轨位资源无法得到有效利用，甚至导致全球通信、导航和气象预报等服务瘫痪，进而影响国计民生。事实上，在航天活动密集的低地球轨道和地球静止轨道上，正逐渐形成危险的碎片垃圾带，挤占空间轨道，导致低地球轨道或地球静止轨道的构成发生变化，进而使有限的空间轨道的可利用性不断降低。

三、地球轨道空间频轨资源竞争持续加剧

地球轨道空间频轨资源，主要是指卫星电台使用的频率和卫星所处的空间轨道位置，是随着卫星技术的发明而开始被人类开发利用的自然资源，是所有卫星系统建立的前提和基础，也是卫星系统建成后能否正常工作的必要条件。换言之，没有频率轨道支持的卫星系统将无法翱翔太空④。卫星轨道、频谱等资源属于全球性资源，由世界各国共享。根据国际电信联盟（简称"国际电联"）规则，对频谱和轨道资源按照先到先得的原则分配使用⑤。因此，这必然会导致先发优势，航天大国对频轨资源的占有率远远高于其他国家，如此趋势也会使后来者在太空的

---

① 《俄卫星突然在太空解体，碎片砸向国际空间站，美宇航员紧急避险》，https://baijiahao.baidu.com/s?id=1803434903193047800。

② 秦安：《俄卫星神奇解体，砸中美GPS和星链卫星，美俄已经直接冲突》，https://baijiahao.baidu.com/s?id=1803646611296302866。

③ 阮佳琪：《美卫星解体恐殃及中国，"很难评估有多糟糕"》，观察者网，2024年10月25日。

④ 欧孝昆、李勇、张日军：《卫星频轨：竞相争夺的战略资源》，《解放军报》2010年5月6日。

⑤ 汪培豪：《总体国家安全观视域下"星链"的挑战及应对》，《网络安全技术与应用》2023年第12期，第169—171页。

发展空间被限制。当前，几乎所有涉及太空应用服务的航天器都在地球轨道空间内，因此其频轨资源竞争愈发白热化，而不可否认的是，竞争的加剧往往是系列太空安全问题产生的源头。

比如，自1964年美国发射的"辛科姆"卫星向全世界转播了第18届东京奥运会以来，地球同步轨道卫星应用从无到有快速地发展起来。前文曾经提到，由于一颗地球静止轨道卫星可以覆盖地球表面约40%的区域，且地球站天线容易跟踪，信号稳定，因此大多数通信卫星、广播卫星、气象卫星都选用静止轨道上的位置，可以说是"炙手可热"。为了合理利用该轨道，结合技术能力，国际电联最早的分配原则是2°左右1颗卫星。然而目前，地球同步轨道已经部署了560余颗卫星，相对于360°的范围，在该轨道上接近0.5°定位1颗卫星的密度。美国和西方主要商业卫星公司占据了较多的同步轨道资源，而且是全球范围内均衡分布。我国的轨位主要集中在亚太地区[1]。从频率兼容方面分析，基本上达到了该轨道范围使用的极限容量。以美国和俄罗斯为首的航天国家在20世纪50—60年代即开始申报大量优质的地球静止轨道位置。目前，80%的"优质导航频段"也已经被美国GPS和俄罗斯GLONASS卫星导航系统所占用[2]，其他国家只能使用为数不多的剩余频段。总体而言，地球同步轨道频轨资源或许已被分配殆尽。

同样，低地球轨道频轨竞争也进入白热化。自20世纪90年代"铱星"系统投入使用以来，低轨星座系统得到快速发展，特别是近年低轨巨型星座概念的推出，低地球轨道的频轨资源成为争夺热点。由于低轨道高度可以有效减少通信时延，满足大多数实时网络业务的QoS服务，也可提高规避通信干扰，对于宽带通信星座来说是一个不错的选择；但由于低轨卫星过境速度较快，覆盖一定面积的有效时间较短，所以需要大规模部署卫星，也因此需要占据更多轨位。从星座系统卫星网络用频

---

[1] 兰峰、彭召琦：《卫星频率轨位资源全球竞争态势与对策思考》，《天地一体化信息网络》2021年第2卷第2期，第75—81页。

[2] 杨宽、侯佳美：《卫星频率和轨位资源分配机制的新发展及其完善》，《中国航天》2021年第11期，第38—42页。

设计来看，目前绝大多数低轨星座系统集中使用的主要业务频段包括 L 频段、Ku 频段、Ka 频段、V 频段及 E 频段，低轨的频率争夺也日趋激烈。

然而，鉴于目前国际规则中，卫星频率和轨道资源的主要思路还是体现在"先登先占"，后申报的国家需采取措施保障不对先申报国家的卫星产生有害干扰。由于巨型低轨星座对频轨资源的巨大消耗能力，一旦某些巨型星座系统建成，从频率兼容、轨道安全等规则层面，将对后建的其他卫星星座形成极大的发展屏障。虽然国际电联后续出台了"里程碑"规则[1][2]，但并没有完全解决先发低轨星座可能垄断频率轨道资源，并且剥夺后发国家在该领域发展权益的问题[3]。

四、地球轨道空间军事化、武器化最为严重

太空技术在诞生之初便与核战略紧密联系在一起，不论是侦察、通信还是预警卫星，均为增强核威慑提供能力支撑，即军事化一直伴随着地球轨道空间的开发利用。武器化作为与军事化紧密联系却又有所不同的一个概念，因为其模棱两可的定义又留给了某些国家以最大限度"自助"维护自身安全利益而不受国际公约规制的一个空白点。不可否认的是，无论是军事化还是武器化，都足以形成具有全球性安全影响的重大问题。

分析认为，当前及未来一段时间，地球轨道空间军事化趋势不可逆

---

[1] "里程碑"规则：在 2015 年的世界无线电通信大会上，很多国家提出国际电联的现有规则"1 颗卫星在轨即投入使用整个星座网络"，对于各国大量申报的包含几百甚至几千颗卫星的非地球静止轨道卫星星座来说是对规则的滥用。因此，国际电联通过 2015 年至 2019 年周期内的研究，制定并公布了新的规则条款，对非地球静止轨道卫星星座的"投入使用"定义加以限制，决定包括：任何非地球静止轨道卫星星座，在第一份卫星网络资料申报后的 7 年内，应至少发射一颗卫星并按规定将卫星网络激活；对于使用 Ku、Ka 和 Q/V 频段的固定卫星业务、广播卫星业务和移动卫星业务非地球静止轨道卫星星座，必须遵守"里程碑"规定，在规定的时间节点内发射指定数目卫星。

[2] 田伟、解睿、解方：《NGSO 星座系统国际用频规则最新研究进展》，《中国无线电》2018 年第 3 期，第 39—41 + 58 页。

[3] 袁俊、鲍晓月、孙茜等：《巨型低轨星座频率轨道资源趋势分析及启示建议》，《空间碎片研究》2021 年第 21 卷第 1 期，第 48—57 页。

转。"太空军事化"是指通过运用太空资源提高传统军事力量的效率，或是为了军事目的使用太空资源，包括通信、电子侦察、气象监测、早期预警、导航等①。作为人类最为依赖的空间范围，地球轨道空间是军事化最为显著的区域。美国或许是太空军事化的"领头羊"。在被称为"第一次太空战"的海湾战争中，美国就充分利用各种各类卫星主导战争走向，迅速获取战争优势。在此后的科索沃战争、阿富汗战争等一系列局部战争或冲突中，天基资产的军事作用发挥越来越显著。鉴于美国作战部队对天基资产的依赖程度越来越大，同时为了支撑其持续获取太空优势，美国不断发布顶层战略文件、组建调整兵力、常态化组织太空军事演习等，持续加强太空军事力量建设，一定程度上刺激并加速了全球的太空军事化②③。法国、英国、德国、日本等为确保本国不在太空安全维护中后人一步，也纷纷加快提升太空综合实力④。

除了国家行为体，商业行为体也积极参与太空军事化。最具代表性的就是 SpaceX 公司的"星链"计划：2019 年首批卫星发射以来，在 SpaceX 公司和军方共同推动下不断深化合作应用；初期主要由军方主导，通过项目经费支持的形式，牵引并推动"星链"系统为军方提供情报信息服务；伴随合作推进，SpaceX 公司开始参与美军军事演习和武器测试，军事化进程日益加快；俄乌冲突爆发后，SpaceX 公司开始更为主动地寻求与军方深度合作，推动军用版"星链"卫星和"星链"手持机等武器的作战应用⑤。"星链"军事化应用进程中的典型事件可参见表 3.1。除"星链"之外，美国军方也更加注重太空军与商业航天力量的

---

① Mathew Mowthorpe, "The Militarization and Weaponization of Space," New York: Lexington Books, 2004, p. 3.

② 谢珊珊、吴昊、李云：《美国〈国防太空战略〉研究分析》，《中国航天》2020 年第 9 期，第 43—45 页。

③ 彭辉琼、吕久明、路建功：《美国太空作战演习主要成果探析》，《航天电子对抗》2019 年第 35 卷第 2 期，第 59—64 页。

④ 兰顺正：《"军事化"和"武器化"——太空安全核心挑战》，《世界知识》2021 年第 20 期，第 18—21 页。

⑤ 张恺悦、张煌、王沛文：《"星链"军事化发展对太空情报信息安全构成的挑战与应对》，《情报杂志》2024 年第 43 卷第 6 期，第 22—30 页。

合作，2024年美国国防部出台的《商业太空一体化战略》以及太空军发布的《商业太空整合战略》，均强调将商业解决方案纳入国家太空安全架构，建立更具弹性的太空能力。

表3.1 "星链"军事化应用进程中的典型事件

时间	合作对象	合作内容
2019年3月	美国空军	合作测试"星链"卫星与军用飞机的加密互联网服务
2019年11月	美国空军	在低轨技术验证试验中，为美空军C-12运输机提供高达610Mbps带宽的网络服务
2019年11月	美国DAPPA	打造"庄家"系统，"星链"或成为搭载平台之一
2020年5月	美国陆军	签订"合作研究与开发协议"，使用"星链"宽带进行跨军事网络传输数据
2020年9月	美国空军	为"高级战斗管理系统"提供服务，联通AC-130"空中炮艇"、KC-135空中加油机等
2020年10月	美国太空军	与SpaceX公司签订2960万美元合同，用于监视非军事发射，第二年用"猎鹰9"号发射军用GPS卫星
2020年10月	美国太空发展局	授予1.5亿美元合同，开发军用版"星链"卫星
2021年4月	美国国防部	开发能够可靠接入"星链"商业互联网服务的微型接收系统
2021年11月	美国陆军	参与"项目融合-2021"实弹演习，探测目标并进行数据传输
2022年5月	美国太空军	在范登堡基地发射"星链"卫星
2023年9月	美国太空军	在卡纳维拉尔角基地发射"星链"航天器

事实证明，军事化在地球轨道空间利用的伊始就相伴而生，并且随着太空活动的愈加频繁，军事化程度也愈加深入。随着"太空军事化"程度的加深，"太空武器化"作为一个模棱两可的概念也逐渐出现，但是与无可非议的"太空军事化"不同，"太空武器化"的定义仍难以界定，因此也导致在其治理和规范问题上难以取得实质性进展。

首先，"太空武器化"与"太空军事化"相似但并不等同。上文提到"太空军事化"的含义，从该含义中可知，"太空军事化"包括了两方面内容：一是利用航天器支持和增强地球表面的武器系统及军事行动；二是太空武器的发展，即"太空武器化"①。对此，可以理解为"太空军事化"的范围更广。因此，不能因为太空军事化已成定局就断定太空武器化的发展形势。其次，"太空武器化"等争议在于"太空武器"的界定。广义的"太空武器"是指在太空部署武器或以太空物体为目标在地球部署武器，包括两层含义：一是包括以太空为基地的武器系统的发展，以损害或摧毁敌方在地球和太空中的目标；二是包括以陆地、海洋、大气层为基地的武器系统的发展，以损害或摧毁对方的外空物体②③。狭义的"太空武器"则是指部署于太空的武器。

然而，有学者认为，对"太空武器化"没有有效的规范制约，使得地球轨道空间武器化的进程一旦无法遏制，就会带来诸如加剧地球轨道空间环境恶化、加剧安全困境引发太空军备竞赛、加大战争风险等众多安全危害。在加剧地球轨道空间环境恶化方面，鉴于太空武器化必然伴随着大量空间碎片的产生，使得空间碎片带来的航天器在轨安全问题更加突出④。在加剧安全困境引发太空军备竞赛方面，鉴于当前太空军事化已经不可逆转，各空间大国本来就一直在为太空中的战略优势而相互竞争，为了寻求自身在太空的安全利益、维护地球轨道空间资产安全，一旦世界各国无法通过多边秩序来和平利用外层空间，太空武器化不再受到制约，将会引起各国的安全恐慌，引发太空及其他领域的军备竞赛。

---

① 解非：《太空武器化治理的制度现状与中国方案》，《上海法学研究》集刊2022年第7卷——华东政法大学文集，2022年。

② 太空武器：（1）中国在1984年的裁军谈判会议上，首次正式提出"太空武器"的概念，即"外空武器系指一切以外空包括月球或其他天体、陆地、海洋、大气层为基地，对外空的航天器进行打击、破坏、损害其正常功能或改变其轨道的任何装置或设施，以及以外空包括月球或其他天体为基地，对大气层、陆地、海洋的目标实施打击、破坏或损害其正常功能的任何装置或设施。"（2）中俄两国在2014年向裁军谈判委员会提交的防止在外空放置武器、对外空物体使用或威胁使用武力条约更新草案中提出，"'在外空的武器'系指位于外空、基于任何物理原理，经专门制造或改造，用来消灭、损害或干扰外空、地球上或大气层物体的正常功能，以及用来消灭人口和对人类至关重要的生物圈组成部分或对其造成损害的任何装置。"

③ 《防止在外空放置武器、对外空物体使用或威胁使用武力条约》，外交部官网，2014年6月16日，https://www.fmprc.gov.cn/web/ziliao_674904/tytj_674911/zcwj_674915/t1165755.shtml。

④ 贺其治：《国际法和空间法论文集》，中国空间法学会，2000年，第108页。

加大战争风险方面，天基资产尤其是导弹预警卫星与核威慑紧密相关，虽然各国出于对本国天基资产的保护以及随时可能受到威胁的担忧发展太空武器，但是在控制不当的情况下很可能会因情报信息误判等导致态势升级而引发战争。

第三节 地球轨道空间安全的维护

面对"热闹非凡"的地球轨道空间的各类安全问题，技术创新和规则制定"双管齐下"，或许才能有效推出解决方案并遏制其进一步"恶化"的势头。聚焦前文所述的地球轨道空间面临的空间碎片、航天器碰撞、太空治理等关键问题，已经有相关技术在研甚至完成了装备试验，而对于规则规范方面的制定，虽进程缓慢但其对维护安全的重要性也得到了国际社会的广泛认可。除此之外，军事手段也成为各国保护太空资产、维护本国地球轨道空间安全利益的重要途径。

一、聚焦发展先进技术，提升维护太空安全的科技实力

科技是把"双刃剑"。地球轨道空间安全问题与太空技术发展紧密相关，安全问题的解决方案同样需要依靠先进技术的突破。从前文所述的地球轨道空间面临的安全问题可以看出，无论是碰撞问题还是太空武器化可能引起的战略误判等安全风险，对遥远太空的安全形势掌握不足，或许是重要原因之一。因此，各国纷纷聚焦太空态势感知能力建设，以夯实本国维护太空秩序和确保太空资产安全的基础。同时，针对不同具体问题研究航天器自主避碰技术和主动空间碎片清除技术等，也是为了达到降低在轨安全风险的目的。

（一）太空态势感知技术

太空态势感知是一切太空活动的基础，是确保太空资产安全的前提

和了解太空活动意图的关键手段。只有具备强大的太空态势感知能力，才能确保太空活动的有效展开[①]。

太空态势感知系统分为地基系统和天基系统两类。地基系统不受体积、质量等限制，可以实现较高的空间目标分辨率和较远的探测距离。然而，由于地基系统的空间覆盖范围受其部署数量和分布位置影响，而探测性能受地球大气衰减特性等影响，导致太空目标监视能力受到制约。天基系统能够弥补地基系统存在的盲区问题，而且具有全天候、长时间连续观测等优势，可进一步提升对空间目标监测的灵活性、时效性以及覆盖范围[②]。

目前，美国已经构建起了天地一体化的太空态势感知装备体系，具有强大的太空态势感知能力。地基系统方面，美国早在20世纪60年代就建立了以美国本土为主、遍布全球的空间监视网（Space Surveillance Network，SSN），其主要由部署在全球多地的大约30个地基雷达和光学探测器组成。SSN的组成系统可分为三类：第一类是"专用空间监视系统"，如"地基光电深空空间监视系统"（GEODSS）和"太空篱笆"电子监视系统（Space Fence）；第二类是"兼用空间监视系统"，其主要任务不是空间监视，但可以承担空间监视的任务，主要包括弹道导弹预警雷达系统（BMEWS）、"铺路爪"相控阵预警系统（PAVE PAWS）和"丹麦眼镜蛇"雷达（COBRS DANE）等；第三类是"可用空间监视系统"，其主要任务也不是空间监视，但是可以提供监视数据，如靶场雷达和用于科研的光电观测系统等[③]。这些雷达和光电探测器各有优缺点，在功能上相互补充，共同实现了对空间目标的有效监视。天基系统方面，美国重点发展低轨光学与高轨巡视系统相结合的天基态势感知体系。目前美国在轨运行的10颗空间监视卫星，均采用了高低轨组合配置，具备

[①] 宋万均、张喜涛、马志昊：《俄罗斯太空态势感知力量研究》，《空间碎片研究》2022年第22卷第1期，第55—61页。

[②] 侯鹏荣、王哲龙、武强等：《空间环境态势感知技术研究进展》，《空间碎片研究》2023年第23卷第04期，第11—21页。

[③] 张欣：《美国空间监视系统发展综述》，《电信技术研究》2011年第1期，第53—61页。

空间目标及时重访和战术态势感知能力。位于 LEO 的天基空间监视系统，带有一台安装在万向架上的口径 30 厘米的三反消色散光学系统，可以快速扫描、识别、跟踪低轨至高轨目标，特别是静止轨道的卫星、天基机动平台和空间碎片等目标；位于 LEO 轨道的作战响应空间 – 5 卫星首次采用"几何优化太空望远镜"概念，可实现 GEO 轨道目标连续快速搜索与识别，主要用于 GEO 全弧段目标精确测轨和探测等；位于 GEO 的"地球同步轨道太空态势感知计划"卫星，支持近距详查和远距巡视，能够对特定目标进行多角度立体观测，同时携带无线电探测载荷，可收集卫星发射的无线电信号；GEO 轨道下方准同步轨道的 EAGLE 飞行器，被称为第四代太空态势感知试验技术验证星。资料显示，该飞行器搭载的有效载荷主要有高光谱时域相机、小型可操控卫星、逆合成孔径激光雷达、环境探测和弹性航天器平台系统等，主要用于探索卫星成像新方法，演示弹性卫星平台技术等；部署在略高于坟墓轨道高度上的"太空监视小卫星系统"，是美国发展的太空态势感知小卫星星座试验星，有效载荷是一台 30 厘米口径的先进光学系统，主要用于 GEO 全弧段目标跟踪监视，对高价值航天器进行重点侦察监视；此外，美军的低轨"空间跟踪与监视系统"导弹跟踪监视卫星也具备一定的太空目标跟踪监视能力[1][2]。

俄罗斯为了缩小与美国在太空态势感知领域的差距，也在不断完善和建设太空态势感知体系。其太空态势感知装备全部为地基雷达探测装备和地基光电观测装备，主要包括"树冠""树冠 – N""窗口"和"窗口 – S"专用型太空监视设施，以及 8 部现役的兼用型沃罗涅日雷达。俄罗斯曾于 2022 年宣称将投资 20 亿美元研发和部署名为"银河"的太空监视系统，但受俄乌冲突影响，"银河"的预算投入和发展进程受到阻碍，目前尚无明显成果。2023 年，由俄罗斯和白俄罗斯联合开发的外层

---

[1] STOLTZ C, "The Future of Canadian Space Situational Awareness," The Conference of 3th Military Space Situational Awareness, London, UK, April 25 – 26, 2018.

[2] 高欣、赵志远、银鸿等：《空间目标态势感知及多源数据融合技术发展与应用》，《真空与低温》2023 年第 29 卷第 6 期，第 543—554 页。

空间危险自动预警系统（ASPOS OKP）正式运行，主要用于观测近地空间小行星，提供风险告警[1]。俄罗斯的太空态势感知装备体系仅次于美国，当前可对12000余个太空目标进行探测和编目管理。地基光学系统可探测200~40000千米的太空目标，从而实现对全轨道太空目标的跟踪探测，并且能够持续探测地球静止轨道目标。地基预警雷达系统可对10000千米的目标进行跟踪探测，单个预警雷达最多可同时跟踪500个目标。与美国太空态势感知装备全球部署不同的是，俄罗斯的太空态势感知装备主要部署在俄罗斯及其周边邻国境内，监视的目标大部分为低轨目标，对部分高轨目标、小倾角低轨目标和远地点在南半球的中高轨目标的探测能力有限[2]。

欧洲一些国家也部署了地基雷达和光电空间目标监视系统。法国的"格拉夫"雷达、SATAM跟踪雷达、"蒙日"导弹测量船、民用"塔罗"望远镜和"地球静止轨道跟踪者"望远镜等，是欧洲空间监视的主力[3]。意大利研制的"Unisat-5"卫星可利用光学探测系统对空间碎片进行监视。德国2013年底发射的"Asteroid Finder"卫星，主要用于观测近地卫星轨道的空间碎片[4]。欧盟以太空监视与跟踪支援框架为基础，推动发展欧洲网络化太空监视体系，实现互联互通和信息共享。欧洲正在开发S3TSR雷达的军民两用版本，并拓展商业天基太空监视服务，致力于多样化的太空态势感知能力[5]。

---

[1] 王虎、邓大松、韩长喜：《2023年度外军太空态势感知领域发展综述》，《战术导弹技术》，2024年5月7日，https：//doi.org/10.16358/j.issn.1009-1300.20240020。

[2] 宋万均、张喜涛、马志昊：《俄罗斯太空态势感知力量研究》，《空间碎片研究》2022年第22卷第1期，第55—61页。

[3] 赵荣、杨强：《法国太空军事力量发展情况研究》，《国际太空》2022年第519卷第3期，第44—52页。

[4] 汤泽滢、黄贤锋、蔡宗宝：《国外天基空间目标监视系统发展现状与启示》，《航天电子对抗》2015年第31卷第2期，第24—26+30页。

[5] 侯鹏荣、王哲龙、武强等：《空间环境态势感知技术研究进展》，《空间碎片研究》2023年第23卷第4期，第11—21页。

（二）航天器自主避碰技术

面对空间碎片/失效卫星碰撞等各类轨道碰撞威胁，常用的应对手段包括轨道机动、姿态控制、改变工作状态、拍照取证、"溯源拒止"等，通常采用"地面测定轨+遥测下传—威胁判定—决策规划—上注指令—在轨执行"的"星地大回路"卫星处置方式[1][2]。然而，随着空间碎片和在轨航天器数量的日益增多，这种依赖地面的处置方式因为存在窗口和弧段时空约束多、星地回路时间链条长、运维指控人为因素多等问题，导致时效性差、运控压力大，不能满足处置需求。因此，近年来，航天器自主避碰技术成为发展重点，试图通过自主感知威胁、自主制定规避策略并自主完成规避动作等完成自主避碰。

例如，美国 SpaceX 公司宣称，"星链"卫星装载了自动防撞软件，在收到美军联盟太空作战中心（CSpOC）发布的潜在碰撞风险通知时，不需要人的参与，该软件将自行决定是否以及如何进行规避机动，并将信息返回给 CSpOC。再如，为确保卫星及大型星群的安全运行，ESA 正在发展航天器自主防撞系统，可根据轨道编目情况，自动评估碰撞风险，给出通行/不通行的决策建议，并进行规避机动设计与执行。

航天器自主避碰技术涉及轨道威胁目标的感知、自主决策规划、规避机动动作执行以及支撑"感知—决策—执行"星上闭环的智能自主控制系统架构等方面，如图 3.2 所示。威胁感知，包括利用可见光、雷达、红外线等天基空间探测手段，辅以地基空间态势感知系统，获取航天器运行轨道环境及目标的测量信息，进行目标运动状态和轨迹估计、异动行为（如抵近、绕飞、伴飞）检测、本体及载荷形态特征识别，得到威胁目标运动、形态等不同维度的特征要素，形成对威胁目标行为特征的

---

[1] Braun V, Flohrer T, Krag H, Merz K, Lemmens S, Virgili B B, et al, "Operational Support to Collision Avoidance Activities by ESA' space debris office," CEAS Space Journal, Vol. 8, No. 3, 2016, pp. 177–189.

[2] Merz K, Virgili B B, Braun V, Flohrer T, Funke Q, Krag H, et al, "Current Collision Avoidance Service by ESA's Spice Debris Office," Proceedings of the 7th European Conference on Space Debris, Darmstadt, Germany, 2017, pp. 16–21.

完备表达；并综合目标运动特征、形态特征以及历史行为特征等进行推理形成知识，给出威胁类型、行为意图以及威胁等级的综合判定。航天器威胁规避自主决策规划，是根据任务场景的感知结果，在可能的规避方案中选择符合自身行为准则的最佳方案，并形成序列化的姿态轨道机动动作。威胁规避机动动作执行，是解算执行机构指令并完成规避机动动作的实施，包括姿态控制、轨道机动和载荷操作，确保航天器在非受控环境下对环境及其自身的变化作出适应性反应并满足控制要求。航天器构型复杂多样、机动过程中的姿轨耦合、快速响应要求高、执行机构带宽约束等，对避撞机动控制设计提出了挑战。"感知—决策—执行"闭环的控制系统架构，涉及系统组成及其关联关系、信息流逻辑等多方面，决定了系统的总体性能。其模型是系统综合分析和优化设计的基础，是系统内在相互作用机制和演化规律的客观科学描述①。

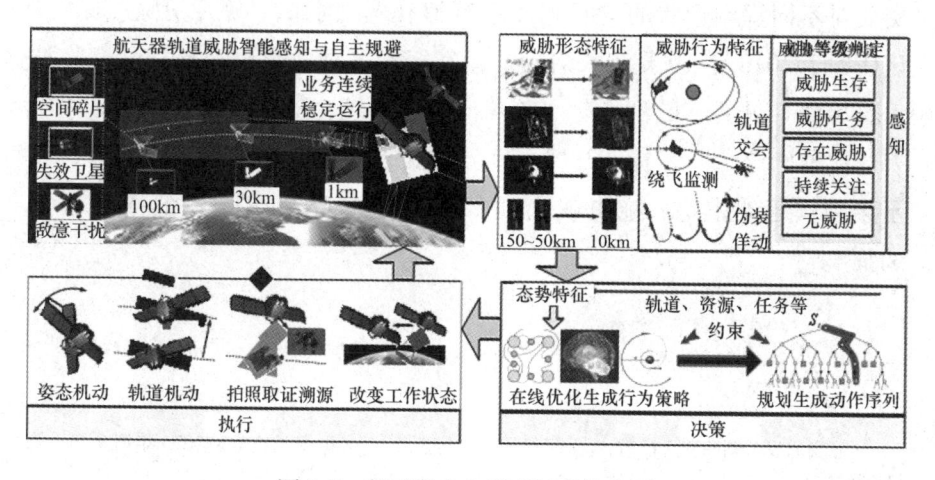

图3.2　航天器自主避碰过程概念图

---

① 袁利、姜甜甜：《航天器威胁规避智能自主控制技术研究综述》，《自动化学报》2023年第49卷第2期，第229—245页。

（三）主动空间碎片清除技术

对于已经存在的空间碎片，比较合适的处置方式是主动将其清除。常见的空间碎片清除技术，包括主动移除技术和激光移除技术两种，目前都还处于研究和试验阶段。但随着空间碎片清理急迫需求上升，这方面技术或将很快得到应用[1]。

主动移除技术，是指通过服务卫星接近空间碎片，利用末端捕获机构对碎片进行捕获并离轨，可分为刚性捕获和柔性捕获两种（见表3.2、表3.3）。刚性捕获方案多用于卫星捕获，通过利用卫星自带的发动机喷管和对接环，使得机械臂可以在搭载适合某一特定类型卫星的抓手的前提下，顺利完成对卫星的捕获，但缺点也在于此，它只适合于捕获卫星，无法对其他的不规则的没有辅助抓手的空间碎片进行捕获，例如美国空军的FREND机械臂[2]。柔性捕获方案中以飞网、飞爪为主，近年来也涌现出类飞网、飞爪以及吸附捕获和智能捕获等新型捕获方式，可以实现对不同规则形状的空间碎片进行捕获[3]。例如，"碎片清除"系统。该任务于2013年10月正式启动，旨在探索多种轨道碎片捕获、清除技术。2018年9月，欧洲发射"碎片清除"系统，随后将立方体卫星用作人造"空间碎片"目标，开展了世界首次真实太空环境下飞网抓捕、飞矛穿刺、运动跟踪、拖曳帆离轨等多项空间碎片清除关键技术验证试验[4]。

---

[1] 黎璐玫、刘伟骏、俞越：《空间碎片现状与挑战》，《中国无线电》2023年第8期，第33—36页。

[2] Debus T, Dougherty S, "Overview and Performance of the Front - End Robotics Enabling Near - Term Demonstration (FREND) Robotic Arm," Proceedings of the AIAA Infotech@ Aerospace Conference, 2009.

[3] 王柄权、张长龙、索劭轩等：《可重用空间碎片抓捕机器人》，《空间碎片研究》2023年第23卷第2期，第34—44页。

[4] 刘月月：《近地轨道空间碎片治理的法律机制构建——以中国空间站建设需要为视角》，《上海法学研究》集刊，2022年第7卷，第192页。

表 3.2　刚性捕获方案

名称	抓捕方式	抓捕位置	优势	缺点
机械臂	GSV	发动机喷管和对接环	1. 可捕获多种非合作目标，末端执行工具可更换 2. 灵活方便，操控能力强	1. 姿轨控精度要求高 2. 抓捕旋转目标，纯刚性连接对航天器性能及强度要求过高 3. 存在冲击碰撞的可能
	ESS	发动机喷管		
	SUMO/FREND①	对接环		
	TECSAS/DEOS②	配合抓捕环		
	凤凰计划③	对接环		
	MDA 公司设想④	发动机喷管		
	手爪	天线/太阳帆板支架		

表 3.3　柔性捕获方案

名称	抓捕方式	抓捕类型	抓捕位置	优势	缺点
飞网	飞网	柔性捕获	整星	1. 无须瞄准精确抓捕位置，误差冗余较大，更加适合对逃逸机动目标、自旋废弃卫星及空间碎片等非合作目标的抓捕 2. 作用距离远（几十米到几百米）、面积大、对平台测量机控制要求低，具有更高的安全性和可靠性 3. 可捕获旋转目标 4. 绳网系统结构更为简单，技术难度相对较小	1. 抓捕后只能执行目标的离轨操作，无法满足维护维修功能 2. 不可重复使用
	空间绳网机器人				

---

① Obermark J, Howard R T, Richards R D, et al, "SUMO/FREND: Vision System for Autonomous Satellite Grapple," Proceedings of SPIE – The International Society for Optical Engineering, 2007.

② Estable S, Telaar J, Lange M, et al, "Definition of an Automated Vehicle with Autonomous Fail-safe Reaction Behavior of Capture and Deorbit Envisat," The 7th European Conference on Space Debris, 2017.

③ 周小坤:《DARPA 启动"凤凰"计划利用太空废弃物组建新卫星》,《装备指挥技术学院学报》2012 年第 23 卷第 1 期, 第 113 页。

④ Stamm S, Motaghedi P, Tchoryk, et al, "Orbital Express Capture System: Concept to Reality," Proceedings of SPIE – The International Society for Optical Engineering, No. 5419, 2004, pp. 78–91.

续表

名称	抓捕方式	抓捕类型	抓捕位置	优势	缺点
飞爪	飞爪	刚柔耦合	星表支架	可捕获旋转目标	1. 飞爪的控制精度要求高 2. 安全性差 3. 抓捕后只能执行目标的离轨操作，无法满足维护维修功能
飞爪网	抓捕口袋 充气气囊		整星	1. 无须精确抓捕位置，误差冗余较大 2. 作用距离远、面积大 3. 可捕获旋转目标	抓捕后只能执行目标的离轨操作，无法满足维护维修功能
吸附捕获	微纳米吸附	柔性捕获	卫星外表面	1. 对姿态控制误差要求不高 2. 可选择的捕获位置多 3. 对接效率高，能够适应对不同任务、不同机动状态目标的捕获需求	1. 卫星表面一般包裹防护镀层，如吸附在镀层上，不便展开拖拽、维修等操作 2. 吸附须依靠初始碰撞 3. 法向力小，吸附稳定性不高
	化学粘贴				1. 一旦粘接就不能分开 2. 吸附必须依靠初始碰撞
	动能吸附				会对目标星造成物理损坏
	电磁吸附		卫星壁板		技术发展难度大，实现前景未知
智能捕获	介电触爪①	柔性捕获	整星星表凸出物	1. 抓捕系统质量轻，展开前可卷状储存，占用体积小 2. 可通过控制电压改变捕获机构外形，抓捕具备智能性 3. 不需瞄准精准抓捕位置，误差冗余较大	介电材料自身易被电击穿且材料强度较低，最好与刚性结构混合使用

---

① Richard M, Kronig L, Belloni F, et al, "Uncooperalive Rendezvous and Docking for Micro-sats," 6th International Conference on Recent Advances in Space Technologies, Istambul, 2013.

激光移除技术，是指利用高功率激光将空间碎片加速并燃烧，使其蒸发或坠落到低轨道运行。总体来看，激光清除空间碎片是一种低成本、高效、安全的清除技术，具有快速、精确、作用距离远、多批次、无再生碎片、效费比高等优势。激光清除方式主要适用于 1~10 厘米空间碎片的移除[1]。根据清除手段不同可分为地基激光移除技术和天基激光移除技术两类。地基激光移除技术方面，1996 年，美国航空航天局推出了基于地基强激光移除空间碎片的 ORION 计划，并于 2012 年公布了最新的研究进展[2]；2014 年，Phipps 等[3]对使用激光光学系统降低低轨空间碎片的方案做了进一步研究，表明激光清除方案是唯一一个能够同时考虑小尺度和大尺度碎片的方案，他们对地基移除方案做了模拟并讨论了其优势和劣势；2016 年，方英武等[4]通过分析脉冲激光与铝靶碎片的冲量耦合相互作用，分析了冲量耦合系数与激光功率密度之间的定量关系，并分析了最优系数下实现地基移除低轨碎片的相关条件；2017 年，温泉等[5]分析了大气湍流对地基激光方案的影响并建立了冲量耦合关系，讨论了受大气湍流影响的冲量耦合系数变化与激光脉宽间的关系。截至今日，国外的地基激光空间碎片移除计划仍以美国提出的 ORION 计划具有代表性[6]。

二、推动构建规则规范，形成维护太空安全的统一认识

无规矩不成方圆。面对新太空安全形势下的新问题，在国际上形成

---

[1] 吴冀川、赵剑衡、黄元杰等：《基于脉冲激光的空间碎片移除技术：综述与展望》，《强激光与粒子束》2022 年第 34 卷第 1 期，第 85—99 页。

[2] Phipps C R, Baker k L, et al, "Removing Orbital Debris with laser," Advances in Space Research, Vol. 49, No. 7, 2012, pp. 1283 – 1300.

[3] Phipps C R, "A laser – optical System to Re – enter or lower low Earth orbit Space Debris," Acts Astronautics, Vol. 93, 2014, pp. 418 – 429.

[4] 方英武、赵尚弘、杨丽薇等：《地基激光辐照近地轨道小尺度空间碎片作用规律研究》，《红外与激光工程》2016 年第 45 卷第 2 期，第 229002 – 0229002 页。

[5] 温泉、马赛、杨丽薇等：《湍流作用下地基激光清除空间碎片的影响规律》，《激光与红外》2017 年第 47 卷第 3 期，第 277—283 页。

[6] 郑永超、赵思思、李同等：《激光空间碎片移除技术发展与展望》，《空间碎片研究》2020 年第 20 卷第 4 期，第 1—10 页。

具有统一认识的规则规范，有助于推动地球轨道空间长久可持续安全发展。虽然，当前一些国家出于本国的安全和发展利益考量，在促进国际空间规则规范方面的更新和发展相持不下，但能够明确的是，空间碎片减缓和太空交通管理等方面的规则规范是地球轨道空间中亟须研究解决的现实问题，也是当前学术界关注的重点问题①。

（一）空间碎片减缓

鉴于空间碎片对在轨航天器的重要影响和可能引发的严重后果，除联合国外，主要航天国家也纷纷制定了空间碎片减缓相关的规则规范，为减缓空间碎片的数量增长作出努力尝试。2001年，联合国外空委科技小组委员会与机构间空间碎片协调委员会合作，启动制定《联合国外空委空间碎片减缓指南》（以下简称《空间碎片减缓指南》）计划。2007年，联合国大会第62/217号决议通过该指南，并号召各国实施与《空间碎片减缓指南》相一致的空间碎片减缓措施，制定各自的空间碎片减缓标准。《空间碎片减缓指南》详细规定了范围、适用、空间碎片与空间系统等用语和定义、一般要求、减缓措施等方面的内容，还包括限制正常工作期间释放碎片、使在轨解体可能性最小化、任务后处置、防止在轨碰撞等。尽管《空间碎片缓解指南》是专门针对空间碎片问题的规范性文件，详细规定了对于空间碎片的减缓措施，但是该指南存在最大的问题在于其不具有国际法的约束力，同样也就不会因此而产生责任约束力。机构间空间碎片协调委员会是由世界主要空间国家和空间活动管理机构联合组成的国际机构，旨在协调、合作与空间碎片有关的活动，在成员国中交流空间碎片研究信息等。

美国对空间碎片问题最早的关注体现在1984年制定并通过的商业空间发射法，当时太空环境保护的制度只处于雏形的状态。1988年，美国颁布新的《美国航空航天法》。该法第11条规定："由于空间碎片对空

---

① 武恩惠、刘静、杨旭：《基于轨道间最小距离的空间环境指数》，《系统工程与电子技术》2024年5月22日，https://link.cnki.net/urlid/11.2422.tn.20240517.1903.021。

间站、发射国的财产和地面人员的生命与财产的安全造成了危害，美国应将政府和非政府组织进行空间活动时产生的空间碎片减少到最大限度，以保护外层空间环境的安全。"2010 年 6 月 28 日，美国颁布的《国家空间政策》提出，应通过国家航空航天局与美国国防部合作，推动合作研发在轨碎片减缓和移除技术。《俄罗斯联邦空间活动法》是俄罗斯颁布的第一部规范外层空间活动的国内法律，该法所规定的基本原则之一也是确保空间活动的安全和环境保护。该法规定保护外空环境免受轨道碎片的污染，也是最早反映俄罗斯关注空间碎片问题的国内法律文件。1996 年俄罗斯政府颁布了《空间活动许可证发放条例》，该条例规定了空间活动许可证的发放程序，申请人必须提供符合条件的安全证明来证明其空间活动的安全性，而安全的空间活动也同样是为了避免空间碎片的产生。

2002 年，我国原国防科学技术工作委员会通过了《民用航天发射项目许可证管理暂行办法》，该办法明确调整和规范中国卫星发射业务中的有关许可管理法律行为。该办法第六条首次明确提出空间碎片防治的问题。该条规定，"关键安全系统的可靠性证明、安全设计报告，保证公众安全的有关文件材料中，以及在运载火箭发射过程中，应该预防并减轻空间碎片的污染"。此规定在发射阶段就开始预防空间碎片的产生，对空间环境治理和空间碎片减缓具有重要意义。为加强空间碎片研究，我国空间碎片研究工作协调组于 2003 年 12 月成立，并制定了《2006 年至 2020 年空间碎片行动计划发展纲要》（以下简称《发展纲要》）。《发展纲要》提出实施三项工程：第一，以保护设计专家系统为载体的空间碎片防护工程。第二，以空间碎片减少设计标准为载体的外空环境保护工程。第三，空间碎片预警探测工程。《发展纲要》体现了我国对空间碎片问题的高度重视以及对空间碎片治理所做的努力[①]。

---

① 刘月月：《近地轨道空间碎片治理的法律机制构建——以中国空间站建设需要为视角》，《上海法学研究》集刊，2022 年第 7 卷，第 192 页。

（二）太空交通管理

随着低轨巨型星座的广泛应用，地球轨道空间秩序成为国际社会共同关心的问题。由于这是伴随太空活动发展而产生的一个新问题，其含义、概念仍存在颇多争议。此外，由于太空的全球公域属性，太空交通管理规则的主导权也悬而未决，加上与现有空间碎片减缓、频轨资源分配等具体领域的交叉性，其内容范围也有待商榷。这些问题，既是当前太空交通管理面临的困境，也是学术界探讨的焦点，多个国家也都结合自身利益有所主张。比如，有学者指出，低轨巨型星座的快速发展将促进频轨分配协调、外空环境国际治理、太空交通国际治理与协调、外空军控等外空治理重大领域相关规则和机制的发展。国际社会应尽快构建有关低轨巨型星座的外空单方透明机制、协调磋商机制、危机管控机制和事后处置机制，以实现外空的良性国际法治[1]。巨型星座的快速发展可能会带来大量的频率协调需求，国际社会应当尽快制定更加公平合理的频谱分配规则，建立对低轨频轨资源的"预留份额"机制。另外，应考虑增加对于"先占先得"星座计划的公益性要求，以保护发展中国家的权益[2]。

当前，关于"太空交通管理"的概念界定仍处于不断发展演进过程中，国际社会尚未达成共识。"太空交通管理"源于"空间交通管理"。当前国际宇航科学院、欧盟和美国等均有各自不同的解释。国际宇航科学院2006年发布的《空间交通管理研究报告》提出，空间交通管理是包括进入空间、在轨运行及再入过程中保障安全和不受干扰的各种技术和制度规定的总称。2017年德国航空航天中心代表欧盟发布的《实施欧洲空间交通管理系统》白皮书提出，空间交通管理为根据现有的欧洲空中交通管理系统和基础设施，确保载人和无人轨道空间运载工具及航天

---

[1] 王国语、卫国宁：《低轨巨型星座的国际空间法问题分析》，《国际法研究》2022年第2期，第84—97页。

[2] 王国语、程一帆、任凯艺：《低轨巨型星座的国际电信法问题分析》，《上海法学研究》集刊2022年第7卷，第143—149页。

飞机在近地空间和航空领域的飞行安全而执行的管理和监控安保。美国2018年发布的《3号航天政策令——国家空间交通管理政策》提出，空间交通管理是为了提升在空间环境中行动的安全性、稳定性和可持续性，而对空间活动进行的规划、协调和在轨同步工作。综合来看，国际宇航科学院只提出了空间交通管理的目标，欧盟聚焦的是亚轨道安全，美国提出的概念未具体说明空间交通管理的内容[①]。可以预见，随着主要航天国家国内空间交通管理体系的构建和逐步完善，将加大推动以其为主的空间交通管理国际机制的构建[②]。

对于太空交通管理的规则制定，主要航天国家通过发布政策文件或提交联合国工作文件提出了各自的主张。比如，2018年，美国发布《3号航天政策令——国家空间交通管理政策》，美国众议院提出《美国空间态势感知与实体框架管理法案（草案）》。这两份文件表达了美国关于空间交通管理机制构建的主张，包括空间交通管理的定义、框架要素、实施机构和商业航天的地位等。具体来说，美国主张，空间交通管理的框架要素应包括最佳做法、技术准则、安全标准、行为规范、发射前风险评估和在轨避碰服务等，其构建途径是利用美国的标准和最佳实践来塑造国际规范。实施机构及其职能是将空间交通管理一分为三，由美国商务部负责商用部分，美国国防部负责军用部分，美国国家航空航天局负责技术研究。此外，美国的空间交通管理政策突出商业航天产业的参与，强调非国家行为体在空间交通管理中的作用[③]。

欧洲关于空间交通管理的主张主要体现在欧盟出台的《外空活动国际行为守则（草案）》（简称《行为守则草案》）和欧洲航天局发布的《欧洲白皮书》中。2008年第1版《行为守则草案》第2部分的标题为"空间交通管理"，2014年版则将"空间交通管理"标题改为"外空活

[①] 姚文多、冯书兴、陈凌云：《空间交通管理发展研究》，《中国航天》2021年第3期，第49—52页。

[②] 王国语、张玉沛、杨园园：《空间交通管理内涵与发展趋势研究》，《国际太空》2020年第11期，第32—39页。

[③] 段欣：《国际空间交通管理的困境与中国的应有政策》，《北京航空航天大学学报（社会科学版）》2023年第36卷第2期，第155—165页。

动的安全、安保及可持续性",但内容没有发生实质性的变化。具体来说,首先,欧盟主张空间交通管理的目的和宗旨是增强外空活动的安全性及可持续性;其次,为实现上述目标,欧盟主张空间交通管理的重点是对空间活动的操作进行限制以防止有害干扰并采取严格的空间碎片减缓措施;再次,欧盟提倡签署国之间采取高水平的外空活动通知、空间物体信息分享以及磋商机制,即高水平的透明度和建立信任措施;最后,《行为守则草案》倡议建立常设性组织机构,包括签署国会议以及中央联络点。《欧洲白皮书》的主旨是为欧洲航天局制定未来20年实施空间交通系统的路线图,共分为三份,技术性较强。《欧洲白皮书Ⅰ》主要讨论了技术、概念和组织设置问题,重点关注技术和基础设施开发、空间碎片、空间监视和跟踪、空间天气监测、空中交通管理与空间交通管理的协调等问题;《欧洲白皮书Ⅱ》主要讨论了与空间交通管理相关的安全与可靠性方面,并提出了第一个风险量化方案,以及已确定的风险和风险的可接受安全水平的初始值;《欧洲白皮书Ⅲ》是结论部分,提出了建立欧洲空间交通管理应考虑的初始系统要求、约束条件和建议[1]。

俄罗斯没有出台专门的空间交通管理国内政策文件,其政策主张主要体现在2016年提交给联合国的工作文件中:第一,俄罗斯承认空间交通管理的重要性,认为应该在基于国际社会同意的基础上进行空间交通管理机制的构建,反对以单个国家主导的方式进行空间交通管理。第二,俄罗斯要求实现空间物体数据共享,主张以联合国为中心,建立空间信息共享平台[2]。第三,俄罗斯强调空间操作安全框架对实施空间交通管理机制的重要性,主张开展更多技术层面的研究和协商[3]。

---

[1] "On the Implementation of a European Space Traffific Management System," Jan. 1st, 2017, https://elib.dlr.de/112148/1/STM_tuelhnann_e tal_2017_1_WhitePaper.pdf.

[2] "Considerations on the Sum Total of Prime Requisites and Factors that Should Shape the Policy of International Sharing Serving Safety of Space Operations," Feb. 16, 2016, http://www.unoosa.org/res/oosadoc/data/docmnents/2016/aac_105c_12016crp/aac_105c_12016crp_14_0_html/AC105_Cl_2016_CRP14E.pdf.

[3] "Reviewing Opportunities for Achieving the Vienna Consensus on Space Security Encompassing Several Regulatory Domains," Feb. 16, 2016, https://www.unoosa.org/res/oosadoc/data/docmnents/2016/aac_105c_12016crp/aac_l05c_12016crp_15_0_html/AC105_C1_2016_CRP15E.pdf.

三、加强太空军事手段建设，防护太空资产安全

正如前文所述，地球轨道空间安全面临军事化问题，其主要原因是一些国家在这一空间范围不断加强军事力量建设。然而，从另一方面来讲，正因为当前太空军事化形势的不可逆转，各国出于本国太空利益安全维护的角度，为了确保本国太空资产的安全，同样需要加强太空军事手段才能达到"护航""以备止战"的目的。因此，主要航天国家不断加强对太空军事力量建设与运用，特别是对地球轨道空间范围以内的力量建设，以加强对本国太空安全的维护。

（一）战略引领

一些国家将太空视为夺取未来战略发展优势和维护本国国家安全的关键，积极寻求战略主动，不仅将太空安全能力建设纳入政府整体战略顶层设计，相继推出前文所述的国家太空战略及政策，还不断出台更新作战条令和作战概念以提升太空军事能力。比如，早在1997年，美国空军就在其《空军基本条令》中第一次提出了"太空作战"概念，并于1998年颁布的AFDD2-2《太空作战条令》中正式确立了"太空作战"理论[1]。2002年，美军参谋长联席会议颁布联合出版物《太空作战条令》，将太空作战的概念、原则与程序整合至联合层面，标志着"太空作战"正式成为美军联合作战体系的重要组成部分。2018年，美军参谋长联席会议更新《太空作战条令》，新增了"太空联合作战区域"的概念，将太空域定义为与陆、海、空平行的独立作战领域。2020年修订版《太空作战条令》明确海拔100千米以上的外层空间为太空司令部作战责任区域。2023年修订版《太空作战条令》则正式以"压制对手太空能

---

[1] 宋易敏、艾赛江、李义等：《美国太空力量现状及发展趋势》，《国际太空》2020年第5期，第49—53页。

力"取代过往的"争取太空优势"①。除联合作战条令外，美国组建太空军后，为了进一步完善太空军职责任务，编制出台了一整套太空军条令体系，包括顶层条令《天权》（2020年8月）与多项基石条令②，分别为 SDP1－0《人事》（2022年9月）、SDP2－0《情报》（2023年8月）、SDP3－0《作战》（2023年8月）、SDP4－0《后勤》（2022年12月）、SDP5－0《规划》（2021年12月）、SDP6－0《指挥与控制》（未发布）及其下层各个作战领域的战术条令。这表明，在美军看来，太空力量不仅需要赋能联合部队，更加需要独立担负作战职能，并得到其他联合作战力量的支援，进而保持太空优势地位。此外，英国、德国、澳大利亚、日本等也相继发布国家级太空战略及指南，加快军事航天能力发展。俄罗斯为巩固航天大国地位，在国家层面发布多项涉及航天领域战略，持续加强太空军事战略布局和力量布势③。

（二）力量建设

为争夺战略优势，多国相继调整太空军事力量，组建太空部队。例如，2015年，俄罗斯将原空军和空天防御部队合并，组建了空天军；2019年，太空军成为美国第六大军种；之后，日本、英国、法国、德国等相继组建太空部队。

太空部队建设涉及装备、技术和人员等多方面要素、多部门协调，需要整合任务、部队及权力，不断动态调整太空部队职权范围，以达到太空力量配置优化，有效维护太空安全的目的。以美太空军为例，按照"聚焦任务、扁平精干、敏捷高效"的原则，构建了"直属司令部—德尔塔部队—中队"三层组织架构。直属司令部包括太空作战司令部、太空系统司令部、太空训练和战备司令部，分别负责太空作战行动指挥、

---

① 祝浩然、潘娜：《美军太空作战概念内涵要义及发展动向展望》，《第十二届中国指挥控制大会论文集（上册）》，2024年，第6页。
② 靖德果：《美国太空军能力建设综述》，《中国航天》，2023年第9期，第40—46页。
③ 刘璐、明宇：《国外太空军事能力发展特点和趋势》，《国际太空》2022年第7期，第28—33页。

太空系统采办部署以及人员教育培训等任务①。2024年，美国在现有3个司令部的基础上，又计划增设太空未来司令部②，主要职责是预测未来威胁，开发和验证新概念并进行模拟作战。据不完全统计，各直属司令部下辖的德尔塔部队如表3.4所示③。在常规德尔塔部队的基础上，美国太空军按照任务领域构建了多个综合任务德尔塔部队④，以便更快生成作战能力。

表3.4 美国太空军组织架构（截至2023年底）

直属司令部	德尔塔部队	职能	驻地
太空作战司令部（分为太空作战司令部和西部太空作战司令部，分别位于彼得森太空军基地和范登堡太空军基地）	第2太空德尔塔部队	太空态势感知	彼得森太空军基地
	第3太空德尔塔部队	太空电子战	彼得森太空军基地
	第4太空德尔塔部队	导弹预警	巴克利太空军基地
	第5太空德尔塔部队	指挥控制	范登堡太空军基地
	第6太空德尔塔部队	网络空间作战	施里弗太空军基地
	第7太空德尔塔部队	情报、监视与侦察	彼得森太空军基地
	第8太空德尔塔部队	卫星通信与导航战	施里弗太空军基地
	第9太空德尔塔部队	轨道战	施里弗太空军基地
	第15太空德尔塔部队	国家航天防御中心	施里弗太空军基地
	第18太空德尔塔部队	国家太空情报中心	赖特-帕特森空军基地
	彼得森-施里弗卫戍部队	任务与医疗支持	彼得森太空军基地
	巴克利卫戍部队	任务与医疗支持	巴克利太空军基地

---

① 郭凯、汪琦、魏晨曦等：《美国太空军组织机构发展简析》，《航天电子对抗》2022年第38卷第6期，第60—64页。

② 王田田、刘甜甜、郭静等：《太空安全力量建设与运用新特点》，《中国航天》2024年第3期，第10—14页。

③ 祝浩然、潘娜：《美军太空作战概念内涵要义及发展动向展望》，《第十二届中国指挥控制大会论文集（上册）》，2024年，第6页。

④ 王田田、刘甜甜、郭静等：《太空安全力量建设与运用新特点》，《中国航天》2024年第3期，第10—14页。

续表

直属司令部	德尔塔部队	职能	驻地
太空系统司令部（位于洛杉矶太空军基地）	第30太空发射航天团	太空发射任务及美国西海岸试射场管理	范登堡太空军基地
	第45太空发射航天团	太空发射任务及美国东海岸试射场管理	帕特里克太空军基地
	洛杉矶卫戍部队	任务与医疗支持	洛杉矶太空军基地
太空训练和战备司令部（位于彼得森太空军基地）	第1太空德尔塔部队	太空军事训练	范登堡太空军基地
	第10太空德尔塔部队	太空军事学说及兵棋推演	国家空间学院
	第11太空德尔塔部队	电子战靶场及饰演假想敌	施里弗太空军基地
	第12太空德尔塔部队	太空资产测试与评估	施里弗太空军基地
	第13太空德尔塔部队	太空军事教育	麦克斯维空军基地
联合太空作战分析中心	—	兵棋推演 兵力设计	华盛顿特区
太空发展局	—	太空技术发展	华盛顿特区
太空快速能力办公室	—	太空能力的研究、开发和交付	科特兰空间基地

（三）抱团取暖

除更新作战条令和优化组织架构，增强军事力量建设外，美西方还强调与盟友和伙伴国的牢固太空伙伴关系。《美国太空优先项目框架》强调，美国将与商界、盟友和伙伴国合作，促进既有治理规范的贯彻执行，同时推动新的治理规范发展，以确保太空探索的安全、稳定与可持续；美国将为国际社会开展负责、和平与可持续的太空活动提供示范[①]。美国国防

---

① "United States Space Priorities Framework," White House, 2021, pp. 4–7.

部则强调，与盟友和伙伴的合作主要包括五个方面：将盟友与伙伴纳入规划、行动、训练、演习、作战和情报活动；合作发展防御和对抗竞争对手的能力；扩大太空信息共享；由美国国务院协调，与盟友和伙伴国合作制定负责任的太空行动标准及行为规范；扩大太空研发和采购[1]。

一方面，通过建立太空安全合作机制，加强数据、技术、信息等共享合作，不断稳固太空军事同盟利益体系。美国太空司令部于2020年正式接管"奥林匹克防卫者行动"项目，目前已有包括英国、澳大利亚、新西兰和加拿大等在内的30多个国家参与该项目，通过共享太空域感知数据和标准天文动力学算法库，提升对太空目标观测的效率和精度[2]。2022年，美国同澳、法、德等盟友签署《联盟太空作战愿景2031》，同时扩大太空军演的成员范围，实现共享信息、经费分摊等目的，强化联合太空态势感知能力[3]。2024年1月，兰德公司发布《设计一条通往太空的联盟力量集结之路》研究报告，为进一步提升美国国防部与盟国之间的太空一体化水平提供了精确指导[4]。日本修订基本太空政策，加强日美合作，构建太空安全联盟。印度在坚持自主研发、寓军于民政策的基础上，不断扩大与美、俄等国合作空间，加强军事航天技术的发展与应用，突出航天侦察、太空安全等能力建设[5]。

另一方面，通过进行太空领域联合军事演习，加强与盟国之间的情报、作战支持与合作，不断将盟友太空资源整合进入本国太空安全体系。例如，美军源于战略司令部负责的"太空态势感知桌面演习"的"全球哨兵"系列演习，主要专注于太空态势感知领域问题，且侧重于提升太空盟国间在太空态势信息获取、分析与处理等方面的共享

---

[1] "Space Policy," DoD Directive, No. 3100.10, U. S. Department of Defense, 2022, p. 4.
[2] 赵雪研、周琼：《"五眼联盟"太空情报合作的演进与前景》，《情报杂志》2023年第42卷第2期，第29—35页。
[3] 王田田、刘甜甜、郭静等：《太空安全力量建设与运用新特点》，《中国航天》2024年第3期，第10—14页。
[4] 祝浩然、潘娜：《美军太空作战概念内涵要义及发展动向展望》，《第十二届中国指挥控制大会论文集（上册）》，2024年，第6页。
[5] 刘璐、明宇：《国外太空军事能力发展特点和趋势》，《国际太空》2022年第7期，第28—33页。

能力。再如,"施里弗"演习从第 2 次开始就吸收了部分"五眼联盟"成员国参加,近年来更是将范围扩大到法国、德国、日本等国①,在第 16 次推演时共有 7 个伙伴国参加,旨在通过多域行动实现战略目标,核心是为国际参与创造共识,协调联盟以实现同步行动,并提供弹性太空架构②。

第四节　对维护地球轨道空间安全的思考

地球轨道空间是当前国际竞争最为激烈的外层空间范围所在,也是太空安全问题最为紧迫的重点所在。虽然各国已经在维护地球轨道空间安全方面作出了各项努力,但是从实用效果来看依然还有很多待完善之处。对此,许多国家、组织和学者等主动作为,前瞻思谋维护地球轨道安全之策③。

一、强化维护地球轨道空间安全意识

地球轨道空间是目前人类开发和利用太空最集中的空间范围,担负国家安全和发展服务的航天器主要运行于该空间,也因此地球轨道空间的安全关乎国家安全和可持续发展。地球轨道空间本身也对国家经济具有显著的促进作用,天基服务可确保日常通信、网络、导航等生活功能,还可为天气监测、灾害预警作出贡献,更可通过科技创新与扩散促进社会经济发展④。此外,随着对天基服务的依赖性越来越强,地球轨道空

---

① 蔡伟伟、杨乐平、黄涣等:《美国太空对抗力量发展动向及其影响》,《国防科技》2023 年第 44 卷第 5 期,第 104—110 页。DOI: 10.13943/j. issn1671 - 4547. 2023.05.13.
② 靖德果:《美国太空军能力建设综述》,《中国航天》,2023 年第 9 期,第 40—46 页。
③ 张攀、仇梦跃、齐斌等:《中继卫星系统面临的安全威胁及防御对策分析》,《网络安全技术与应用》2024 年第 4 期,第 124—127 页。
④ 潘亚玲、赵雪研:《拜登政府太空战略的安全化动向》,《现代国际关系》2023 年第 3 期,第 100—116 + 151 页。

间的安全也与政治、经济、能源、交通等其他领域的安全紧密相连，更是拓展空间研究和技术，推动对地月空间、深空空间探索的重要基点，可谓牵一发而动全身。鉴于地球轨道空间的重要战略地位，应当在总体国家安全观视域下看待地球轨道空间安全，强化维护地球轨道空间安全的战略意识与责任担当。

二、统筹地球轨道空间安全布局

地球轨道空间资源紧缺、安全形势日益严峻，并且与国家战略安全和发展利益息息相关。因此，应从总体国家安全观视域下看待地球轨道空间安全，从全局视角统筹地球轨道空间安全布局，健全太空安全战略和政策体系，建立高效的太空安全体制机制。太空资产具有显著的军民两用性，考虑到太空资源的紧缺性以及重要性，应当在构建和提升一体化国家战略体系和能力思想的指导下，统筹国家安全和发展需求，合理谋篇布局，包括从太空资产部署重点、技术发展方向、频轨申请规划等方面，前瞻性筹划地球轨道空间安全维护所需能力、装备、力量等发展重点。此外，从当前太空开发利用的参与方来看，商业航天力量也是不容忽视的组成部分。例如，美国就在积极推动商业航天优势资源参与太空新技术研发、深空探索、地月空间开发等领域，并且部分商业技术通过与军方合作等可转化为军事太空能力。因此，无论从现实出发需要鼓励商业航天探索加快发展，还是从规则博弈需要民商组织尝试发声，加强对商业航天力量参与地球轨道空间安全维护，统筹军民商航天力量发展也势在必行。

三、构建地球轨道空间安全事件处置机制

诸如航天器碰撞、抵近、干扰、空间环境影响等地球轨道空间安全事件已呈上升趋势，形成行之有效、反应迅速的应急处置机制是及时应对这一系列安全问题的重要基础。然而，当前在针对地球轨道空间安全

事件的处置机制、组织架构、流程方式等方面尚不健全，尚未形成关于太空交通管理的共识，也尚未建立完善且高效的太空安全事件处置组织机制。因此，为了能够有效促进太空交通管理相关规范的形成，首先需要构建能够应对地球轨道空间安全事件的良好实践机制，并积极推广、扩大共识、贡献力量。例如，可以从区分各类安全事件、划分安全事件等级、构建处置架构、制定规则制度等方面，逐步尝试建立军地协调合作、职责分工明确、上下沟通顺畅的太空安全事件以及交通管理处置机制。

四、提升维护地球轨道空间安全的技术能力

技术创新既是提升太空能力的基础，也是维护太空安全的基础，应从技术角度为太空发展提供保障。如前文所述，解决当前地球轨道空间面临的空间碎片、航天器碰撞、空间环境影响等问题，不仅需要组织机构和机制规范方面的约束，更需要从技术方面进行突破。例如，碰撞预警所需的碎片云密度演化分析技术[1]、空间目标识别所需的多传感器数据融合技术[2]、低轨巨型星座管控所需的星上自主任务规划技术[3]等。此外，太空作为一个新质新域，是先进技术汇集之处，只有不断寻求核心技术创新，才能获得太空能力的跨越式发展，降低被技术封锁风险。当然，提升维护地球轨道空间安全的技术能力，也需要依托学科基础和人才培养作为后盾，才能源源不断地输出科技生产力。考虑到太空环境复杂、专业性强、跨领域性强等特点，所需人才也必然是高素质专业复合型人才，对于人才的培养和选拔提出了更高的要求。因此，针对太空安全领域的独特性，为提升维护太空安全的技术能力，不仅需要支持宇航

---

[1] 金紫涵、温昶煊、乔栋：《卫星解体碎片云对低轨星座的碰撞影响分析》，《航空学报》，2024年6月4日，第1—11页。
[2] 高欣、赵志远、银鸿等：《空间目标态势感知及多源数据融合技术发展与应用》，《真空与低温》2023年第29卷第6期，第543—554页。
[3] 柯知非、黄石生、李玉良等：《低轨大型遥感星座发展现状及其关键技术》，《航天返回与遥感》2023年第44卷第1期，第93—101页。

科学与技术、信息与通信等传统航天学科专业人才培养，还要积极创设国家安全学（太空安全）学科领域或专业方向，鼓励数字化、人工智能等新兴领域人才跨学科从事太空安全方向研究，以适应不断发展变化的维护太空安全形势的急需。

五、加强地球轨道空间资产安全防御能力

无实力而乞和平，则和平危；有实力而卫和平，则和平存。维持国家的安定也需要以实力作为支撑。结合前文可知，太空已经不再是人类的"庇护所"，特别是在地球轨道空间军事化、武器化日益严峻的形势下，提升太空资产安全防御综合实力迫在眉睫。一方面，可以从加强太空资产本身安全防护能力着手，不断完善太空资源自我保护系统。例如，前文提到的航天器自主避碰系统，提升威胁规避能力，降低安全风险。另一方面，可以从加强体系安全防御能力着手。例如，构建太空弹性体系架构，从系统层面提升安全防护能力，且有针对性地增强太空安全防御能力，既威慑遏制对手、降低成为被攻击目标的概率，也可以在受损后迅速恢复到初始功能状态，避免产生进一步的线联影响。

六、推进国际地球轨道空间安全治理

地球轨道空间的参与主体已不再是冷战时期以美苏两国为主的状态，已经呈现多极化趋势。随着航天技术的发展，在未来只会有更多国家或非国家主体参与其中，而且考虑到太空的公域属性，推进地球轨道空间安全治理必然应当从国际视角出发，单边主义必然是行不通的。若在世界范围内，多个国家"跟风"或效仿低轨巨型星座或太空军事等计划，未来太空发展格局将日趋复杂[1]。因此，应当站在人类命运共同体的高

---

[1] 孔敏、李榕：《世界主要国家太空力量发展现状》，《国际太空》2024年第2期，第55—59页。

度，积极维护地球轨道空间这一人类共有资源，广泛开展太空领域的多边合作，持续推动形成国际性安全公约，在国际社会的共同努力下，面对并解决当前及未来可能面临的太空安全问题。

第四章 深空空间安全

随着航天科技的飞速发展，人类探索宇宙的脚步越走越远，在争胜近地空间的同时，逐渐走出"地球圈"，探秘深空空间，不断开启星际探测新征程[1]。月球、小行星等空间资源的开发和利用已成为国际热点，世界航天进入以大规模太空资源开发与利用、载人月球探测和大规模深空探测等为代表的新阶段[2]。深空潜在战略利益巨大！深空空间资源的开发与利用，能够极大地拓展人类生存与发展的战略空间。同时，深空空间也成为世界大国竞相角逐的新疆域。探测活动日益增多，探测环境趋于复杂，利益争夺逐渐激化等态势，致使深空空间安全问题日益成为太空安全研究的应有之义。

第一节 地月空间

月球是绕着地球旋转的天然卫星，是太空中距离地球最近的天体。月球是丰富的"资源库"，是人类探索太空的第一站，也是人类迈向深空的"中途岛"，更是控制地球的制高点。因此，地月空间成为人类探索太空的"科研站"和"试验场"，能够开发与利用包括月球在内的地

---

[1] 王赤：《重磅！中国正在论证太阳系边际探测工程》，《科技导报》2021年7月2日，https://mp.weixin.qq.com/s/6ZsuNXiVc0j6_4SELwNS8w。

[2] 包为民、汪小卫：《地月空间探索与开发的思考》，《宇航学报》2022年第6期，第705—712页。

月空间资源的国家，将有能力创造出更多的太空技术，也有能力发展出超越近地空间制天权的太空技术，赢得近地空间与地月空间的主动权[1]。未来，谁控制了环地球太空，谁就控制了地球；谁控制了月球，谁就控制了环地球太空。地月空间将成为世界航天大国竞相布局谋划的战略高地。随着地月空间的探索和利用活动越来越频繁，维护地月空间安全、构建覆盖地月空间的安全能力体系愈发重要。

一、空间范围

地月空间还没有明确的定义，一般是指地球/月球引力范围内、地球同步轨道以外延伸至月球表面，包括地月平动点在内的宇宙空间，具有丰富的物质、能源、位置、环境等战略资源[2]。一般地球同步轨道的轨道高度约为 3.6×10^4 千米，而月球距离地球约 3.84×10^5 千米。因此，可认为，地月空间是指距地球表面 $3.6 \times 10^4 \sim 3.84 \times 10^5$ 千米的区域。

随着颠覆性航天技术的发展与应用，人类对地月空间探索与开发的热情日渐高涨，人类利用地月空间资源从事探索、研发、生产、制造、试验和服务等各类活动，主体任务范围包括近地空间、地月转移空间和月球引力空间，以及以此为基础向更远深空拓展任务范围，全面实施空间科学、空间技术和空间应用，如图 4.1 所示[3]。

可见，地月空间是人类走向深空、遨游星际的必经之路，其蕴藏的无限发展机遇和战略价值吸引着越来越多的国家争相发展经略地月空间的能力，地月空间成为太空探索、科技进步、产业发展的新疆域，也成为国家利益拓展、国家安全维护的新高地。

---

[1] 何奇松：《谋取太空霸权：美国地月空间军事战略走向》，《当代世界》2022 年第 2 期，第 41—46 页。

[2] 陆文强、张哲、付中梁：《地月空间：宇宙"蓝海"资源"富矿"》，《光明日报》2024 年 06 月 13 日。

[3] 包为民、汪小卫：《地月空间探索与开发的思考》，《宇航学报》2022 年第 43 卷第 6 期，第 705—712 页。

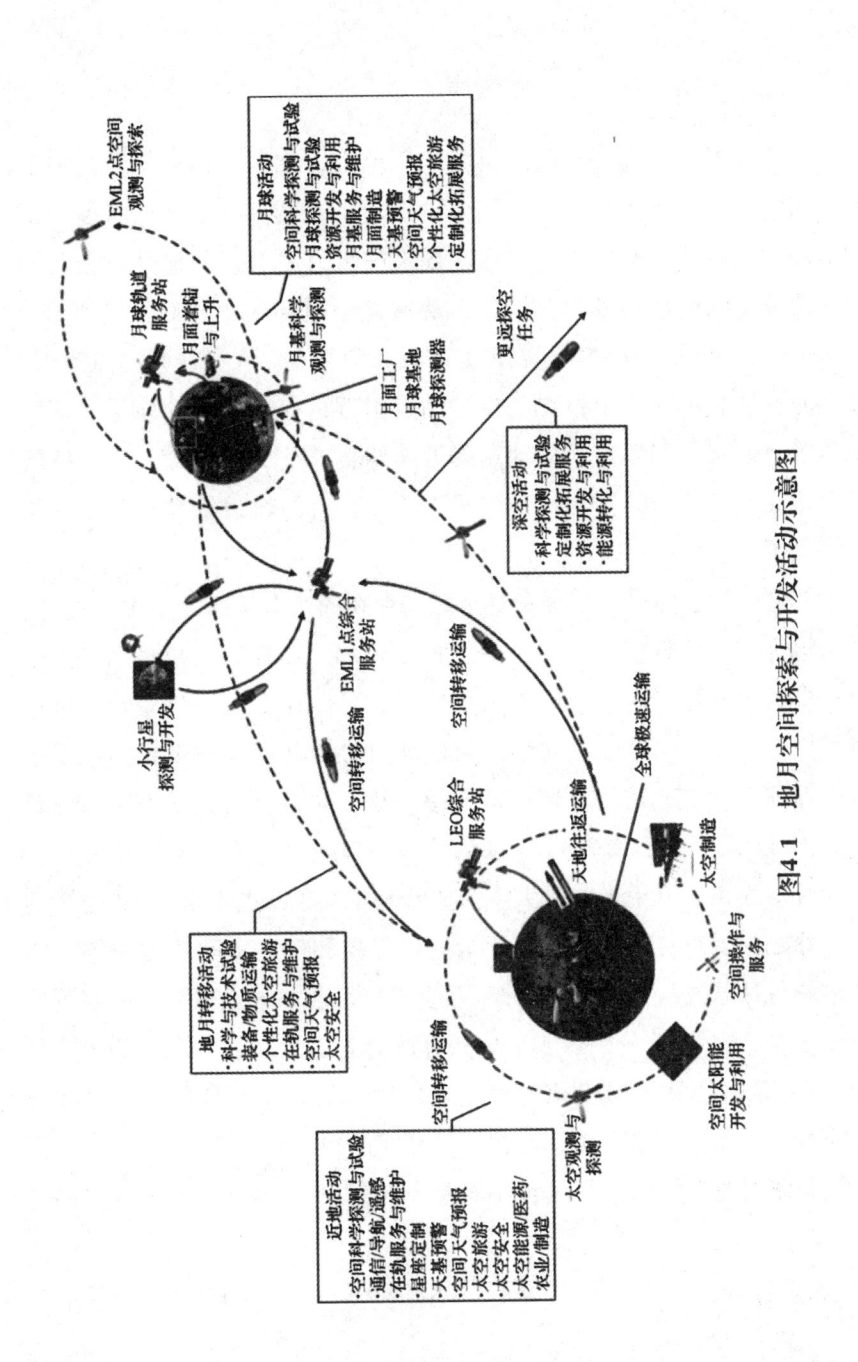

图 4.1　地月空间探索与开发活动示意图

二、运行机理

月球相对于地球有其自己的引力作用范围，称为月球空间，是一个以月球为中心、半径为 6.6×10^3 千米的球形区域[①]。由于月球与地球距离相对较近，月球与地球之间存在着稳定的引力关系，受地月引力共同作用，地月空间的轨道动力学特征较为复杂，包含3个共线平动点和2个三角平动点，在动力学方面表现为鞍点和中心点。在共线平动点附近，存在中心流形和不变流形；在三角平动点附近，存在长周期轨道、短周期轨道等。地月转移轨道、平动点附近周期轨道（如晕轨道、近直线轨道、远距离逆行轨道等）为地月空间飞行、驻留的轨道设计和基础设施建设提供了科学依据。

尤其值得注意的是，地球和月球之间存在的5个特殊的引力平衡点，被称为地月拉格朗日点，也称为地月平动点（见图4.2）。拉格朗日点是指宇宙中两大天体之间形成的引力稳定点，可以让卫星保持稳定，进而节省燃料。在地月系统中，在太阳与地球引力的共同作用下，存在5个点可以保证卫星与地球的自转周期保持一致，这5个点被称为拉格朗日点，分别被标记为 L1、L2、L3、L4、L5。其中，L1 位于地球与月球之间，距月球约5.8万千米，是太空天文台和卫星的理想位置；L2 位于地球与月球之外，距月球约6.5万千米，是卫星和望远镜的理想位置；L3 位于地球与月球之后，距地球约38万千米，目前并未发现卫星或探测器使用该位置；L4、L5 分别位于地球和月球的轨道上，它们之间的角度分别为60°。拉格朗日点属于相对稳定点，并不指某个具体位置，是在地月连线的法平面内的稳定点，而在三维空间内则不稳定[②]。

航天器在地月空间运行过程中会受到地球和月球引力的影响，同时

[①] 尹志忠、孙真真、秦大国：《世界军事航天发展概论》，国防工业出版社，2015年版，第2—3页。

[②] 中科星图：《地月空间轨道任务仿真技术浅析》，《星图测控》2024年3月29日，https://mp.weixin.qq.com/s/npNkEWhShetN5pNFWslDSQ。

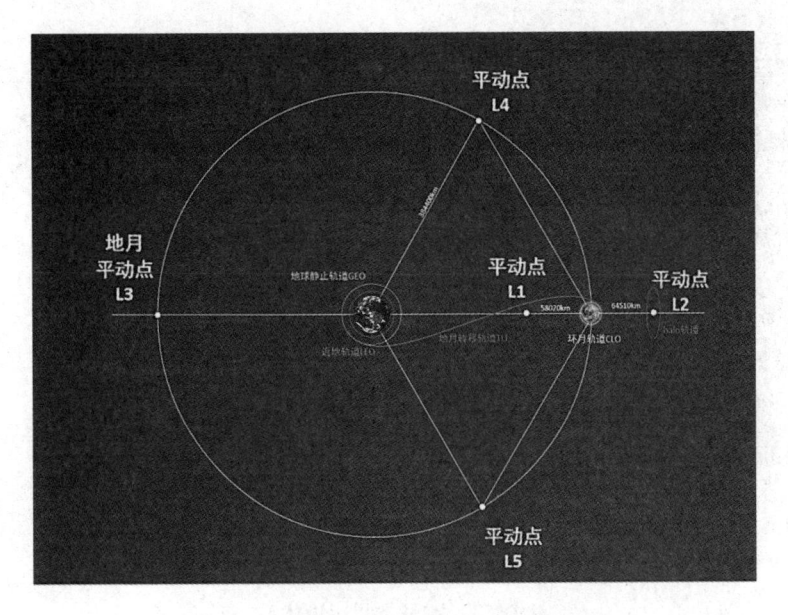

图 4.2　地月空间相关位置及轨道示意图

也会受到其他天体引力和太阳辐射压的影响。为了保证航天器在轨的长期运行和任务的顺利进行，在实际工程应用中往往会选择具有一定稳定性特征的轨道。同时，由于地日月三体始终处于运动状态，其天体引力时刻变化，以及太阳辐射压和地球自转、大气阻力、潮汐力等非引力因素作用，航天器在太空运行过程中的受力也处于时刻变化的状态。因此，需要在运行过程中采取轨道修正、轨道机动、轨道保持等策略进行精确轨道控制，以确保航天器在轨道上的位置和速度满足任务要求。

　　随着对地月空间轨道类型和运行机理的深入认识，以及航天技术发展的日渐成熟，为充分利用地月空间丰富的自然资源，构建经济可持续的地月空间运输体系势在必行。地月空间运输分为天地往返、地月转移和月面升降等阶段，需要根据不同阶段的环境特征发展不同的飞行器、运输方式和重复使用方案，并考虑地球空间站与载人月球探测的一体化设计。在已经掌握地球低轨道空间站建设运营和部分可重复使用的天地往返运输技术的基础上，人类必然会继续构建利用月球资源和以空间站为中转节点的可重复使用地月空间运输体系，如图 4.3 所示。

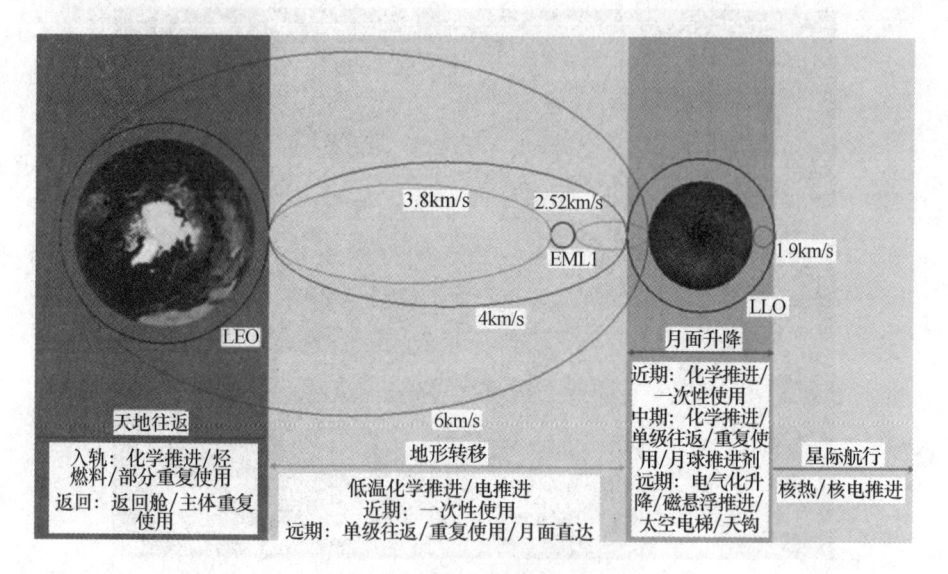

图 4.3　地月空间运输体系

三、战略价值

地月空间存在着各类物质、能源、环境、位置等稀缺战略资源，在空间结构上，地月空间向下连接近地空间，向上可达包括火星在内的太阳系其他天体，扼守人类从地球走向深空的必经之路，拥有足够广阔的战略纵深。因此，地月空间被认为是太空资源开发、经济发展和军事行动的新"蓝海"[1]，是未来很长一段时间内人类生存与发展的战略空间，正在成为世界航天大国竞相角逐的新疆域[2]。

（一）得天独厚的位置优势

月球的地位显要。月球与地球的关系十分"亲密"，作为离地球最近的天体，一直是人类梦想近距离接触并一探究竟的地方。由于距离相

---

[1] 杨乐平、镡美辰：《地月空间：太空安全新挑战》，《中国航天》2024 年第 3 期，第 42—46 页。

[2] 包为民、汪小卫：《地月空间探索与开发的思考》，《宇航学报》2022 年第 6 期，第 705—712 页。

对较近，月球探测器发射可以不受"发射窗口"的限制，地月通信时延不足 3 秒，使月球成为人类最"容易"到达的地外天体，为科学探索和载人登月创造便捷条件，也使人类频繁地月往返和长期驻留月球成为可能。同时，由于月球几乎没有大气层和强磁场，具有弱重力和较稳定的地质结构，所以从月球上发射深空探测器比在地球上发射容易得多，而且月球上的能源资源有望作为深空探测器的动力源，使月球能够作为人类走向更远深空的"跳板"。因此，有专家提出在地月空间建立类似于欧亚大陆的长途运输线路，在月球设立长期太空探险前沿阵地。而且，掌控地月空间就可以有效瞰制地球。地月空间为军事行动提供了距离地球更高的战略位置，月球轨道可以容纳在地月空间完成军事任务所需的基础设施。地月系统中的拉格朗日点能提供对月球和地球的清晰观测，还具有轨道保持能耗低的优越性[1]。从军事层面来讲，运行在以月球、地月系 L1 点、地月系 L2 点为核心的轨道族（如 L1 晕轨道、L2 晕轨道、DRO 轨道、NHRO 轨道等）上的航天器，既可以有效监测月球活动，又可以监测地球轨道上的航天器；L1 点的晕轨道还可以作为地月转移的中转站，谁控制了这里，就等于控制了地月交通枢纽。国际上在研的地月空间航天器，大都围绕这一理念展开研发和布局，其目的就是提升地月空间的主要轨道（交通线）优势，为后续的军事和科研等活动铺平道路[2]。

（二）潜力无限的自然资源

地月空间的建设与发展可以为人类社会生产力的持续进步提供源源不断的太空物质和能源。现有的探测结果已经表明，月球表面具有储量丰富的资源。其中，月壤中含有丰富的氧和硅、钙、镁等矿物资源，太阳风挥发会给月球注入 H 同位素、氦 - 3、C 和 Ar 等资源，月球南极可

---

[1] 李扬、徐海玲：《美国地月空间战略的发展态势与分析》，《国际太空》2022 年第 9 期，第 50—55 页。

[2] 北京蓝德信息科技有限公司：《美国地月空间发展战略分析》，蓝德智库，2024 年 6 月 7 日，https://mp.weixin.qq.com/s/MTR9d2PTxw96liPUHIM - KA。

能存在水冰。此外，月球本身具备良好的位置和环境资源，包括真空、深低温、空间辐射等①。这些资源可为人类的长期太空任务提供必要的生命支持和资源补给。例如，水冰可以用于生产饮用水，开采水冰资源可有效解决科研站运行、航天员驻扎和生存用水需求，是月球科研站运行和长期驻人的前提条件；水冰通过电解等手段二次加工后还可制造氧气和氢气，为航天员月面驻扎和生存供氧，氢气液化后可作为优质火箭燃料，有效解决月面运输、地月往返及向火星等更远星球飞行的燃料需求，极大地降低太空活动的成本和依赖地球的程度。再如，科学家发现，月球上有储量极为丰富的氦-3，作为氦的同位素，氦-3包含一个中子和两个质子，能够在核聚变反应中生成巨大能量但不产生中子辐射。相较于其他核聚变材料，氦-3具有清洁、高效、可控性强等优点，是未来可控核聚变的理想燃料，对缓解全球能源危机、服务人类文明的可持续发展具有重要意义。

除月球自身资源以外，地月空间范围的频率、轨道、能源以及天地交通资源等，都蕴含着再度深刻改变地球生产生活方式的可能性。例如，近月空间导航星座可为月面移动、着陆和起飞等任务提供实时高精度导航定位，是支持人类在月球长期、高密度的探测活动所必要的基础保障，椭圆冻结轨道由于对月球极区覆盖性较好，通常作为此类星座的目标轨道②。再如，由于距离遥远，地月空间态势感知成为月球探索与利用的一大难题，部署在地球上的监测手段无法对地月空间的全部航天器进行实时监测，也不能监测到月球背面。因此，在地月空间部署空间态势感知传感器非常必要。在L2晕轨道上的卫星能够同时与地球和月球保持通信，同时对包括月球背面的区域进行监测，因此拉格朗日点L2是部署监视和通信中继卫星的理想位置。我国的"嫦娥四号"就是在位于L2点的鹊桥中继卫星的支持下完成人类首次航天员月背着陆任

---

① 杨孟飞、邹志刚、汪卫华、姚伟、王庆功：《月球资源开发利用的进展与展望》，《中国空间科学技术》2024年第1期，第1—10页。

② 陈诗雨、倪彦硕、彭兢：《近月空间星座轨道设计方法》，《中国空间科学技术》（中英文）2024年第44卷第3期，第15—29页。

务的。

（三）前景可观的经济价值

随着月球探测和资源开发的深入开展，全球地月空间任务的规模在不断扩大，商业航天也迅速涌入地月空间。未来空间站、载人月球探测、太空旅游及在轨科研、生产、试验等载人航天任务需求将持续增长。就像过去数百年里，掌握海权的国家因控制出海口、手握优良港口而掌管了海洋秩序和世界经济，进而逐渐发展成为世界强国一样，当下月球资源开发、能源利用、在轨制造等航天新兴产业已成为国际热点。

航天领域与国民经济发展的联系越来越紧密，航天产业已进入太空经济新时代，地月空间将成为未来相对长一段时间内太空经济的主要领域和战略空间[1]。随着美国"阿尔忒弥斯"计划等探月项目的实施，人类逐步将"地月空间经济"纳入太空经济范畴，并提出建立地月空间经济区的概念。地月空间经济区的范围主要集中在近地空间、月球引力空间和地月转移空间，其业态包括基础产业、应用产业、开发与利用产业、拓展产业等，将由航班化地月空间运输体系、空间资源探测与开发体系、空间基础设施体系组成。地月空间经济区的建设，必将带动宇航技术及相关科学技术的发展；同时，地月空间的建设与发展也可以消化地球上过剩的产能，使人类社会发展突破地球空间的限制，迈入太空文明。

总之，地月空间存在稀缺的太空高位置资源和战略物质资源，具有重要的战略价值。未来，地月空间开发不仅将成为各国技术进步、产业升级与经济发展的不竭动力，也将成为主要航天国家竞相追逐的焦点领域。能够扼控地月空间战略高地，对维护和保障太空安全具有重大战略意义[2]。

---

[1] 包为民：《发展太空经济 走向地月空间》，《高科技与产业化》2018 年总第 270 期，第 10—13 页。

[2] 包为民、汪小卫：《航班化航天运输系统发展展望》，《宇航总体技术》2021 年 5 月第 3 期，第 1—6 页。

第二节 行星际空间

自20世纪60年代以来，人类"足迹"已遍布太阳系八大行星，人类"眼界"已拓展至138亿光年。随着深空探测技术的发展，人类不断丰富对太阳系天体和宇宙空间的认知，探测活动从太空争霸、技术试验、科学研究向科学与应用并重转变。当前，以火星等行星探测、小行星防御为重点，围绕宇宙演化与生命起源等重大科学前沿问题，以及地外资源开发利用的现实问题，全球行星际空间探测活动已进入空前活跃的新时期。

一、空间范围

从广义上看，行星际空间是指任何行星系所在的宇宙空间。从狭义上看，行星际空间是太阳系内围绕着太阳和行星的空间。通常来讲，外层空间分为太阳系以内的空间和太阳系以外的空间。太阳系以外的空间可分为恒星际空间、恒星系空间和星系空间等。有学者将太阳系内空间分为行星空间和行星际空间。行星空间是指行星引力的作用范围空间，或行星磁层、大气层所及范围空间。行星际空间是指太阳系内行星空间之间的空间[1]，该空间的范围从太阳表面向外一直延伸到日球层顶。日球层顶是太阳风的边界，该边界太阳风的动压与星际压力达到平衡。日球层顶以内的区域称为日球层。日球层顶的位置与太阳活动特别是与太阳风的特性有关。一般来说，日球层顶的位置距离地球 110～160AU（$1AU=1.496\times10^8 km$）。行星际空间无时无刻、无处不在地刮着时速高达百万千米以上的超声速风。这种超声速风是从高达百万摄氏度的炙热

---

[1] 尹志忠、孙真真、秦大国：《世界军事航天发展概论》，国防工业出版社，2015年版，第2页。

太阳大气里吹出来的,故名太阳风。因此,行星际空间并非完全的真空,到处都充满着太阳风粒子和行星际磁场、宇宙线(包括电离的原子核和各种次原子粒子)以及宇宙尘埃、小流星体等。

太阳表面不断向外喷发着的高速太阳风,裹挟着太阳的磁场吹向地球,但地球磁场有效地阻止了太阳风侵袭,太阳风只能绕过地球磁场,继续向前运动,从而形成了一个被太阳风包围的、彗星状的地球磁场区域,也就是磁层。磁层顶是地球空间和行星际空间的分界面,磁层顶以内属于地球空间,物质主要源于地球,是地球大气的一部分。离开地球磁层顶就进入了行星际空间,其物质主要来源于太阳风和宇宙[1]。因此,可以认为,行星际空间不包含地球空间。

二、运行机理

飞向地球以外的世界,自古以来就是人类的最大梦想。随着科技的发展,太空探测器逐渐成为太空探索的重要工具。目前,不载人行星际航行已经实现,从最初的"旅行者"系列,到后来的"火星车",这些探测器为人类揭示了太空中的诸多奥秘。

行星的运动轨道不是圆形,而基本上是一个椭圆形,它们的轨道也并不在同一平面上。因此,行星际飞行器的运动实际上更为复杂。相比近地卫星轨道,深空中繁多而各异的目标天体、多样而复杂的力场环境、丰富而奇妙的运动机理,包括平动点应用、借力飞行和大气减速等,赋予深空探测器轨道设计与优化技术诸多问题与挑战[2]。行星际飞行器大致也分三类:飞向、接近或绕过目标行星,击中目标行星(硬着陆和软着陆)和人造行星卫星。行星际飞行器的运动基本上可以认为是在地球、太阳和其他行星的引力作用下的限制性多体问题。

---

[1] 王赤:《重磅!中国正在论证太阳系边际探测工程》,《科技导报》,2021年7月2日,https://mp.weixin.qq.com/s/6ZsuNXiVc0j6_4SELwNS8w。

[2] 吴伟仁、于登云:《深空探测发展与未来关键技术》,《深空探测学报》2014年第1期,第5—17页。

行星际飞行器的飞行可分为三个阶段：一是从地球附近发射到脱离地球作用范围前。这一阶段，它除受地球的引力（包括地球形状摄动）作用以外，还受地球大气的阻力和月球、太阳引力的作用。它相对于地球的运动轨道接近于双曲线。这一阶段的飞行时间很短。二是脱离地球作用范围后到进入目标行星作用范围前，即过渡轨道。这一阶段主要研究飞行器的日心运动，飞行器在太阳（有时还考虑某些行星）的引力作用下，相对于太阳的运动轨道基本上是一个椭圆形。这一阶段飞行时间最长，是飞行器运动的主要阶段。三是进入目标行星作用范围。这时飞行器在目标行星和太阳的引力作用下运动，它相对于目标行星的运动轨道接近于一条双曲线。如果要使飞行器成为行星的人造卫星或者在行星表面上软着陆，则需要利用制动火箭使飞行器减速。这个阶段持续时间也很短。有些飞行器是同时飞往几个行星的，例如"先驱者"11号、"水手"10号和"航行者"2号等。这些飞行器的运动除上述三个阶段外，当进入"过路"行星的作用范围时必须考虑这些行星的引力作用，直到完全脱离它们的作用范围为止。对于需要回收的行星际飞行器，它的返回轨道也经历上述几个阶段，只是过程相反，即把目标行星当作出发行星，把地球当作目标行星。

行星际飞行器的运动主要是在轨道过渡阶段，这个阶段的轨道设计十分重要。选择什么样的过渡轨道以使能量消耗不大而飞行时间又较短的最优化问题，以及飞行中几次靠火箭推力换轨的轨道过渡问题，都是行星际飞行器动力学的重要问题。最节省能量的过渡轨道是日心椭圆轨道，它在近日点和远日点上分别与相应的两个行星的运动轨道相切，故又称双切轨道。这种过渡轨道是霍曼在1925年首先提出的，也称霍曼轨道。霍曼轨道以太阳为一个焦点，远日点（或近日点）和近日点（或远日点）分别位于地球轨道和目标行星轨道上。轨道的长轴则等于地球轨道半径与目标行星轨道半径之和。沿着双切轨道运动的飞行器从地球到目标行星的飞行时间，是这个椭圆运动周期的一半。用能量最省航线飞向远距离行星的时间比较漫长，如飞向冥王星约需46年。为节省时间，需采用其他航线，或者在航程中采用自备动力加速，或者借助其他行星的引力加速，但这样一来，其轨迹就不再是单纯的椭圆、抛物线或双曲线了。

三、战略价值

行星际空间在衔接太阳和地球方面发挥着关键纽带作用，是日地系统的非线性传输通道[①]。行星际空间是人类太空探测飞出地球空间进入的下一层空间，也是太阳系深空探测以及进入系外星际空间探测的必经之路。作为储存原初太阳系星云并孕育出太阳系的空间场所，行星际空间在太阳系形成至今45亿年的当下仍然见证着太阳系广袤空间中丰富的演化过程[②]。针对太阳、日球层及其行星际小天体等进行探测任务规划与实施，成为国际各主要力量开展深空探测的主要目标之一。对于行星际空间的探索与利用，除上文讲到的月球探测与开发外，还包括行星探测、天文探测和小行星防御等重要课题。

（一）行星探测——开发和利用深空资源

深空资源的范畴涵盖物质资源、环境资源、位置资源。其中，深空物质资源利用是破解地球矿产资源枯竭难题、承载人类文明永续发展愿景的必然途径。深空物质资源主要富集于月球、火星、小行星等天体，是人类取之不尽、用之不竭的资源宝库，具有广阔的开发利用前景[③]。例如，火星含有丰富的大气、水冰与矿物等物质资源，木星、土星含有氦–3，天王星、海王星有氢、氦、甲烷，木卫二有液态海洋等。随着科技的发展，对这些资源的开发和利用有望催生地外天体采矿、在轨建造、

[①] 倪思洁：《我国首台行星际闪烁监测望远镜正式建成》，《中国科学报》2024年5月13日。

[②] 北京大学地球与空间科学学院：《北京大学的行星科学研究系列报道（4）：行星际空间中的"风、尘、冰、石"的奇缘》，北京大学新闻网，2022年6月10日，http://sess.pku.edu.cn/info/1078/3485.htm。

[③] 吴伟仁、张哲等：《深空物质资源利用现状与展望》，《科技导报》2023年第41卷第19期，第6—15页。

地外基地运营等新兴产业形态，将降低星球基地、科研站等运行成本，提高自主性和可靠性，减小运行风险，从而推进科技的发展，提供改善地球人类生活质量的可能，服务人类社会可持续发展。

近年来，行星探测的科学价值和资源利用价值已引起世界各国的广泛关注。随着飞越、环绕、着陆、巡视、采样、返回等多种探测方式的逐步开展，人类实现了对太阳系八大行星及其卫星、小行星、矮行星、彗星等天体的科学探测。据不完全统计，人类在不断探索太阳、地球、月球奥秘的同时，先后实施了3次水星探测、46次金星探测、48次火星探测、9次木星探测、4次土星探测、1次天王星探测、1次海王星探测，进行了2个矮行星探测等，并开展了多次小行星采样返回任务。这些探测任务取得了丰硕的科学成果[1]。所有国家应共享探索和利用包括月球和其他天体在内的太空所获利益，这是全人类的职责。然而，当一个或几个国家立法加强其在行星际空间的专属国家利益和促进其商业实体发展时，这种目标就会受到威胁[2]。

（二）天文探测——揭示宇宙的奥秘

天文探测是人类揭示宇宙起源、探索系外宇宙、拓宽人类视野的重要科学途径。由于地球大气层遮蔽等因素的影响，地基望远镜已无法满足科学家探索宇宙的需求。近年来，随着一系列大型空间望远镜的发射，更多宇宙早期和深远星系的图像被获取，极大地拓展了人类对宇宙诞生及更加遥远的恒星际空间的认识，掀起了探索宇宙的新热潮。比如，"詹姆斯·韦伯"空间望远镜（JWST）在2021年12月发射后，顺利进入距离地球150万千米的日地拉格朗日点L2工作轨道并开始探测活动。由于其强大的观测能力，在轨观测仅数月时间就拍摄了多幅创纪录的图像[3]。

---

[1] 杨孟飞、郑燕红、倪彦硕等：《太阳系内行星探测活动进展与展望》，《中国空间科学技术》2023年第43卷第5期，第1—12页。

[2] ［加］拉姆·S.贾克、［美］约瑟夫·N.佩尔顿：《全球太空管理》，刘红卫、付康佳、王兴华等译，北京：中国宇航出版社，2021年8月版，第21页。

[3] 葛平等：《2022年深空探测进展与展望》，《中国航天》2023年第2期，第9—18页。

再如，美国国家航空航天局设计用来发现环绕着其他恒星之类地行星的开普勒太空望远镜，是人类第一个能够探测到太阳系以外遥远地方类似地球大小的系外行星的望远镜，截至 2018 年开普勒太空望远镜退役，它发现了 2662 颗系外行星，其中许多行星有孕育生命的可能。

（三）近地小行星防御——保护人类共同的家园

天文学上，将轨道近日点距离在 1.3AU 以内的小行星称为近地小行星（NEA）。截至 2022 年 3 月 7 日，已发现的近地小行星共有 28 464 颗，其中直径大于 140 米的有 10 024 颗，直径大于 1 千米的有 887 颗，具有潜在危险的有 2263 颗。近地小行星在环绕太阳运行的过程中，受到木星等大行星引力牵引，存在撞击地球的风险。近地小行星撞击是人类社会面临的共同威胁和长期挑战。近地小行星飞向地球，在大气层会发生空爆，撞击到地表可能引发地震、海啸、火山爆发，还可能导致全球气候环境灾变，甚至造成全球性生物灭绝和文明消失，被认为是毁灭人类文明的七大威胁之一。作为人类长期面临的重大潜在威胁，需要世界各国联合应对。因此，加强近地小行星撞击风险的安全应对工作，具有重要的现实意义和深远的历史意义。

总之，深空空间的开发与利用被赋予了丰富的内涵。从科学角度看，它研究的是宇宙和生命起源这一人类最根本也是最前沿的问题，并能够激发大众的科学热情；从技术进步角度看，它发展的是尖端技术，并能够引领一系列技术领域的进步；从政治角度看，它争取的是领先地位以及在国际太空事务上的话语权，并能够极大地提高民族凝聚力；从经济角度看，它需要强有力的经济支撑，但也能够创造新的经济增长点[①]。面向未来，深空空间承载的全人类共同梦想和对宇宙深邃的孜孜追寻，将持续推动人类迈向星辰大海的新征程。

[①] 吴伟仁、刘旺旺、蒋宇平、李莎：《国外月球以远深空探测的发展及启示（下）》，《中国航天》2011 年第 8 期，第 10—14 页。

第三节 深空空间的安全问题

近年来,深空探测技术的快速进步使人类探测深空天体与环境、开发利用深空资源的可行性进一步增强。世界航天大国积极发展深空探测事业。在深空探测日益活跃、探测环境趋于复杂的背景下,深空安全的重要性与紧迫性愈发突出。一般认为,深空资源、深空活动、深空环境威胁对于深空安全至关重要。深空资源包括深空探测器、地-月平动点中继卫星等深空资产、轨位和频谱资源等,在合理开发与利用深空资产、合理保护太空遗产等方面具有重要作用。深空活动则强调自由进出深空,核心内容在于充分利用深空,如建立深空基准体系,开展各种遥感或原位科学探测任务等。深空环境威胁指可能对深空活动、深空资源造成干扰或破坏的因素,分为自然威胁、人为威胁两类,前者是深空空间辐射等环境造成的威胁,后者表现为人类日益发展的深空活动导致的深空环境污染问题等[①]。此外,如前所述,小行星撞击地球作为人类面临的共同威胁,也是需要全人类共同应对的安全挑战。

一、地月轨道空间是经略深空的"咽喉要道",一些国家正在加快预置能力

月球不仅可以作为人类走向深空的中继站,是人类走向深空的必经之地,更是控制地球的"更高"的制高点,不久的将来将成为"兵家必争之地"[②]。有学者提出,控制了月球也就控制了地球,因为掌握月球可以有效瞰制地球。这是因为,从空间结构上看,包括月球在内的地月空

[①] 吴伟仁、龚自正、唐玉华、张品亮:《近地小行星撞击风险应对战略研究》,《中国工程科学》2022年第2期,第140—151页。
[②] 中国现代国际关系研究院:《地理与国家安全》,北京:时事出版社,2021年4月版,第195—221页。

间，向下可以控制近地空间，向上可以控制通往包括迈向火星等天体的深空空间。因此，地月空间的战略地位要高于近地空间。对于地月空间具有的独特高位优势，美国大西洋理事会曾提出，如若视太空为监测地球活动的"行动高地"，月球则是"高地中的高地"。尤其是地月空间的拉格朗日点，从军事角度看，其地位更为重要，甚至可以说，如果控制了地月空间的拉格朗日点，就可以控制整个地月空间。

作为未来战场的一部分，地月空间的态势感知、通导基础设施以及后勤力量等都可服务于未来的各类地面和太空战争。与地球轨道空间相比，空间广阔加上轨迹预报困难，都会导致地月空间航天器具有很强的隐蔽性。并且地月空间还存在着类似地球静止轨道（GEO）一样的高价值周期轨道，即拉格朗日点轨道。这些轨道因其具备高位优势、相对于地月位置不变、高势能和弱稳定等特性，适合于对地月空间进行持续监测、部署天基信息支援设施、储备武器装备以实现地月空间全域打击等。比如，可在地月空间部署"核潜舰"（类似于深海中部署的核潜艇），进而形成新的域外核设施，构建新的天基战略威慑。此外，地月之间存在着一系列关键通道，特殊地理位置的先占者将具备"交通要道"的部分控制权，可部署军事要塞对区域进行控守和支援[①]。美军退役军官、致力于太空与防务的独立战略咨询师彼得·加勒森曾指出，"地月空间已经成为制高点，成为权力政治争夺的新高地"。

近年来，伴随各国对月球轨道、拉格朗日点、月球运输轨道以及月球表面适合建立站点的位置等稀缺资源的争夺日益激烈，太空军事化向地月空间迈进或成为现实。

一些国家作为地月空间探索与开发的先行者，取得了不少科学成果。相应地，它们也是把"利剑"伸向地月空间的积极推动者。比如，有这样一种倾向值得关注，即把超越地球静止轨道的地月空间视作"蓝水"，按照马汉的海权理论构筑地月空间的制月权理论，试图打造能够控制地月空间的"远洋海军"，通过控制月球和地月空间来控制地球。彼得·

---

① 王帅：《美军地月空间活动发展研究》，《国际太空》2022 年第 4 期，第 8—15 页。

加勒森曾指出，地月空间为军队提供了一个巨大的机动地带，难以被监控，类似于深海潜艇。美国海军军事学院国家安全事务教授大卫·伯巴赫则指出，控制地月空间中的关键在于控制"岛屿"，即月球和拉格朗日点，这些"岛屿"好比美军远洋舰队需要控制的马六甲海峡、霍尔木兹海峡等关隘[1]。美国智库米切尔空天研究所发布的报告《确保月球轨道内太空和地球海岸外第一个岛屿的安全》，建议美国太空部队尽快推进"太空第一岛链"的建设。该报告将地月空间和月球等同于中国周边海域的第一岛链和第二岛链，认为地月空间"三体体系"中的优势竞争类似于探索时代的海军竞争。该报告建议美国国防部制定新的或修改现有条令、作战概念和需求，以应对地月空间的独特挑战，并且发展太空态势感知、高带宽通信和地月空间导航技术、推进与机动技术、发电与配电、登月等关键领域的技术，以支撑未来的地月空间行动[2]。

为了实现控制地月空间的战略目的，一些国家丝毫不顾可能对全球太空安全构成的威胁，密集出台战略规划，开展技术研究，进行能力布局。比如，美国天军顶层军事学说《天权》中多次提及地月空间，认为月球及其周围的空间可能成为下一个军事领域，必须为未来发展做好准备。《天权》指出，不久的将来，国家太空利益范围有可能扩展到地月轨道区域甚至更远。美国天军于2020年提出了"主宰太空2030"愿景，提出在2030年及以远阶段，太空态势感知、在轨服务和力量投送能力向GEO以远的地月空间拓展，保持军事力量存在，与国家太空活动和利益延伸相匹配。这一阶段将实现深空"狼群"、深空飞行安全/环境监测、深空在轨服务，支持地月空间民用系统运行，支持同步轨道以远力量投送。美国天军在制定"主宰太空2030"愿景后，基于应用需求和技术发展进一步制定"太空机动与后勤2030"愿景，将地月空间纳入太空后勤

---

[1] 何奇松：《谋取太空霸权：美国地月空间军事战略走向》，《当代世界》2022年第2期，第41—46页。

[2] The Mitchell Institute for Aerospace Studies, "Securing Cislunar Space and the First Island Off the Coast of Earth," Jan 17, 2024, https: // mitchellaerospacepower. org/securing - cislunar - space - and - the - first - island - off - the - coast - of - earth/.

运输目标。2022年，美国白宫科技政策办公室出台的首份《国家地月空间科技战略》中，也提出计划构建太空态势感知、地月空间通信、PNT系统集群等任务。

随着地月空间的探索活动越来越频繁，一些国家认为，太空力量必须与其他活动保持同步发展，以保护、防御和维护国家的太空战略利益。比如，2021年美国太空军发布的《地月空间入门》，提出了未来在地月空间进行作战行动的概念并开发与之相适应的新型航天器，拉开了美国企图深度经略地月空间的序幕。2022年，美国太空军在弗吉尼亚州达尔格伦成立了第19太空防御中队，负责领导地月和XGEO空间领域的态势感知。美国太空军前作战部长雷蒙德曾表示，太空军将在未来5~10年内具备地月空间的态势感知能力[1]。2023年美军参谋长联席会议发布的JP 3-14《联合太空作战条令》首次明确表示，太空司令部的区域将延伸到"同步"轨道，即超过约36000千米，包括地月空间、月球轨道和地月拉格朗日点。

一些国家高度重视地月空间重点能力布局发展，正紧锣密鼓地推进有关项目，开展重点技术研发。比如，美国正在研制神谕（Oracle）航天器，探测、跟踪地月空间目标，发展敏捷地月空间飞行火箭验证（DRACO）项目，开发演示核热推进（NTP）技术等[2]。其中，地月空间态势感知是维护地月空间安全的关键能力之一，目前美国正大力推动构建覆盖地月空间的态势感知能力。2019年，美国国防部太空发展局发布"下一代太空体系架构"，七层架构中的威慑层的目标就是提供地月空间范围的空间目标态势感知与快速进出和机动。通过寄宿在拉格朗日点或者快速地月部署，形成对整个地月空间的太空域感知能力，以期更有效地探测和跟踪太空物体，威慑对手并保护自己的卫星不受攻击。由此可见，美国太空部队的行动范围正从低轨道、地球静止轨道扩大到更高更

---

[1] 北京蓝德信息科技有限公司：《美国地月空间发展战略分析》，蓝德智库，2024年6月7日，https://mp.weixin.qq.com/s/MTR9d2PTxw96liPUHIM-KA。

[2] 张蕊、何慧东、朱贵伟：《美国地月空间安全研究进展综述》，《航天器工程》2024年第2期，第103—109页。

远的地月空间①。此外，核动力推进技术也是高效、快速、长期开展月球及以远任务的重要技术，可为载人火星等探测任务及地月空间快速反应等国家安全任务提供重要技术支持。

二、围绕月球、火星等天体资源的竞争日益激烈，关乎人类持久生存

冷战时期，美国和苏联围绕月球探测展开激烈的争夺，双方共发射百余个月球探测器，实现了飞越、硬着陆、软着陆、环绕、取样返回，最终美国以成功实现载人登月而赢得这场月球竞赛。如今，自1972年"阿波罗17"号最后一次登月已经过去了半个多世纪。直到2017年，美国推出了旨在"再次登月"的"阿尔忒弥斯"计划，又一次掀起探月热潮，月球再一次成为人类深空探索的热点，新的深空竞赛初见雏形。如果说20世纪的月球竞赛，是美苏两个超级大国之间政治和科技的较量，那么新的深空竞赛则具有科学探索与经济拓展等综合竞争的性质，并且是多国之间的竞逐。

多个世界主要航天大国和组织已纷纷制定了面向地月空间基础设施建设的发展规划战略，将地月空间视为战略发展新高地，开始布局抢占频率、轨位、区域等地月空间核心战略资源。特别是美国，正充分调动政府、国际伙伴、商业航天等力量，全力推进"阿尔忒弥斯"计划，试图重返月球，巩固其在航空航天领域的领先地位。美国计划在2028年前建成月球空间站，并利用美国SpaceX公司的星舰火箭实现新的载人登月。俄罗斯、印度、欧盟和日本等也相继推出了各自的登月计划。2019年，俄罗斯国家航天集团公司公布了与俄罗斯科学院联合制定的《月球综合探索与开发计划草案》，规划了水提取、氧气制取、原位资源制造零部件等月球资源利用方向的多个科学探测与研究任务。2023年8月，印度"月船3号"探测器成功软着陆在月球南极附近区域，使印度成为

---

① 李扬、徐海玲：《美国地月空间战略的发展态势与分析》，《国际太空》2022年第9期，第50—55页。

世界上第四个成功着陆月球的国家，也是第一个在月球南极附近登陆的国家。2022年，欧洲航天局发布《"新世界"2030+战略路线图》，将原位资源利用作为未来10年重点任务之一。日本在《第四期中长期发展规划》中制定航天发展方向，成立月球工业委员会，发布《月球工业愿景：地球6.0》白皮书，将月球视为未来前沿，主动掀起月球工业革命。我国宣布将在2030年前后建立永久性月球基地，并且已经开始实施一系列的无人探测任务。2024年6月，"嫦娥六号"实现了世界首次月球背面采样返回。

地月空间资源竞争背后实质是服务于各国的经济利益，更服务于国家利益，相应的与政治、外交、法律、政策、军事、科学、技术、商业、经济等问题更是密不可分[1]。随着各国围绕月球资源开发与利用活动进入白热化，地月空间不安全、不稳定因素也逐渐增加。虽然到目前为止，各国尚未将军用航天器发射到地月空间，但当前正在研发的很多技术仍具有军民两用的性质或者军事应用的潜力。

比如，美国空军研究实验室计划建造两个进入地月空间的航天器"地月空间巡逻卫星"和"国防深空哨兵"。"地月空间巡逻卫星"可以从地月拉格朗日点跟踪其他地月空间和月球轨道的航天器动向，提高美国地月空间态势感知能力。"国防深空哨兵"能够进行"会合/接近操作"，具有极强机动能力。该卫星还具有"太空物体的清除和恢复，以及在防御性太空作战中其他应用"的能力。如果仅用于和平目的，进行太空碎片的清理和恢复技术本身并没有任何问题。但是，这种技术本质上是"双重用途"的，也可以用于干扰其他航天器。然而，纵然近地轨道上的空间碎片已经成为一个老生常谈的问题，当前在地月空间中或许并没有多少碎片需要清理，而且地月空间在未来几十年内恐怕也不存在碎片清理急需，这样一来，"国防深空哨兵"的真实意图究竟是什么呢？此外，"国防深空哨兵"要把这些太空碎片运送到哪里？美国是否有权独

---

[1] 赵金才：《第二次探月高潮引发的思考》，《科学》2011年第2期，第26—29页。

自作出相应的决定？[1]

案例：《阿尔忒弥斯协议》的前世今生

1. 踏上月球第一步——"阿波罗"计划

美苏冷战深刻影响了美国的太空政策。1957年，苏联抢先成功发射人造卫星，引起美国强烈反应，并最终推动"阿波罗"计划出台。1961年5月25日，时任美国总统肯尼迪发表国会演说，确信美国在政治上非常需要一项决定性的成就来展现美国在空天领域的优先性，他宣布支持载人登陆月球的"阿波罗"计划。在历经多次失败后，1969年，"阿波罗11号"实现了首次载人登月。这是人类第一次踏足到另一个星球，尼尔·阿姆斯特朗成为历史上第一个在月球上行走的人，并说出了那句名言："这是个人的一小步，却是人类的一大步。"据报道，从1961—1972年，美国开展了"阿波罗"计划系列载人航天活动，其中6次登月飞行成功，共有12名美国航天员登上月球，为月球研究提供了直接的依据，大大充实了人们对月球的认识。

2. 重返月球——"阿尔忒弥斯"计划

在"阿波罗"计划之后，由于政治和经济状况的变化，美国探月计划一度停滞，而是转向了其他太空项目，如航天飞机、国际空间站、火星探测等。2004年1月，时任美国总统小布什启动"星座计划"，提出重返月球设想，但该项计划在奥巴马政府时期被逐渐搁置。2017年12月，时任美国总统特朗普签署了《太空政策指令》，提出以地球近地轨道外的任务为起点，重新将人类送上月球。为配合"阿尔忒弥斯"计划重返月球的实施，美国国家航空航天局与美国国务院、国家外空委员会共同制定了《阿尔忒弥斯协定》。2020年10月，包括美国、英国以及日本等在内的8个国家共同签订该协定。2022年底，随着"阿尔忒弥斯1号"任务的开展，美国最新一轮的月球计划正式开启。

该计划的名称"阿尔忒弥斯"，取自希腊神话中阿波罗的双胞胎姐

---

[1] 范唯唯译：《美军事智库发表报告建议确保地月空间的安全》，《中国科学院科技战略资源研究院科技政策与咨询快报》2024年第3期。原文载于 https://thebulletin.org/premium/2022-01/cis-lunar-space-and-the-security-dilemma/#post-heading。

姐、月亮女神的名字，这个名字寓意着美国国家航空航天局希望在"阿波罗"计划的基础上，开启新的月球探索时代。"阿尔忒弥斯"计划的目标是在2024年前将第一位女性和第一位有色人种宇航员送上月球，并在2028年前在月球南极建立永久存在的基地，为登陆火星和更深层次的深空探测任务铺平道路。根据美国国家航空航天局2020年4月2日公布的方案，"阿尔忒弥斯"计划将分为两大阶段：第一阶段于2019—2024年开展，计划实施5次任务，其中的"阿尔忒弥斯1号"为无人试验飞船，"阿尔忒弥斯2号"将进行载人环月飞行，"阿尔忒弥斯3号"将在月球的南极载人着陆。第二阶段于2025—2030年开展，计划在月球长期驻留。

"阿尔忒弥斯"计划主要组成部分包括：地球－月球运输系统、月球轨道空间站、月球轨道－月球表面运输系统、月球表面系统、月球－火星运输系统、火星表面系统等。目前，美国航空航天局正在推动载人登月相关的系统发展，包括"航天发射系统"、"猎户座"飞船、"门户"地月空间站和商业月球着陆器等。然而，由于"猎户座"飞船存在安全隐患、"星舰"着陆器研制进度滞后等相关技术进展延误导致美国重返月球计划一再延期。美国航空航天局宣布"阿尔忒弥斯2号"载人绕月任务将从2024年底推迟到不早于2025年9月，载人登月的"阿尔忒弥斯3号"则将从2025年末推迟到2026年9月。

3. 不只是登月——背后另有深意

按照美国的说法，"阿尔忒弥斯"计划的目标是重返月球，进而建立一个可持续的月球探索系统，包括一个名为"门户"的月球轨道空间站，以及一个名为"月球表面资产"的月球基地。这些设施将为未来的月球科学研究和商业开发提供支持和便利，也将为进一步探索火星和其他太空目的地奠定基础。然而，有学者指出，其背后隐藏的意图似乎并没有这么简单，"阿尔忒弥斯"计划实质上是美国联合大批重要盟友以抢占探索太空先机，这种做法是否会对国际安全和太空安全造成影响，值得长期关注。

分析认为，美国推出"阿尔忒弥斯"计划和《阿尔忒弥斯协定》的主要目标是加快对地月空间资源的开采，构建以美国为首的"阿耳忒弥斯"同盟，主导国际规则制定话语权，维持和巩固美国在地月空间的主导地位。首先，《阿耳忒弥斯协定》设立"安全区"与确认"外空资源"利用等内容引起广泛争议。协定内容认可了私人公司对月球、火星等资源的开采和利用，并且呼吁在美国航空航天局及其合作伙伴开展活动的场所周围建立"安全区"，该区不应被其他国家干扰。批评者认为，其实质是美国试图通过在月表特定区域内确立政府航天管理机构开展活动和商业公司享有资源的排他性权利，绕开《外空条约》中禁止主权国家对月球和外层空间主权声索的规定[1]。其次，美国并不是孤军奋战，而是与多个国家和机构建立了合作伙伴关系，共同推进"阿尔忒弥斯"计划。截至2024年6月，美国已正式与40余个国家签署《阿尔忒弥斯协定》。该计划和该协定有针对美国认为是"战略竞争对手"的国家的一面。这将破坏外空探索中的国际合作，甚至使国际社会在外空探索和开发领域发生分裂，为美国与其他国家在月球及其他天体发生冲突埋下隐患[2]。而且，《阿尔忒弥斯协定》是美国单方面主导制定的月球探索协议，美国希望通过双边协议的方式，与"太空盟国"确定一套共同原则来管理深空探索和外空资源开发。美国将太空技术作为外交手段和促进国家利益的工具，通过提供或封锁太空技术来巩固其领导地位甚至控制这些盟国，其缔造的美国太空"联盟"则作为美国全球盟友体系从地球向太空新边疆的延续，承担着阻遏太空竞争对手发展、确保美国太空优势的任务[3]。

月球不是法外之地。因此，需要明确的问题是，美国这种通过"小圈子"的方式塑造的地月空间及月球活动秩序是否为履行条约义务，从而保障地月空间及月球活动安全的唯一合理方式？或者说，即便此种方

---

[1] 晨阳：《NASA无奈推迟重返月球　背后原因不简单》，《环球时报》2024年1月12日。
[2] 夏立平、蒋媛萍：《美国外太空战略"阿耳忒弥斯计划"揭秘》，学习俱乐部，2024年3月28日，https://mp.weixin.qq.com/s/ahAI_WdBerV2k7QBK8LwWA。
[3] 张园园、邢雷：《从美盟〈阿尔忒弥斯协定〉等太空政策看国际地月空间霸权争夺》，《国际太空》2024年第2期，第26—30页。

式具有合理性，《阿尔忒弥斯协定》的相关规定是否必然构成未来制定国际条约的基础？非《阿尔忒弥斯协定》签字国在开展同样活动过程中是否同样需要以美国主导的规则为准？这一系列问题对地月空间以及月球活动秩序安全都将构成巨大挑战[1]。

案例：火星移民，是狂想还是理想？

1. 火星——地球的姊妹星

"荧荧火光，离离乱惑。"自古以来，人们对火星就充满了好奇与疑惑。由于火星表面呈红色或者橙黄色，荧光像火，故而古人按照五行中的"火"为其命名。又由于火星在天上的轨迹复杂，令人疑惑，所以古人又称火星为"荧惑"。火星是地球轨道外侧最靠近地球的行星，位于太阳系宜居带，它的自然环境与地球最为相似，火星拥有稀薄的大气层，适宜的太阳辐射，以及丰富的矿物资源，或为人类永久的生存和繁衍提供基本保障。此外，火星的地形地貌与地球相似，包括山脉、峡谷、平原等，这使得火星的探索和开发更具实际意义。人类可以在火星上建立基地，开展科学研究，甚至逐步发展出完整的生态系统。这些特殊的地理环境和资源条件为人类移民火星提供可能性。因此，作为太阳系内结构和环境最接近地球的行星，火星始终是最受关注的行星探测目标[2]。

2. "探火"之路荆棘丛生

想去火星并不容易！"探火"之漫漫长路困难重重。第一，距离遥远。火星和地球之间最近的距离约为 5600 万千米，最远的距离超过 4 亿千米。目前，人类探测器飞往火星耗时大约要 7 个月。由于距离问题，地火之间信号传输时延达到 23 分钟，标准的火星着陆过程持续时间仅 7 分钟左右，这意味着全程的降落过程必须依靠探测器自主完成。第二，窗口难得。根据地火在太阳系的相对运动关系，约 26 个月出现一次从地球发射探测器到火星的机会，这就是所谓的"窗口期"，一旦错过就需

---

[1] 聂明岩：《地月空间安全保障的当代国际法挑战与中国对策》，《南京航空航天大学学报》（社会科学版），2023 年第 3 期，第 86—93 页。

[2] 白青江、时蓬、宋婷婷等：《2023 年空间科学与深空探测热点回眸》，《科技导报》2024 年第 42 卷第 1 期，第 87—98 页。

要再等待两年多。第三，需要强力运载火箭。前往火星，不仅需要摆脱地球引力，还需要摆脱太阳的强大引力，这意味着更强力的运载火箭是探测火星的先决条件。第四，着陆难度大。火星大气密度仅为地球的1%左右，可以利用它对探测器进行减速，但过程中会产生高达2000℃的高温。在降落过程中要隔绝高温，需要配合降落伞、反推发动机减速，实现悬停、避障、降落，而这一过程时间仅有几分钟，难度极大。第五，着陆区域环境恶劣。火星表面沟壑纵横，砂砾遍布，对着陆点的选择和火星车的路径规划提出了更高的要求。由于长期风化，缺乏温室效应又导致火星不同区域气压差很大，进一步导致火星表面风力强劲，经常出现沙尘暴。

虽然"探火"难度巨大，但并未削弱各国前往火星的热情。从20世纪60年代开始，人类便拉开了对火星进行近距离探测的序幕。自1960年"火星1960A"发射以来，已实施了48次探测活动，实现了火星飞越、环绕、着陆、巡视、原位采样及有动力飞行。火星探测科学研究主要集中在火星场、大气成分与气候、地质与矿物学、生命迹象、内部构造及活跃性，21世纪以来几乎每次火星冲日均有探测器飞往火星[①]。但火星探测难度非常之高，目前有能力探测火星的国家屈指可数，苏联（俄罗斯）、美国、欧洲、日本、印度、中国和阿拉伯联合酋长国等共已发射数十艘航天器研究火星表面、地质和气候。这些航天器包括轨道卫星、登陆器和漫游车，但大约有2/3的任务在完成前或刚要开始时就因种种原因而失败。目前，成功登上火星的国家仅有美国、苏联（俄罗斯）和中国。2021年5月15日"天问一号"成功着陆火星，展现出了中国航天强大的实力和领先的技术水平，为人类探索宇宙开辟了新的可能性。

3. 在火星生活，你准备好了吗？

载人火星探测早在阿波罗登月时代就已提出，登陆月球的宇航员奥

---

① 杨孟飞、郑燕红、倪彦硕等：《太阳系内行星探测活动进展与展望》，《中国空间科学技术》2023年第43卷第5期，第1—12页。

尔德林提出了往返地球和火星的循环轨道概念。然而，载人火星探测并没有实质性进展。随着科技的日新月异，人类对于宇宙的渴望愈发强烈。21世纪以来，多个国家提出了载人火星探测计划，意欲将人类的活动疆域扩展至火星。美国航空航天局在2015年10月公布了一份名为《美国航空航天局的火星之旅：开拓太空探索下一步》的人类登陆火星详细计划，声称要在2030年实现宇航员登陆火星，并且在那里生活，最终在地球外建立可持续的人类立足之地。美国的载人火星探测计划，将首先执行机器人先驱任务，并完成火星采样返回，继而结合月球或载人小行星探测任务，完成载人火星探测技术的试验验证，最后完成火星的载人探测任务。在实施载人火星探测前的小行星探测等众多深空探测任务均包含有为载人火星探测所做的技术演练与储备[1]。2023年，美国航空航天局成立了新的月球到火星计划办公室，以开展美国航空航天局在月球和火星上的载人探索活动。

除了美国航空航天局的火星探测计划，美国还有一个更加雄心勃勃的火星计划，那就是SpaceX公司在2016年提出的移民火星计划，目标是人类的多行星居住，特别是在火星上建立一个永久的人类殖民地。SpaceX公司的创始人马斯克表示，人类的未来在火星。他正在将所有资源投入到火星上建造一座城市，他的计划是让100万人生活在一个巨大的太空穹顶下，形成一个乌托邦社会。为此，SpaceX公司正在开发一种名为星际飞船的超重型可重复使用的火箭和飞船，它将能够搭载至少100名乘客和大量的货物，从地球上升到轨道，然后从轨道出发，前往火星或其他目的地。

然而，很多人对火星移民这个概念持怀疑态度，认为这是不切实际的狂想，或许甚至是一种通过炒作概念从而敛财的手段。因为火星环境着实不适合人类居住，如平均温度为-60℃的低温气候、气体量还不到地球上1%的稀薄大气、冻结在极地冰盖中难以利用的水资源、荒凉的

---

[1] 崔平远：《深空探测：空间拓展的战略制高点》，《学术前沿》2017年第3期，第13—18页。

地貌以及经常肆虐的沙尘暴等，这些都会对人类的生存和发展造成巨大的困难和挑战。即使可以顺利前往火星，人类是否需要保护火星环境的原始和纯净，如避免污染、尊重生命、平衡生态、和谐共存等，这些都会对人类的道德和责任带来巨大的考验和要求。

尽管如此，还是有一些人认为，火星移民是人类的理想，是一种敢想和创造的能力，是一种对未来的探索和拓展。因为火星移民并非不可实现，正如前文讲到的，虽然火星和地球的环境有很大的差异，但也有一些相似和优势，是除地球外，最适宜人类居住的行星。尽管面临诸多挑战，但火星移民的前景依然充满希望。随着科技的进步和人类的不断探索，相信未来会有更多的技术手段来解决火星移民所面临的问题。例如，通过研发更加先进的生命支持技术，人类可以在火星上建立稳定的生态系统；利用火星的丰富资源，人类可以开发出可持续的能源供应方式；同时，随着太空探索技术的不断提升，人类有望实现更加高效、安全的火星迁徙。

总之，前往火星，既具有巨大的意义，也面临严峻的挑战。火星移民将促进人类文明的进步和发展，让我们更加深入地了解宇宙的奥秘，它将推动科技领域的创新和发展，为地球上的生活带来诸多便利。同时，火星移民也将促进人类社会的团结和合作，让全人类更加紧密地联系在一起，共同面对未来的挑战和机遇。在这个过程中，人类将不断超越自我，实现人类文明的飞跃式发展。同时，前往火星，充满了不确定性，是人类的一次历史性的探险，也是人类的一次未来性的创造，既需要人类的勇气和智慧，更需要人类的合作和创新。

三、小行星防御是人类维护深空安全的永恒命题

地球时刻笼罩在小行星来袭的恐怖阴霾中。小行星撞击地球会带来剧烈的灾害，当一颗小行星高速冲进地球的大气层时，浓密的大气层会剧烈地冲击和烧灼小行星表面，小行星周围温度可达上万摄氏度，空气被电离形成等离子体，小行星强大的动能会转化成冲击波热辐射和光辐

射能量。如果小行星大小为几十米级，可能会在大气层解体、爆炸，成为流星。而如果小行星大小达到百米以上，甚至千米量级，则可能穿过地球大气层，抵达地球表面，在强烈的冲击下，可能引发地震和海啸。强大的冲击波和地震波会摧毁撞击区内的一切物体，上万摄氏度的高温热辐射会点燃撞击区域的一切可燃物，甚至引发地球气候环境的剧烈变化，造成物种灭绝……

最知名的小行星撞击事件发生在 6500 万年前。一颗直径约 10 千米的小行星撞击了北美墨西哥湾的一处浅海，形成了世界上第三大撞击坑——希克苏鲁伯撞击坑，并最终导致包括恐龙在内的超过全球 70% 的物种灭绝。在人类的历史上，也多次遭遇小行星撞击事件，古今中外均有对小行星撞击地球的记载。《春秋》记载："（鲁僖公）十有六年春，王正月戊申朔，陨石于宋五。"这则陨石目击报告是世界上最早的明确记录陨石的记载，那时人们就认识到陨石降落是一种自然现象。而最早关于陨石导致大规模人员伤亡的记录发生在我国明朝。《寓园杂记》记载："三年二月，陕西庆阳县陨石如雨，大者四五斤，小者二三斤，击死人以万数，一城之人皆窜他所。"[1]

近代也发生过多起小行星撞击事件。1908 年 6 月 30 日，在俄罗斯西伯利亚通古斯河上空发生小行星爆炸，这是近 200 年来地球遭遇的最大规模的撞击事件。据估计，爆炸威力相当于 2000 余万吨 TNT 炸药，约等效于 1000 余颗广岛原子弹。爆炸产生的冲击波造成 2150 余平方千米内的 8000 余万棵树焚毁倒下。2013 年，俄罗斯车里雅宾斯克上空发生了一起神秘爆炸事件，导致了 1000 余人受伤。后来科学家推测，这就是一颗直径大约在 20 米的小行星坠入大气导致的。幸运的是，这一次这颗小行星最终没有变成撞地的大陨石，而是在空中爆炸解体，威力相当于 40 万~50 万吨 TNT 炸药，最后只有一些小碎块掉到了地面上，相当于把撞击威力提前分散了。

近地小行星撞击地球是人类生存发展面临的重大威胁之一。加强近

---

[1] 李明涛：《调皮的小行星》，海燕出版社，2023 年版，第 110—125 页。

地小行星撞击风险应对能力是当前的国际共识。虽然过去数万年来，撞向地球的小行星无一例外因为尺寸太小，没有对地球构成毁灭性打击，人类就此逃过一劫。但未来是否会发生6500万年前的毁灭性事件谁也无法保证，如何化解小行星撞击地球的危险成为全球科学家们关注的焦点。从20世纪开始，世界上多个国家建立了小行星近地威胁观测系统，监测可能威胁人类生存的小行星。然而，只是监测还远远不够，如果有一天，监测到了一颗大到能毁灭地球的小行星真的奔着地球而来，人类该怎么办？于是，人们尝试开展"行星主动防御"。

1995年，联合国首次召开"预防近地天体撞击地球"国际研讨会。2014年，在联合国和平利用外层空间委员会框架下成立国际小行星预警网、空间任务规划咨询小组。2016年，联合国大会将每年的6月30日定为国际小行星日，以引导公众更多了解近地小行星（NEA）对地球的潜在威胁。2009年起，国际宇航科学院、联合国外空司定期举办国际行星防御大会。在政府层面，美国成立了行星防御协调办公室（2016年），发布了《国家近地天体应对战略及行动计划》（2018年），旨在提升近地小行星的发现、跟踪、表征能力并发展近地小行星偏转和摧毁技术，颁布了《近地天体撞击威胁紧急协议报告》（2021年）。美国于2022年9月27日成功实施了人类首次行星防御实验"双小行星重定向测试（DART）"，航天器成功碰撞目标小行星，并改变其原有运行轨道。2023年4月，美国又发布了《近地天体灾害和行星防御国家准备战略与行动计划》，重点强调包括监测预警、建模预测、防御手段、国际合作等未来十年的战略目标。美国航空航天局随后发布了《美国航空航天局行星防御战略和行动计划》，明确美国航空航天局的行星防御战略目标、具体行动和可行的发展路径。2013年，欧洲航天局成立了欧空局行星防御办公室，计划于2024年10月发射"赫拉"任务，重新探测Didymos小行星系统，以研究"双小行星重定向测试"（DART）动能撞击后的效果[1]。此外，德国、英国、俄罗斯、日本等也成立了近地天体

---

[1] 葛平等：《2023年深空探测进展与展望》，《中国航天》2024年第2期，第7—15页。

监测预警防御中心。

保护地球，任重而道远。中国也在积极开展小行星相关研究和防御演示论证，为保护地球和人类安全贡献"中国智慧"和"中国力量"。我国自2020年开始在行星防御领域开展大规模系统性工作，国家航天局2020年牵头进行行星防御国家层面的规划和论证，2021年公开宣布建设近地小行星防御系统，2023年宣布于2030年左右开展我国首次小行星动能撞击演示验证试验。国内相关航天机构、科研院所和高校都开始了行星防御相关研究。可以说，行星防御已成为国家重大安全需求[1]。

案例："猎杀"小行星，美国"双小行星重定向测试"任务分析

双小行星重定向测试，是美国航空航天局"行星防御计划"的一部分。顾名思义，测试涉及两颗小行星，即Dimorphos和Didymos；这两颗小行星是理想的试验对象，因为直径780米的Didymos和直径160米的Dimorphos共同构成了一对双生小行星系统，距离地球约1100万千米，属于近地天体，对地球不构成威胁；而Dimorphos围绕着Didymos公转，轨道相对比较稳定，撞击之后具体轨道改变了多少，比较好精确测量，便于评估撞击效果。

早在2015年，美国航空航天局就开始酝酿发射航天器撞击小行星，使其偏离轨道。在经过多次讨论修改后，美国航空航天局定下了发射航天器去撞击Dimorphos，使它偏离绕Didymos公转轨道的"DART计划"。2021年11月，"猎鹰"火箭携带DART航天器在美国加利福尼亚州升空，奔赴双生小行星Didymos和Dimorphos。经过长达10个月的飞行，DART航天器逼近Dimorphos和Didymos。美国东部时间2022年9月26日19时14分（北京时间9月27日7时14分），全球首次近地天体撞击防御技术试验任务——DART按照计划成功撞击目标小行星。DART携带的立方星、全球多台地面望远镜及天基望远镜对撞击事件进行观测，以了解动能撞击技术在行星防御方面的可用性及撞击产生的各类影响。探

---

[1] 党雷宁、白智勇、石义雷、黄洁：《小行星撞击地球危害评估研究进展》，《力学进展》2024年5月，第1—36页。

测器最终以 6.5 千米/秒的速度撞击了小行星，撞击点距离小行星 Dimorphos 的中心仅有 17 米。美国航空航天局对获得的观测数据进行分析后发现，DART 的撞击改变了 Dimorphos 的轨道周期，使其减少了约 34 分钟，这标志着人类首次成功实施有目的地改变天体的运动，也是首次真实尺度演示小行星偏转技术[①]。这次成功的撞击测试证明，人类现阶段是有能力去防御一定规模的小行星的，不至于在它们撞向地球时束手无策。甚至可以说，这次美国航空航天局双小行星重定向测试任务的成功，标志着人类行星防御体系进入了新纪元。

但同时，也有人担心，小行星防御是双向技术，可以除害，也可以兴利……小行星防御计划对航天技术的驱动力非常大，"双小行星重定向测试"不仅在任务层面验证了动能撞击器技术，还验证了先进的光学导航系统等。此外，"双小行星重定向测试"在推进系统、能源系统以及通信系统方面均试验了创新技术[②]。这些技术既可以用于小行星防御任务，同时也可以作为小行星资源开采手段的支撑，实际上两者所需要的技术基本上是互通的。也就是说，具备小行星防御技术，也就具备了控制太空资源的能力。从这个角度上来讲，小行星防御计划基本上等价于外太空资源的开采计划，如果此技术没有国际法规制度的监管，极易造成外空资源抢夺的混乱局面。

更令人担忧的是，"双小行星重定向测试"任务背后隐藏着巨大军事潜力。首先，该试验验证的技术可以用来进行天基动能反卫试验。从宏观上说，防御小行星撞击地球与防御他方非合作太空目标并无太多本质差别。从微观上说，如果能够对跨越上亿千米以外的小行星进行发现、追踪、监视，并发射航天器抵近、绕飞、撞击、着陆、采样、返回乃至推离和摧毁，那么同样的手段更加可用于距离更近的人造卫星或其他航

---

① 葛平等：《2022 年深空探测进展与展望》，《中国航天》2023 年第 2 期，第 9—18 页。
② 王帅、赵琪、秦阳：《"双小行星重定向测试"任务分析》，《国际太空》2021 年第 12 期，第 4—9 页。

天器上①。而且,"双小行星重定向测试"任务突破了超远程高速撞击制导控制、非合作目标高精度自主导航、暗弱小天体探测识别等关键技术②。有学者认为,这些技术将可形成或支撑强大的天基打击能力和威慑力。

此外,也有人对小行星防御的监管问题质疑。当前,仅有极少数国家拥有实施行星防卫任务的能力,这将使这些国家在行星防御领域具备超强的影响力和话语权,主导小行星防御领域国际规则的制定。同时,小行星防御技术是否会被滥用也是人们担忧的问题。既然人们可以控制小行星的轨道,那么是否会将其作为武器,攻击地球上的某一国家或地区呢?又或者说,当小行星真正来袭时,人类面临"电车悖论"的难题,那么该保护谁舍弃谁?又由谁来决定?这些都是值得我们认真思考的问题。

第四节　对维护深空空间安全的思考

"关乎天文,以察时变;观乎人文,以化成天下。"先哲们早在公元前400多年前就提出了既要仰望星空,洞察天时变化,又要注重伦理道德,教化天下。当前,世界各国深空探测活动日益增多、探测环境趋于复杂、任务难度越来越大,深空安全问题日益凸显。深空安全涵盖了深空内部的环境因素、外部的技术因素以及国际政治因素等,问题复杂性高③,值得我们深入思考,共同努力,推动深空空间安全和可持续发展。

一、加强地月空间可持续发展顶层谋划

近年来,地月空间开发利用已呈现出全球化趋势。世界主要航天国

---

① 兰顺正:《美国举行小行星防御演习,背后隐藏太空作战考量》,澎湃新闻,2019年5月9日,https://baijiahao.baidu.com/s?id=1633049717211701441&wfr=spider&for=pc。
② 李明涛:《主动防御,给地球加点"保险"》,光明网,2022年11月17日,https://m.gmw.cn/baijia/2022-11/17/36165069.html。
③ 吴克、张哲、杨文飞等:《深空安全研究现状与未来发展》,《中国工程科学》2022年第24卷第4期,第240—248页。

家和组织纷纷将地月空间视为战略发展新高地，制订了面向地月空间的探测计划，布局抢占频率、轨位、区域等地月空间核心战略资源。大批新兴商业航天企业也加入地月空间探测行列，围绕月球本身及地月空间的太空探索、产业发展、科技创新等活动显著增加。在此背景下，月球资源商业开发与利用、地月空间频率与轨位使用、地月空间碎片、月球遗产保护、月球自然环境保护等涉及人类共同利益的问题越来越走进现实[1]。尤其是，一些国家通过推出单边措施及发起"小圈子"合作的方式，分别从地月空间军事利用、私人实体对月球及天体资源商业开采、地月空间与月球活动秩序塑造等方面进行布局，或会对地月空间安全造成影响[2]。面对新的发展格局，我国应高度重视地月空间安全，将地月空间安全纳入总体国家安全发展战略，提早部署、统筹规划、把握先机，及早布局地月空间资源开发和利用，加速推进地月空间航天产业发展，尽快开展地月空间基础设施规划，并加快实施系统建设，为地月空间发展提供基础性、通用性的通信、导航、监测等服务，牵引空间技术实现跨越式发展，助推地月空间经济，培育新型支柱产业，打造国际合作平台，为全人类和平利用地月空间贡献力量和智慧[3]。

二、提高对近地小行星防御的重视程度

小行星防御并不是杞人忧天，而是居安思危、未雨绸缪。从天体运行规律来看，小行星撞击地球事件或是必然会发生的，虽然对于当前的人类来讲这是一个小概率事件，但悲剧一旦发生引发的危害将是巨大的，甚至可以将人类文明从地球上抹去。但是，人类对小行星防御的重视程度还远远不够。一些国家虽已率先开展了小行星防御任务，但目前科技

---

[1] 杜辉、杨文奕、高思成、王冀莲：《地月空间全球治理规则框架构成要素研究》，《航天器工程》2024 第 2 期，第 95—102 页。

[2] 聂明岩：《地月空间安全保障的当代国际法挑战与中国对策》，《南京航空航天大学学报》（社会科学版），2023 年第 3 期，第 86—93 页。

[3]《关键机遇期！布局地月空间，是时候了》，中国空间技术研究院，2023 年 3 月 5 日，https://mp.weixin.qq.com/s/JOPuTz2iRbiU1Y11O4SSBA。

水平还无法有效应对小行星撞击威胁。相比之下，一些国家小行星撞击风险应对工作起步较晚，研究工作多为自发、零星、分散，缺乏综合性部署规划和专门的支持渠道，导致基础薄弱、国际贡献率低、国际话语权小；与优势国家的差距呈现拉大趋势，既不利于国家安全，也影响了在面临近地小行星撞击威胁这种攸关全球安危重大事件时的自主决策和主导权[①]。对于我国而言，应提高对小行星防御体系建设的重视程度和投入力度，加强顶层筹划和系统设计，提升相关领域的科学技术水平并形成体系能力。要完善建立地基天基对小行星的监测预警系统，并且要着手组建近地小行星防御系统。还要以开放、包容、合作、引领的姿态参与行星防御国际事务，联合开展近地小行星撞击风险应对工作，与国际社会共商"联防"机制、共享"联测"数据、共建"联援"力量，进而保卫地球生命安全。

三、避免太空军事化染指深空空间

"天下熙熙，皆为利来"。随着深空探测任务的深入开展，深空空间已成为太空资源开发、经济发展和军事行动的新疆域，就像大航海时代一样，谁能够最快走向深空，谁就能够获得在未来发展的先机。而军事实力的强弱，就成为未来划分新资源最有效的衡量标准。深空空间，已经出现军事化的苗头，且或将愈演愈烈。当前，地月空间是各国争先抢占的主要赛道。一些国家正极力推动地月空间的军事利用，努力在地月空间营造有利的军事态势，从而赢得在地月空间的优势地位，这种做法无疑会加剧地月空间军备竞赛和武器化风险，对他国的地月空间安全保障造成严重威胁。然而，太空应该是人类共同的和平领域，而非军事对抗的新前线。国际社会应团结协作共同推动太空安全治理，在增强和实施现有的国际法律框架基础上，结合地月空间等深空空间活动的特

---

① 吴伟仁、龚自正、唐玉华、张品亮：《近地小行星撞击风险应对战略研究》，《中国工程科学》2022年第2期，第140—151页。

殊性，推动制定针对地月空间等深空空间的专用国际规则，以保障太空的和平利用。所有国家应共同遵守太空的和平利用原则，防止太空变成新的军备竞赛场所和冲突地带。同时，为应对深空空间军事化给太空安全造成巨大的挑战与威胁，应从安全上加强包括深空空间在内的太空防御力量和太空态势感知能力建设，构建大太空安全战略体系，避免太空资产的安全陷于危险境地。

四、共谋人类深空探测与开发的未来

随着航天技术的发展，人类探索未知宇宙的渴望越来越强，各航天强国不断拓展探索的边界，以月球为首选，积极构建能力体系、突破关键技术，并不断向火星及更远的深空进发，探测方式亦由飞越探测或环绕探测等为主，演变为飞越、环绕、软着陆与巡视、无人取样返回、行星往返运输及载人登陆等多种方式交叉进行，探测主体日益多元化，探测方式也日益多样化。人类对地外天体的资源开发利用已提上日程，并可能催生地月经济圈、地外天体采矿、太空制造等新兴产业生态，随之而来的安全问题也会越来越复杂化。深空探测与开发是人类共同的事业。习近平总书记创造性地提出人类命运共同体理念，为开启中国深空探测新征程和人类共同的太空活动指明发展方向[1]。人类社会只有在深空探测领域形成统一的、持续的发展格局，在技术上取长补短，合理使用有限的资源，才能够低成本高效率地实现未来更远距离的深空探测活动，引领航天科技创新发展，积极促进人类文明进步。这必将是未来人类深空探测与开发的必然选择。

---

[1] 于登云、马继楠：《中国深空探测进展与展望》，《前瞻科技》2022年第1期，第17—27页。

第五章/临近空间安全

微观地球万物，瞭望遥远深空，人类已经在认知地球和宇宙的道路上越行越远。然而，仰望天空，仅仅距离地表 20~100 千米的空域，却是一片尚未被完全认知、尚未被大规模利用的空间——"临近空间"[1]。临近空间作为"陆、海、空、天"之外的新型物理域，虽独立于传统的航空与航天区域，但鉴于此作为传统"空"与"天"的结合部或过渡区，可将其视为"大太空"的范畴进行讨论。显而易见的是，日益激烈的临近空间竞争态势与临近空间的开发利用在国际法中尚处于空白阶段[2]之间的矛盾，促使人类在经略临近空间伊始不得不前瞻谋划和应对其安全风险。

第一节 临近空间

临近空间（Near Space），由于其特殊重要的开发应用价值而在国际上引起广泛关注。之所以将临近空间纳入"大太空"的范畴，是由其特殊的空间范围以及临近空间飞行器空天一体的运行机理与作用机理，特别是其与航天器或航空器类似甚至在某些方面超越航天器或航空器的独特运用价值等因素所决定的。

---

[1] 甘晓：《地球临近空间探测存在"空间"》，《中国科学报》2017年12月19日，第4版。
[2] 卢玉：《人类命运共同体理念下临近空间的法律地位和制度探析》，《南京航空航天大学学报（社会科学版）》2022年第24卷第3期，第103—108页。

一、空间范围

临近空间，其下面的空域是我们通常称为"天空"的空域，是传统航空器的主要活动空间；其上面的天域是我们平常说的"太空"，是航天器的运行空间，即航天空间。根据国际民用航空组织在第 175 届工作组会议中对临近空间的界定，临近空间是指飞行器高于航空器飞行高度、但没有达到卫星轨道高度的区域[1]。综上，临近空间指介于普通航空器最高飞行高度和卫星最低运行轨道高度之间的区域，一般认为是距地球表面约 20～100 千米的空间，也称"近空间""亚轨道""空天过渡区"或"横断区"等。此外，也有学者将其下限、上限界定为 18 千米、120 千米的高度[2]。

从这个高度范围看，临近空间拥有着大气平流层区域（距地面 20～55 千米的空域）、大气中间层区域（距地面 55～85 千米的空域）和小部分增温层区域（距地面 85～100 千米的空域），纵跨非电离层和电离层（按大气被电离的状态，60 千米以下为非电离层，60～1000 千米为电离层），其绝大部分成分为均质大气（90 千米以下的大气，上面的是非均质大气）。临近空间空气稀薄，风场稳定，温度、风向随高度变化呈现出一定规律，存在臭氧、紫外线、辐射等复杂环境，存在重力波、行星波、大气放电等特殊现象。

其中，临近空间大气密度仅为地表的百分之几至千分之几，空气动力效应和浮力很小，无法支撑飞机等传统航空器飞行。同时，对于卫星等航天器而言，临近空间的大气密度又过大，无法支撑传统航天器的航行。可见，临近空间处在一个很"尴尬"的高度范围，传统的航空器和航天器均无法自由飞行或长时间驻留，这也是人们常说的临近空间"飞

---

[1] 唐克、冯宝龙、谢保军、黄烨：《临近空间飞行器开发利用现状与发展趋势》，《飞航导弹》2012 年第 11 期，第 44—48 页。

[2] 丰松江：《经略临近空间：大国战略竞争的新制高点》，北京：时事出版社，2019 年 6 月版。

机上不去,卫星下不来"的主要原因。长期以来,除火箭偶尔穿越以外,那里一直是人类尚未实质性开发的一片空白空间。但是,随着现代科技特别是航空航天科技的飞速发展,临近空间开始显现出重要的军事应用价值。比如,由于临近空间的位置比卫星所处的外层空间低,相对更容易到达,且与地面更近;同时,它比飞机所处的传统空间更高,在情报收集、侦察监视、通信保障以及对空对地作战等方面更加有利。临近空间平流层大气的垂直运动不明显,以水平风场为主,且不受雨、雪、雾等极端恶劣天气的影响,能见度高,是各种观测类载荷尤其是光学载荷发挥效能的理想场所。所以,从空间范围上看,临近空间应用可弥补人造卫星和传统飞机的缺点,在执行诸多任务时具有得天独厚的优势。

临近空间的巨大潜力引起了一些航天国家的关注,随后临近空间飞行器应运而生。2005 年,美国国防部公布了《2005—2030 年无人机系统路线图》,首次将临近空间飞行器列入无人飞行器系统范畴;同时,美国空军举行的"施里弗-3"太空战演习首次引入了临近空间飞行器的概念。评论认为,临近空间是一块被军方遗漏,如今又跻身军事热点的特殊空间。由于临近空间独特的地理位置和临近空间飞行器具有生存能力强、驻空时间长、响应速度快、效费比高等特点,以及临近空间飞行器既可以避免绝大部分地面攻击,同时也能够有效实施对地攻击和对航天器的打击等优势,许多国家先后对其展开研究。有专家表示,临近空间介于"空"与"天"之间,它的位置非常特殊而且重要[1];临近空间为未来战争开辟了一个新的战场,进一步促进了空天一体化的发展[2]。

此外,从科学认知角度看,临近空间对下与中低层稠密大气之间存在紧密的相互耦合关系,对上则通过电离层接受太阳活动的驱动,又反过来影响低电离层的形态。从 20 世纪中叶起,来自美国、欧洲等国家与地区的大气科学研究者通过发射卫星,对临近空间的成分、密度、电磁

---

[1] 张东江:《试论临近空间的法律地位及法律原则》,《中国军事科学》2011 年第 5 期,第 88—94 页。
[2] 陈聪:《临近空间的性质争议及法律定位》,《学术交流》2015 年第 253 卷第 4 期,第 104—108 页。

和辐射等关键参数开展了研究。近年来，国内研究者则在地球"第三极"青藏高原，利用球载探空仪观测地面至 25 千米高度的臭氧、水汽、气溶胶的垂直分布。有专家表示，目前，相对于其他相邻圈层，我们对这一空间的环境特性和力学特性仍认知不足，还存在诸多待解的科学问题[①]。在大气科学领域，探索临近空间所涉及的不同大气圈层及其相互的耦合过程，被视为重要的科学前沿；在生命科学领域，生命在临近空间的存在、分布及生命形式的改变，则能更新人们对生物圈、生理生化机理等问题的认识。

二、运行机理

临近空间不仅从物理域层面连接着天空和太空，同时也将航空与航天的技术进行深度融合。分析临近空间的运行机理，核心是分析不同类型临近空间飞行器的运行机理与特点。

临近空间飞行器，简称临空器，是指能在临近空间区域内长期飞行并执行侦察、通信、预警、导航及投送、攻击等特定任务的飞行器，有飞艇、气球、高空长航时无人机、远距离滑翔式飞行器、高超声速飞行器等多种形式。根据飞行速度不同，大致可分为低动态临近空间飞行器（马赫数小于 1.0）和高动态临近空间飞行器（马赫数大于 1.0）两大类。从广义上讲，也常将临近空间飞行速度超过 1.2 马赫的各类飞行器统称为超声速临近空间飞行器，将马赫数大于 5.0 的飞行器称为高超声速飞行器。

（一）低动态临近空间飞行器

低动态临近空间飞行器主要包括平流层飞艇、高空气球、太阳能无人机等。它们具有悬空（驻空）时间长、覆盖范围广、载荷能力大、飞行高度高、效费比高、生存能力强（安全性高）、易于更新和维护（准

---

① 甘晓：《地球临近空间探测存在"空间"》，《中国科学报》2017 年 12 月 19 日，第 4 版。

备周期短）等特点。低动态临近空间飞行器主要依靠浮力或升力原理升空，不像卫星升空那样需要进行昂贵而又充满风险的火箭发射；长时间定点悬浮，不存在卫星和飞机掠过后的间歇问题；基本不存在电离层中断通信信号的问题；隐蔽性好，不易被雷达发现。这类飞行器能够携带可见光、红外线、多光谱和超光谱、雷达等信息获取载荷，作为区域信息获取手段，用于提升战场信息感知能力，支援作战行动；又可携带各种电子对抗载荷，实现战场电磁压制和电磁打击，破坏敌方信息系统；还可携带通信及其他能源中继载荷，用于野战应急通信、通信中继及能源中继服务。

其中，临近空间飞艇，或称平流层飞艇，是一种典型的浮空飞行器。主要是利用空气静力学高效稳定漂浮在驻空高度，充分利用临近空间底层20千米高度附近弱风层风速小、太阳能充足等环境特征，通过在外囊体中填充氦气产生的静浮力实现驻空高度"浮重平衡"，配置电推进系统实现小风速、低速抗风机动飞行"动阻平衡"，循环能源系统实现昼夜长航时驻空电力不间断供应的"能源平衡"；同时，满足昼夜循环驻空过程中热辐射环境变化引发的氦气超热导致浮力囊体超压安全闭环，既可保证白天热辐射强烈时大超热超压浮力囊体安全，又可维持夜晚超热降低后的浮力囊体低压成形，使得临近空间飞艇飞行过程兼具"浮空器热力学+飞行器动力学"复杂耦合特征[1]。与平流层飞艇相比，高空气球驻空时间长，但由于没有动力推进系统与飞行控制系统，只能借助所处环境风场自由飞行，导致难以实现对其飞行轨迹的有效控制，难以实现在一定区域的持久驻留。此外，一些专家学者还提出了升浮一体飞行器、多囊体飞艇等新概念临近空间飞行器。升浮一体飞行器是一类既有静浮力又具有动升力的飞行器，其有效综合了浮空器和太阳能无人机的优点。在低空，其可以依靠内部囊体气体产生的浮力实现垂直起降；上升到一定高度后，浮力减小，飞行器利用动升力继续爬升至任务高度，

---

[1] 史智广、杨玉洁、左宗玉：《多囊体临近空间飞艇多要素耦合建模与仿真》，《航空学报》2023年第16期，第28451页。

并保持长时间巡航，可实现长时间区域驻留[1]。多囊体临近空间飞艇，即创新采用"外囊体+多个内部超压囊体"结构，通过内外气囊循环调节，解决平台长航时昼夜循环氦气"超热/超冷"引发的囊体安全压力成形浮力保持的核心关键基础问题[2]。

（二）高动态临近空间飞行器

高动态临近空间飞行器主要包括高超声速巡航飞行器、亚轨道飞行器等。它们具有航速快、航距远、机动能力高、生存能力强、可适载荷种类多等特点，具有远程快速到达、高速精确打击、可重复使用、远程快速投送等优点。该类飞行器既可携带核弹头，替代弹道导弹实施战略威慑；又可选择携带远程精确弹药，作为"撒手锏"手段，快速远程攻击高价值或敏感目标；还可携带信息传感器，作为战略快速侦察手段，对全球重要目标实施快速侦察。高动态临近空间飞行器伴随着高超声速技术发展而出现，主要包括平台和武器两种。平台以空天轰炸机为代表，武器以高超声速导弹为代表，常采取隐身技术等对抗手段，具有极强的突防能力，上可威胁卫星等天基平台，下可攻击空基平台及地面目标，对防空反导体系构成极大挑战。

值得关注的是，作为飞行速度超过5倍声速的高超声速飞行器，既有航空技术的优势，又有航天器不可比拟的优点；既能在大气层内以高超声速进行巡航飞行，又能穿越大气层做再入轨道运行。它所采用的超燃冲压发动机被认为是继螺旋桨和喷气推进之后的第三次动力革命。与传统的亚声速或超声速飞行器相比，该飞行器飞行速度更快、突防能力更强，是未来进入临近空间并控制临近空间的关键支柱。高超声速飞行器主要有以下三个方面的优势：一是飞行速度快。如果军用，2小时内可以打击全球任何目标。二是探测难度大、突防能力强。由于高超声速

---

[1] 柳龙贵、牛会鹏、胡星志等：《临近空间升浮一体飞行器气动优化设计》，《空天技术》2023年第5期，第33—40页。

[2] 史智广、杨玉洁、左宗玉：《多囊体临近空间飞艇多要素耦合建模与仿真》，《航空学报》2023年第16期，第28451页。

飞行器速度快、通过时间短，导致防御雷达累积回波数量较少，从而不易被发现，而且即使被发现，地面防空武器系统也难以实现有效瞄准，因此突防概率极高。三是射程远、威力大。目前正在研究的高超声速导弹，其射程都在几百甚至上千千米以上；另外，根据动能公式 $E = MV^2$（物体的动能与其速度的平方成正比）可知，高超声速飞行器在进行高超声速飞行时，其动能非常大，与传统的亚声速飞行器相比，在同样质量的情况下，威力也将增大很多。

三、运用价值

临近空间，作为"空"和"天"的纽带，从军事上讲，可认为是伴随科学技术的发展在现代战争中开辟出来的一块新"战场"，是陆、海、空、天、电、网等多维一体化"空间"的重要组成部分，是新的战略制高点和国家安全体系的新支撑。临近空间飞行器，不仅能在预警探测、侦察监视、通信保障、电子对抗等方面实现空天地信息的有效中继和衔接[1]，进一步实现信息获取和利用手段的多元化和一体化，明显提高空天地网络信息体系的抗摧毁和抗干扰能力，甚至可直接成为远程精确打击武器，对未来国家安全与作战样式产生重要甚至是颠覆性的影响[2]。

（一）预警探测监视

信息化战争要求武器系统具备实时获取战场动态变化的能力。临近空间飞行器通过搭载先进的预警雷达、激光雷达、电子侦察等设备，可构成临近空间预警探测平台，可全天时、全天候远距离探测、跟踪来袭的各类目标。同时，可与地面预警雷达、空中预警机、卫星等形成空天地一体化预警探测监视体系。有专家提出，可以在重要地区和战略要地

---

[1] 柴文富、赵九振：《临近空间飞行器：空天一体作战的新高地》，《军民智融》2017年10月3日。

[2] 强天林：《临近空间飞行器——空天一体战的"利器"》，《解放军报》2018年3月30日，第11版。

部署临近空间预警飞艇，形成临近空间探测力量带[①]。

（二）通信中继

临近空间飞行器搭载通信设备后，可为地面、海上、低空对象提供宽带高速抗干扰及超视距通信能力，其通信不受地形的限制，从而可扩大有效作战空间。目前，卫星导航、通信信号易受干扰的问题一直是困扰其能力生成和发挥的隐忧。临近空间通信平台能够长时间持续工作，提供比卫星导航通信信号强度更大、保密性更好的信号。采用点波束天线，实现有限区域通信覆盖，不同于卫星通信的广域通信方式，因而具有良好抗干扰性能，可用作高空通信中继平台，执行与视距外用户通信的任务，提高广域通信能力。

（三）电子对抗

临近空间飞行器可扩展为一种高高空、长航时、隐身的电子对抗和干扰平台，协同攻击机、轰炸机、无人机等作战。该系统具有灵活机动、覆盖范围广等特点，具有强大的电子对抗优势，可在各种地理环境下，根据情况选择最佳高空位置对雷达、通信、光电、导航等电子装备广泛实施压制性干扰和欺骗性干扰，降低其工作效能。

（四）精确打击

低动态临近空间飞行器作为武器平台，具有覆盖范围大、不受气候条件限制等特点，可直接装备动能武器、定向能武器等，长时间在某区域上空巡航，一旦需要，就可以从临近空间迅速对地面战略目标实施打击。这种居高临下的突然攻击可极大地压缩预警反应时间，提高突防能力，具有很强的战略威慑作用和实战效能。同时，低动态临近空间平台也在远程拦截多种空天进攻平台方面具有较大潜力。

[①] 蓝江桥：《临近空间预警探测系统建设与应用》，军事科学出版社，2014年版，第86—87页。

高动态临近空间飞行器可构建以下三类快速打击武器飞行平台。一是快速打击时间敏感目标的高超声速临近空间飞行器。主要包括动力巡航、助推－滑翔两大类飞行器，飞行距离几百甚至几千千米，飞行高度在 20~30 千米。未来一段时间内，助推－滑翔式武器将是高超声速快速打击飞行器的重点发展方向。助推－滑翔式武器是一种新型组合导弹，可以同时结合弹道导弹射程远、飞行速度快，以及飞航导弹大升阻比、高机动性等优点，能有效突破导弹防御系统的拦截，完成对远距离目标的精确打击。二是快速到达全球的高超声速临近空间飞行器。飞行距离几千甚至上万千米，飞行高度可超过 30 千米。该类飞行器对技术要求起点更高，将在未来担负快速情报、侦察、监视和攻击等任务。三是以快速进出太空为背景的高超声速临近空间飞行器，简称空天飞行器。其目的是实现飞行器地面自主起飞、进出太空、降落和可重复使用，最终达到快速、廉价进出太空的目的。该类飞行器集航空、航天多种飞行器的多种功能于一身，既能在大气层内做高超声速飞行，又能进入太空轨道运行，具有其他航空、航天器无法比拟的优势，很可能成为未来空天战机的雏形。

总之，无论是低动态还是高动态临近空间飞行器，一旦规模化应用，将集"百家之长"于一身，作为空、天飞行器之间的协作中继，弥补空天一体化的作业缝隙，在侦察、监视、通信中继、远程投送等方面均具有无可比拟的战略价值。同时，也将成为飘浮在飞行禁区的"悬顶之剑"，具有上可制天制空、下可制地制海的战略运用潜力。此外，临近空间飞行器还可替代卫星部分功能，完成各种以前只能靠卫星才能完成的工作，也会为全球经济发展等提供新的增长点，在造福人类福祉方面发挥重大作用。由此不难看出，临近空间对于人类未来的发展有着非常重大的意义，已经成为人类探索和利用"大太空"的下一站。

第二节 临近空间的安全问题

正因为临近空间在民用和军事领域都有着广泛的应用需求和明确的应用场景，临近空间飞行器的开发和应用已经成为各航天大国关注的热点、竞争的焦点，也推动临近空间正在成为未来战略竞争的重要区域。这一趋势下，临近空间必然面临诸如人类在对海洋、太空等领域拓展历程中所遇到的安全问题。

一、临近空间竞争日益激烈

近年来，美国、俄罗斯、英国、德国、日本等不断加大对临近空间飞行器的研发力度，世界范围内临近空间飞行器的发展可以用"异彩纷呈"来形容[①]，而临近空间的国际竞争也可谓"如火如荼"。

（一）临近空间飞艇

在临近空间飞艇方面，有代表性的项目主要有美国的高空哨兵 Hisentinel、高空飞艇 HAA 计划、攀登者计划、传感器/结构一体化 ISIS 平流层监视平台等，旨在满足军方战前快速部署、长时驻空及持久情报、监视和侦察等需求。其中，高空哨兵 Hisentinel 是由美国陆军太空与导弹防御司令部于 1996 年启动的平流层飞艇项目，目标是研制系列化成本低、载重小、快速响应的飞艇平台，主要用于短期应急通信，2010 年在 20 千米高度完成 8 小时飞行试验。高空飞艇 HAA 计划由美国导弹防御局、陆军太空与导弹防御司令部 2003 年启动，目标是长时间驻留在美国大陆边境地区 20 千米高空，监视飞向北美大陆的弹道导弹、巡航导弹等

---

① 李智斌、黄宛宁、张钇、刘晓春、朱殷：《2020 年临近空间科技热点回眸》，《科技导报》2021 年第 1 期，第 54—67 页。

目标，2011年其演示验证艇HALE-D进行首次飞行试验，上升至9.75千米高空时因空气阀门结冰导致排气流量显著降低而无法上升，试验失败。2020年10月，一家名为Sceye的民营公司声称已投资5000多万美元在新墨西哥州开发和完善平流层飞艇并建设基础设施[1]，Sceye公司飞艇同HALE-D的外形酷似，飞艇在20千米左右的平流层中运行。攀登者计划由美国JPA宇航公司于2003年启动，计划在42千米高空建立黑暗空间站作为轨道飞艇的港口，2016年9月在内华达州北部的发射场进行了验证飞行试验。ISIS项目由美国国防部高级研究计划局（DARPA）通过空军研究实验室于2004年发起，旨在通过将大型相控阵雷达天线与飞艇结构一体化设计，降低结构质量，提高任务载荷比，以期长期驻空、区域预警监视、全球和战区持久侦察监视等。此外，法国泰雷兹·阿莱尼亚宇航公司的平流层巴士Stratobus于2014年启动，采用创新囊体结构和能源技术，旨在边境和海上监视、通信、广播、导航等，于2018年10月完成能源系统地面验证试验。2020年1月8日，该公司得到法国国防采购局的订单，利用Stratobus平流层巴士开展情报、监视和侦察应用研究，以满足新的作战需求[2]。

（二）临近空间高空气球

在临近空间高空气球方面，谷歌气球项目可谓"一骑绝尘"。2013年，谷歌公司公布了谷歌气球项目，旨在通过发展基于平流层浮空器的通信网络系统，实现稳定持久的区域覆盖，为互联网连接受限的地区提供快速、稳定且廉价的网络接入服务[3]。在起步阶段，该项目重点开展基于浮空器平台的平流层通信可行性验证，于2013年验证了浮空器平台

---

[1] "Sceye to Build Stratospheric Airships in NM," October 13, 2020, http://border-now.com/sc-eye-to-build-stratospheric-airships-in-nm/.

[2] "Thales Alenia Space and Thales Sign Concept Study Contract With French Defense Procurement Agency for a Stratobus Type Platform," August 1, 2020, https://satelliteprome.com/news/alphabets-loon-launches-balloon-powered-internet-service-in-kenya.

[3] 陈声麒、周萌：《Google Loon高空超压气球网络技术综述》，《西安航空学院学报》2015年第3期，第25—29页。

提供无线网络服务的可行性。此后，项目关注提升气球驻空能力，在制作材料与工艺上进行了大量攻关工作，使得其研制的超压气球在驻空时间上实现了巨大的突破，实现平均驻空时间大于100天，创造最长驻空312天的纪录[①]。2020年，谷歌气球项目开始实施应用，并加入高空平台电台联盟，旨在建立平流层通信生态系统，促进HAPS网络互操作性的标准化，推进高空飞行器的应用。谷歌气球通过大量的飞行试验验证了关键技术。比如，通过主动调控，谷歌气球飞行高度可介于18～24千米的范围[②]。

（三）临近空间长航时无人机

美国、英国、日本、韩国等国家和地区高度重视临近空间长航时无人机的研发与应用探索，以提供侦察、监视、通信中继的新平台。比如，Swift高空太阳能无人机、Sunglider无人机、"西风"无人机、"PHASA－35"无人机等。2020年7月7日，由美国国家航空航天局艾姆斯研究中心支持Swift公司开发的高空太阳能无人机完成了首飞，该无人机翼展22米，总质量不超过82千克，最大载重7千克，目标为在21千米高度留空一个月，旨在提供观测地球的新手段[③]。日本软银公司与美国航空环境公司共同成立的HAPS Mobile公司开发的Sunglider平流层无人机平台，具有78米超大翼展，最多可承载68千克有效载荷，已实现在平流层约19千米高度持续飞行5小时38分钟的试验，经受了风速大于30米/秒、温度降至－73℃等极为苛刻的飞行条件考验，并完成了世界上第一次在平流层通过固定翼无人机高空平台站与地面智能手机之间提供长期演进

---

① "Ternet Balloon Spends Record－breaking 312 Days in the Stratospher," Oct. 29th, 2020, https://newatlas.com/telecommunications/loon－balloon－flight－record－312－days/.

② Friedrich L. S., McDonald A. J., Bodeker G. E., "A Comparison of Loon Balloon Observations and Stratospheric Reanalysis Products," Atmospheric Chemistry and Physics, Vol. 17, 2017, pp. 855－866.

③ NASA, "Nasa Small Business Partnership Prepares Drone for 30 Day Science Flights," Aug. 6th, 2020, https://www.nasa.gov/feature/ames/nasa－smallbusiness－partnership－prepares－drone－for－30－day－science－flights.

（long term evolution，LTE）连续传输约 15 小时的视频通话测试试验，为其最终利用太阳能无人机开展移动通信业务奠定了重要基础①。空客"西风"无人机是世界较为领先的平流层太阳能-电力无人机系统，目前保持着在平流层持续飞行 25 天 23 小时 57 分钟的世界纪录，被称为高空伪卫星②。2020 年 11 月，英国平流层平台有限公司和剑桥咨询公司宣布，计划在海平面以上 20 千米部署一个无人机队③。一架无人机可以取代至少 200 个基站，仅需 60 架远程控制的无人机就能覆盖整个英国。目前，已进行了使用 4GB 语音和数据连接的机载网络首次试验，10MHz 的信道带宽下，2.1GHz 范围内的下载速度为 70 兆比特/秒，上传速度为 20 兆比特/秒。此外，英国 BAE 和棱镜公司正在联合开发持久高空太阳能飞机"PHASA-35"，目标是在 21 千米高度飞行一年，旨在替代卫星执行持久、低成本侦察以及通信网络覆盖等任务④。韩国航空航天研究所也正在开发"EAV-3"太阳能无人机，已完成了最大飞行高度 22 千米的飞行测试⑤。2017 年 6 月，我国彩虹太阳能无人机成功完成 2 万米以上高空飞行试验，这使我国成为继美、英之后，第三个掌握临近空间太阳能无人机技术的国家⑥。

---

① HAPSMobile Inc. ，"HAPSMobile's Sunglider Succeeds in Stratospheric Test Flight，"Oct. 8th，2020，https：//www.hapsmobile.com/en/news/press/2020/20201008_01/.

② 李智斌、黄宛宁、张钊：《2018 年临近空间科学热点回眸》，《科技导报》2019 年第 1 期，第 44—51 页。

③ "World's largest Drone is Set to Transmit 5G Connectivity from the Stratosphere Using an Antenna Capable of Producing 480 Steerable Beams to Blanket the UK with the Network，"Nov. 3rd，2020，https：//www.dailymail.co.uk/sciencetech/article-8911237/Worlds-largest-drone-set-transmit-5G-connectivity-stratosphere-using-antenna.html.

④ BAE Systems．"Ground Breaking Solar Powered Unmanned Aircraft Makes First Flight，"Feb. 17th，2020，https：//www.baesystems.com/en/article/groundbreaking-solar-powered-unmanned-aircraft-makes-first-flight.

⑤ Pixabay．"KARI's UAV Breaks Flight Altitude Record in South Korea，"Sept. 27th，2020，https：//www.intelligentliving.co/amp/karis-uav-flight-altitude-record.

⑥ 新华社记者：《攀上高空 2 万米！我国首个临近空间太阳能无人机试飞成功》，新华视点，2017 年 6 月 14 日。

(四) 高超声速飞行器

二战以后,跨大气层与临近空间飞行的高超声速飞行器技术成为世界各国竞相追逐的目标。经过大半个世纪的探索实践,空间轨道机动飞行器、助推-滑翔再入飞行器和吸气式高超声速飞行器逐渐演变为亚轨道重复使用运载器(Suborbital Reusable Launch Vehicle,SRLV)、高超声速助推-滑翔飞行器(Hypersonic Glide Vehicle,HGV)和高超声速巡航导弹(Hypersonic Cruise Missile,HCM)[1]。自 2001 年以来,美国开展了包括 HCM 和 HGV 多种弹道形式,涵盖海、陆、空多种发射平台的临近空间高超声速飞行器研发和试验项目,如 X-43A、X-51A、HTV-2、AHW、TBG 等,特别是空基快速响应武器(ARRW,AGM-183A 导弹)和海、陆、空三军通用型高超声速滑翔体(Common-Hypersonic Glide Body,C-HGB)试验成功,标志着美国临近空间高超声速武器已经从关键技术演示验证向型号研制转变[2]。2020 年 3 月 20 日,美国进行了C-HGB发射和飞行测试,为其在 2025 年前将战术高超声速武器投入使用奠定了基础[3]。2020 年 8 月 8 日,美国空军 B-52 战略轰炸机进行了挂载 AGM-183A 导弹的测试,验证了该导弹与 B-52 战略轰炸机以及地面遥测系统的数据联动能力[4]。

俄罗斯已实现多型临近空间高超声速武器的列装,已基本形成陆、海、空基多样化发射与远、中、近程多型号搭配的高超声速打击能力。俄罗斯也是目前世界上唯一拥有 3 类高超声速武器的国家:"锆石"高超声速巡航导弹、"匕首"空基滑翔式导弹及"先锋"陆基助推-滑翔式

---

[1] SAYLER K M. "Hypersonic Weapons: Background and Issues for Congress," US: CRS Report, 2019.

[2] Besser H L, Gvge D, Huggins M, et al. "Hypersonic Vehicles: Game Changers for Future Warfare," Japcc Journal, Vol. 24, 2017, pp. 11-27.

[3] 赵良玉,雍恩米,王波兰:《反临近空间高超声速飞行器若干研究进展》,《宇航学报》2020 年第 10 期,第 1239—1247 页。

[4] 《美国空军高超声速导弹准备首次试射》,观察者网,2020 年 8 月 13 日,https://www.guancha.cn/military-affairs/2020_08_13_561301.shtml。

导弹[1]。"锆石"是继"匕首"和"先锋"之后，俄罗斯第 3 类进入试射阶段的高超声速武器，巡航速度 4.0~6.0 马赫，最大速度 8 马赫，采用高空弹道时最大射程 500 千米，陆、海、空 3 种平台均可发射，专门用于打击海面大型舰艇。我国于 2018 年 8 月成功试射飞行速度达 5.5 马赫的"星空 - 2 号"高超声速滑翔飞行器后，在 2019 年 10 月 1 日举行的庆祝中华人民共和国成立 70 周年阅兵式上，向全世界展示了"乘波体"外形的高超声速飞行器 DF - 17，意味着我国已在此领域实现从跟跑到并跑甚至领跑的跨越[2]。

此外，其他国家如澳大利亚、印度、法国等也在积极发展临近空间高超声速飞行器技术[3]。印度"高超声速试验验证飞行器"飞行测试，标志着印度成为继美国、俄罗斯和中国之后第 4 个开发并成功测试高超声速技术的国家。火箭将飞行器送到 30 千米的高度，然后两者脱离，随后飞行器的超燃冲压发动机成功点火，将飞行器加速到了 6 马赫的速度，并最终持续了 20 秒时间，达到了原本的设计预期[4]。日本正在逐步开发和部署高超声速巡航导弹和超高速滑翔弹 2 类防区外高超声速打击武器系统[5]，计划 2024—2028 年间推出 2 类武器的早期型号，21 世纪 30 年代初期实现列装。澳大利亚也正与美国共同开发高超声速巡航导弹[6]。以上种种，正如 2020 年伊始美国人 Richard Stone 在 *Science* 上撰文指出的那样：尽管存在夸张成分和技术障碍，但高超声速军备竞赛正在加速[7]。

---

[1] 丰松江：《美国 VS 俄国防御高超音速武器谁更胜一筹》，中国军网，2020 年 3 月 26 日，http://appapi.81.cn/v3/public/jfjbshare/?itemid=244_159737&type=3。

[2] 赵良玉、雍恩米、王波兰：《反临近空间高超声速飞行器若干研究进展》，《宇航学报》2020 年第 10 期，第 1239—1247 页。

[3] 田宏亮：《临近空间高超声速武器发展趋势》，《航空科学技术》2018 年第 29 卷第 6 期，第 1—6 页。

[4] 《印度宣布高超音速飞行测试成功！速度达到 6 马赫，持续时间 20 秒》，百家号，2020 年 9 月 7 日，https://baijiahao.baidu.com/s?id=1677168794842616112&wfr=spider&for=pc。

[5] 《日本政府发布高超声速武器研发路线图》，腾讯新闻，2020 年 3 月 17 日，https://new.qq.com/omn/20200317/20200317A0EITH00.html。

[6] 《澳大利亚也要搞高超！高调加入美国高超计划》，腾讯新闻，2020 年 12 月 5 日，https://new.qq.com/rain/a/20201204A0205X00。

[7] Stone R. "Need for Speed," Science, Vol. 367, No. 6474, 2020, pp. 134 - 138.

二、临近空间活动缺少国际规则

临近空间竞争既是大国政治、科技乃至军事等领域的竞争，也是国际规则制定权和规则主导权的竞争，更将成为全球安全治理的一个重要领域。临近空间飞行器作为航天技术发展的产物，各国在临近空间具有巨大的军事和经济利益，国家和民营企业在临近空间的竞争也愈加激烈。但国际法对临近空间的规制仍处于灰色阶段，对传统的空气空间法和外层空间法造成了挑战[1]。在临近空间这一概念提出之前，地表之上的空间被分为空气空间与外层空间两类。前者是航空器飞行的场域，作为主权垂直延伸的空间，适用航空法律体系；后者作为全人类共同财产的全球公域，适用外空法律体系。随着航空航天技术的发展，临近空间成为各国竞相探索的战略要地，然其法律地位却无法在航空法抑或外空法之中锚定。

（一）现存的国际空间法不足以规制临近空间

临近空间法律制度的确定与空气空间法、外层空间法具有密切联系。空气空间法和外层空间法这两个分支构成国际空间法律体系。然而，在国际空间法律体系下，立法滞后于技术的发展，对新型的临近空间活动缺乏相应的法律规范。临近空间属于空气空间法和外层空间法的"灰色地带"，没有国际法对临近空间的活动进行规制。如《国际民用航空公约》（通称《芝加哥公约》）规定了国家对领土范围上的领空享有主权，并仅适用于民用航空器。航空器是通过机身与空气的相对运动从而获得空气动力升空飞行，民用航空器的飞行高度一般为距离海平面 18 千米以下的空域。临近空间飞行器的飞行原理与民用航空器完全不同，显然《芝加哥公约》并不适用于临近空间。此外，外层空间法主要适用的范

---

[1] JINYUAN SU. "Near Space as a Sui Generis Zone: A Tri-Layer Approach of Delimitation," Space Policy, No. 2, 2013, pp. 90–92.

围是外层空间。以人造轨道卫星最低近地点划界（距离地表 100 千米）已经被国际航空联合会作为空气空间和外层空间之间的界限①。可见，"外层空间"的概念，只适于依地球离心力飞行的宇宙飞行器或称航天器的飞行，外层空间相关法律等也不适用于临近空间。尽管临近空间还不是一个法律概念，其在现行国际法上尚属空白，但不可忽略的是，临近空间作为介于空气空间和外层空间的特殊区域，其界定必然依赖于空气空间和外层空间概念的明确。事实上，国际社会至今也未能就天空和外空的划界问题达成一项全面协议，临近空间也就更加难以界定了。随着临近空间飞行器的出现以及发展，国际空间法律框架立法的滞后性带来的安全问题必然会日益凸显。

（二）学界对临近空间的法律地位争议不断

临近空间的法律地位也一直是学界关注和争议的焦点。目前学界的观点大致如下：第一，临近空间从属于空气空间，也有部分观点将其视作一种特殊的空气空间②。第二，临近空间从属于外层空间③。第三，临近空间分属于空气空间与外层空间，在空天划界线将其一分为二的情况下，应当分别适用航空法和外空法④。第四，临近空间是区别于空气空间和外层空间的独立空间⑤。其中，两种观点相对具有较大代表性。其一指国家的领空主权仅限于航空器飞行的垂直高度即海平面 18 千米以下。临近空间属于外层空间，受外层空间法调整⑥。临近空间运行的飞

---

① 卢玉：《人类命运共同体理念下临近空间的法律地位和制度探析》，《南京航空航天大学学报（社会科学版）》2022 年第 3 期，第 103—108 页。
② 郑国梁：《关于临近空间的法律定位及应对措施》，《国防》2010 年第 7 期，第 29—31 页。
③ 高国柱：《我国〈航天法〉的调整事项与立法要素研究》，《中国航天》2019 年第 10 期，第 48 页。
④ 张东江：《试论临近空间的法律地位及法律原则》，《中国军事科学》2011 年第 5 期，第 88—94 页。
⑤ 支媛媛，高国柱：《临近空间飞行活动法律制度研究》，《中国航天》2018 年第 3 期，第 62—67 页。
⑥ Dean N. Reinhardt. "The Vertical Limit of State Sovereignty," Journal of Air Law and Commerce, No. 1, 2007, pp. 65 – 137.

行器可以自由航行。国家在临近空间领域方面拥有最大自由①。另一种观点认为，从太空时代开始，就确立了关于国家空间主权的法律制度，而关于自由利用和探索外层空间为例外原则②。鉴于目前的空间法律体系没有规定临近空间，临近空间应默认为属于国家主权管辖的范围③。应当指出的是，这两种观点都有合理之处。目前临近飞行器的用途不再仅限于商业用途。许多国家规划对临近空间军事飞行器的发展，并投入大量的资金研究和开发。有学者认为，航天发达国家在临近空间飞行器的研制方面已经获得了优势，若规定临近空间的法律地位属于外层空间，会损害发展中国家对空域所享有的权利。也有学者认为，各国应将领空与外空之间的这一独立空域，作为一个缓冲区而赋予其下的国家以适当的管制权④。

总之，对临近空间法律地位认识的不统一，也造成许多关于临近空间飞行器的飞行是由国际航空法来调整还是由外层空间法来调整等问题一时难以解决。比如，近年来成为军事科技热点的临近空间飞行器在临近空间飞行，是否侵犯他国领空？他国能否将其视为非法入境的军用飞行器击落？其他航天飞行器也面临这一难题。比如，一国很难保证其飞行器的飞行轨迹完全控制在外层空间和本国领空内。如果一国的航天飞行器在发射或降落的过程中，穿越别国上方的临近空间，是否侵犯别国主权？临近空间的法律地位是临近空间飞行安全监管的逻辑前提，必先厘清其法律属性，才能探讨具体制度的构建。目前，这一现象可能还不是特别严重。但未来临近空间飞行器频繁穿越，往返于国家领空与国际空域一旦成为现实，必会给现有的航空航天法律体

---

① Roy Balleste. "World Apart: The Legal Challenges Of Suborbital Flights in Outer Space," New York University Journal of International Law and Politics, Vol. 49, 2017, pp. 1033–1062.

② Matthew T. King. "Sovereignty's Gray Area: The Delimitation of Air and Space in the Context of Aerospace Vehicles and the Use of Force," Journal of Air Law and Commerce, No. 3, 2016, pp. 377–500.

③ 郑国梁：《关于临近空间的法律定位及应对措施》，《国防》2010 年第 7 期，第 29—31 页。

④ 支媛媛、高国柱：《临近空间飞行活动法律制度研究》，《中国航天》2018 年第 3 期，第 62—67 页。

系带来新的挑战，也会将地面国安全利益和行业发展置于一种微妙、敏感的境地①。这都是各国在经略临近空间这一新的领域时不得不面对的现实安全问题。

第三节　临近空间安全的维护

临近空间飞行器正随着相关技术的不断发展成熟而逐步走向应用。面对临近空间发展可能会对国家空天安全带来的威胁挑战，一些国家已开始积极发展有效的防御拦截技术等，特别是对高超声速武器的防御；一些学者已开始积极探讨从法律与规则制定等方面维护临近空间安全的途径。这已是维护临近空间安全乃至整个空天安全的两个重点。

一、发展临近空间高超声速武器防御能力

作为一种可"改变战争规则"的穿透型"速度隐身"武器，临近空间高超声速武器甚至有望取代核武器成为新的常规快速全球军事打击手段，这使得各军事强国在加速研制自有高超声速飞行器的同时，也在大力研发应对这类飞行器的防御技术和拦截装备②。美国的研究报告曾指出，对高超声速武器防御的最好措施是对等发展本国的高超声速武器。这从另一个侧面说明了反临近空间高超声速飞行器之难，也同时说明了对反临近空间高超声速飞行器相关技术的需求之迫切③④。

---

① 张超汉、胡燰馨：《全球空间安全治理视域下临近空间飞行监管研究》，《太平洋学报》2024年第1期，第1—15页。
② 王鹏飞、罗畅、白炎：《临近空间高超声速飞行器进展及防御策略分析》，《现代防御技术》2021年第6期，第22—27页。
③ 张凯、付婷婷：《掀起高超声速对抗序幕：临近空间预警监视技术》，《军事文摘》2020年8月，第18—20页。
④ 赵良玉、雍恩米、王波兰：《反临近空间高超声速飞行器若干研究进展》，《宇航学报》2020年第10期，第1239—1247页。

为应对高超声速武器的潜在威胁，美国导弹防御局（MDA）在2016财年预算中首次提出"高超声速防御"概念，认为改造现有导弹防御系统是反高超声速武器的有力手段。2018财年，美国导弹防御局首次将"高超声速防御"单列为专项，重点研究高超声速武器预警以及拦截能力，这标志着美军在高超声速防御领域走出重要一步。从最初的概念形成到技术研究，高超声速防御逐渐成为美国军事科技重点发展方向之一。美军计划充分依托现有一体化弹道导弹防御体系与太空国防架构体系的装备要素，以改进升级与新研相结合的方式加速构建美军高超声速武器装备防御体系，并将其融入弹道导弹防御体系与太空国防架构体系的发展建设中，形成一体化防御作战能力。目前，美国正从多个维度推动高超声速防御装备发展，构建天基、空基、地基一体化高超声速防御装备体系[①]。

俄军也高度重视反高超声速武器能力建设。俄罗斯总统普京在2019年5月的一场国防发展问题会议上发表讲话称，俄罗斯必须赶在其他国家拥有高超声速武器前，拥有针对该类武器的防御手段。近年来，俄军多部具备高超声速武器预警能力的集装箱超视距预警雷达、沃罗涅日战略预警雷达等先后投入战备值班，最新研制成功的S-500防空反导系统和59N6-TE机动式雷达也具备一定的反高超声速武器能力。在此基础上，俄罗斯正逐步完善具备拦截高超声速武器的防空反导一体化地空导弹武器系统，以实现与空天进攻武器之间的体系对抗能力，甚至不惜再次抛出核威慑。此外，欧洲方面，在法国的推动下，德国加入了一项欧盟支持的名为"天基战区监视及时预警与拦截"的项目，旨在2030年前后部署一个天基预警传感器网络，并开发一种新的大气层内拦截器，用于应对包括机动中程弹道导弹、高超声速巡航导弹、高超声速滑翔武器、反舰导弹和下一代战机等目标威胁[②]。

[①] 张凯、付婷婷：《掀起高超声速对抗序幕：临近空间预警监视技术》，《军事文摘》2020年8月，第18—20页。

[②] 刘思彤、张占月、刘达、杨帅：《高超声速武器防御装备体系发展及顶层思考》，《世界科技研究与发展》2022年第5期，第618—630页。

纵观美俄等高超声速武器防御体系建设，可以看出，临近空间高超声速武器防御发展的重点主要有以下几个方面。

（一）预警探测

对高超声速武器的探测与跟踪是实现有效防御的前提和基础。高超声速武器的飞行过程可分为 3 个阶段：助推段、巡航/滑翔段和俯冲攻击段，可将其分为 A 区、B 区和 C 区，A 区和 B 区是主要的预警监视阶段，如图 5.1 所示。预警探测临近空间高超声速飞行器，不大可能利用单部装备完成。当前，利用地、海、空、天等多维探测平台对高超声速武器进行组网探测，已被公认为是实现对高超声速武器预警监视的有效途径。

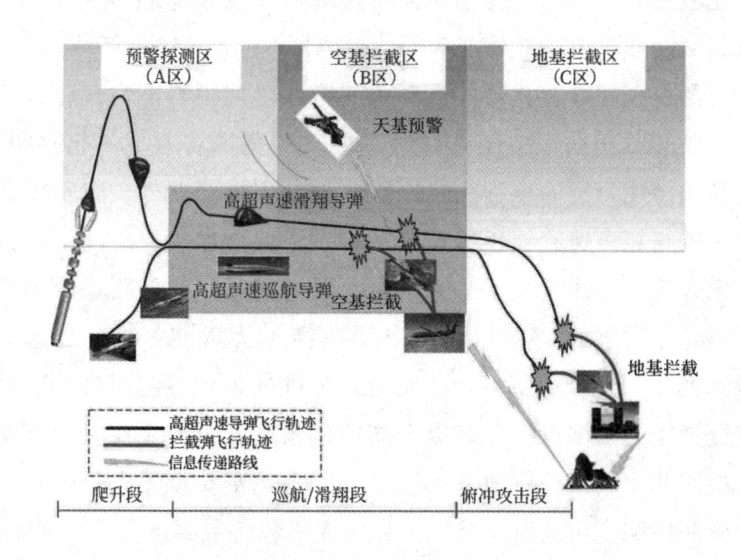

图 5.1　高超声速武器典型作战过程示意图[1]

高超声速武器爬升段是指从助推火箭/运载飞机启动开始，高超声速武器进入临近空间巡航/滑翔阶段为止。发射征候情报是指高超声速武器

---

[1] 张凯、付婷婷：《掀起高超声速对抗序幕：临近空间预警监视技术》，《军事文摘》2020 年 8 月，第 18—20 页。

发射前有关情报，包括助推火箭发射架状态、运载飞机状态以及起飞信息等。获取来源包括人力、信号、雷达以及卫星侦察情报等。发射征候情报侦察是发射阶段探测发现的重要保证。在爬升段，助推火箭喷射高温火焰，具有显著的红外效应。利用高轨卫星搭载的红外预警系统可以较快地确定目标发射区域，从而为巡航/滑翔段连续跟踪提供预警。天基高轨红外预警卫星具有覆盖范围广、全天候工作等优点，是这一阶段探测高超声速目标的关键支撑。例如，美国已经完成了"国防支援计划系统"和"天基红外系统"的部分建设任务，并在2018年启动了下一代"过顶持续红外"预警卫星项目，同时希望在2030年前将完整的"高超声速和弹道导弹跟踪传感器网络"投入使用，用以探测和跟踪高超声速导弹等先进武器。美国"高超声速与弹道导弹跟踪传感器网络"卫星可以与搭载大面阵多波段红外阵焦平面探测器[①]的下一代"持续过顶红外"系统共同覆盖高超声速武器的主动段，增强早期预警能力；还可与太空发展局开发的"国防太空架构-跟踪层"的宽视场卫星一起协同工作，实现对高超声速目标的全程探测跟踪和拦截引导。此外，空基探测系统可有效拓展高超声速武器预警监视范围，大幅增加预警时间。这类系统以高空无人机、平流层飞艇等为平台，通过搭载红外探测系统的方式进行预警探测。美国计划将MQ-9"死神"无人机[②]进行改造，并为MQ-9"死神"无人机等平台研发更为先进的导弹探测跟踪传感器，提升其高分辨能力、多目标跟踪以及高定位精度能力，实现对中高空目标的被动探测和主动跟踪。地基天波超视距雷达主要依靠大气电离层向下反射电磁波探测空中或海面目标。目前在役装备主要包括美国AN/TPS-71、俄罗斯集装箱、澳大利亚JORN等雷达系统。通过改进，可具备对高超声速威胁的探测跟踪能力，为拦截系统提供更充裕的反应时间[③]。

[①] Gruss. M. "Space Fence Development Closely Tied to Upgrade of U. S. Air Force Control Center," Space News, 2014, p. 4.

[②] Keller. J. "Air Force Orders Four MQ-9 Block 5 Unmanned Attack Drones and Mobile Control Stations," Military & Aerospace Electronics, 2019, pp. 36–37.

[③] 熊俊辉、李克勇、刘燚：《临近空间防御技术发展态势及突防策略》，《空天防御》2021年第2期，第82—86页。

巡航/滑翔段是指高超声速武器从进入临近空间稳定平飞到向下攻击阶段为止,是目标最主要的飞行阶段。在巡航/滑翔段,高超声速武器飞行速度极快,弹体会与空气摩擦产生高温,产生较强的红外效应。当红外预警卫星在中低轨道运行时,其定位精度有一定程度的改善,通过星座组网可实现对巡航/滑翔段进行"粗"跟踪。目前在役装备主要包括美国空间跟踪和监视系统(STSS)系列预警卫星。美国在 2019 年《导弹防御评估报告》中提出,今后将推动利用太空的导弹防御方案,谋求通过在太空设置能够全球追踪导弹发射后轨迹的探测装置和陆基探测装置,以应对难以追踪的高超声速武器[1]。与爬升段空基预警手段类似,高空无人机和预警机等平台通过搭载红外/雷达探测系统的方式,可对巡航/滑翔段飞行的高超声速武器进行探测跟踪。红外预警探测定位精度较低,主要用于巡航/滑翔段前期"粗"跟踪;雷达探测范围受空基平台载荷限制,主要用于待目标抵近时进行跟踪。

地(海)基相控阵雷达具有发射功率大、跟踪精度高等特点,是对高超声速武器进行中末段跟踪与拦截的关键装备。受地球曲率遮挡的影响,单部雷达探测距离有限,通过雷达组网的方式可实现中末段连续稳定跟踪。目前在役装备主要有美国铺路爪、眼镜蛇,俄罗斯沃罗涅日战略预警雷达。

总之,只有尽早发现目标才能为防御系统留出足够的响应和作战时间,预警系统和拦截器本身对高超声速目标及时准确地感知是实现临近空间高超声速飞行器防御和拦截的前提,也是首要解决的难题。为适应临近空间复杂环境的要求,高超声速武器预警探测系统需要具备大空域、远距离、低仰角、高精度探测等能力,涉及的关键技术主要包括 3 个方面:凝视探测、太赫兹探测、低仰角目标检测等技术;平流层飞艇、星载雷达等搭载平台技术;集天基、空基、地基和海基传感器于一体,综合红外、雷达等多重覆盖的预警监视传感器组网技术。此外,受地球曲

---

[1] 吴训涛、李玉杰:《对抗临近空间高超声速武器的方法研究》,《舰船电子工程》2021 年第 5 期,第 18—20 页。

率和大气散射特性的影响，传统防空反导系统的地基、海基和空基预警体系通常难以达到防御临近空间高超声速目标所要求的 600～800 千米及以上预警范围，这大大地推动了天基和临近空间红外预警平台的发展[1]。相较于天基红外预警平台，工作于临近空间的高空气球或平流层飞艇可以在有效工作范围内获得更准确更及时的探测信息，并可以达到长时间监视重点区域的目的，也因此受到了各军事强国的重点研究并逐渐进入实用。有学者提出，通过部署在 20 千米高度的浮空飞艇组网对临近空间高超声速飞行器进行探测的方案，9 艘飞艇即可实现对 7000 千米 × 7000 千米正方形区域 95% 左右的覆盖率[2]。

（二）轨迹跟踪预测

对临近空间高超声速飞行器飞行轨迹的准确跟踪和有效预测是实现拦截攻击的基础和难点。一方面，临近空间高超声速飞行器通常采用高升阻比的气动外形，飞行速度之快甚至超出了雷达数据处理波门，且会在其表面形成等离子体鞘套，导致难以连续捕获，更难以实现连续、稳定跟踪。另一方面，临近空间高超声速飞行器还通常采用非惯性弹道，部分临近空间飞行器甚至采用跳跃弹道。以高超声速滑翔飞行器为例，除了横向机动之外，纵向飞行主要包括钱学森弹道和桑格尔弹道两种典型形式，前者表现为几乎没有波动的平坦滑翔弹道，故也称为拟平衡滑翔弹道；后者则表现为波动幅度逐渐减小的跳跃滑翔弹道。对于以超燃冲压发动机作为动力的高超声速巡航飞行器来说，无疑将可以实现更为复杂的飞行轨迹，这进一步增加了目标追踪和准确预测轨迹的难度[3]。

高超声速目标的轨迹跟踪必须以高超声速飞行器的有效探测为基础。

---

[1] 赵良玉、雍恩米、王波兰：《反临近空间高超声速飞行器若干研究进展》，《宇航学报》2020 年第 10 期，第 1239—1247 页。

[2] 杨虹、张雅声、丁文哲：《探测临近空间高声速目标的飞艇组网方法研究》，《现代防御技术》2017 年第 2 期，第 40—48 页。

[3] Zhou H, Ding Z J, Fan X H. Impact of Near Space Maneuvering to Detection Capability of Radar. 2018 IEEE CSAA Guidance, Navigation and Control Conference, Xiamen, China, August 10 – 12, 2018.

如何建立符合临近空间高超声速飞行器运动特性的数学模型和如何通过有效的滤波跟踪算法来自适应调整测量和状态误差，是实现稳定跟踪的关键问题。有专家指出，从临近空间高超声速目标的运动特性、电磁特性和红外特性出发，对于现有的天基、海基、地基传感器来说，实现临近空间高超声速飞行器的精准探测和全程持续跟踪极其困难，需要合理部署并调度多源异构传感器，尤其需要解决存在多种不确定因素情况下的多传感器频繁交接问题[1]。针对高超声速目标在经纬方向呈现高超声速运动、在高度方向做滑翔跳跃的特点，业内进行了一系列研究，提出了经度－纬度－高度坐标系下的三维投影跟踪算法[2]、基于时间－径向距离量测数据 Hough 变换及速度和航向等多条件约束的检测前跟踪算法[3]等，以提高杂波环境中高机动频率运动下的可靠跟踪。在飞行轨迹或弹道预测方面，目前国内外的研究重点主要包括基于弹道规划设计的弹道预测方法、基于滤波理论的弹道预测方法和基于几何理论的弹道预测方法等[4][5]。比如，针对高超声速滑翔飞行器飞行过程中难以回避的未知机动问题，提出了一种基于意图推断的贝叶斯轨迹预测方法[6]，结合飞行意图合理构造代价函数，在假定高超声速滑翔飞行器攻击目标已知的情况下，可提高目标机动不确定条件下的轨迹预测精度。

（三）拦截攻击

拦截攻击是防御高超声速武器最后也是最重要的一环，拦截策略和

---

[1] 邢清华、高嘉乐：《反临作战天海地一体化传感器资源调度的挑战与思考》，《航空兵器》2020 年第 27 卷第 1 期，第 1—8 页。

[2] 张翔宇、王国宏、张静：《临近空间高超声速助推－滑翔式轨迹目标跟踪》，《宇航学报》2015 年第 10 期，第 1125—1132 页。

[3] 李林、王国宏、于洪波：《一种临近空间高超声速目标检测前跟踪算法》，《宇航学报》2017 年第 4 期，第 420—427 页。

[4] 韩春耀、熊家军：《高超声速飞行器弹道预测方法研究》，《飞航导弹》2016 年第 2 期，第 24—27 页。

[5] 李广华、张洪波、汤国建：《高超声速滑翔飞行器典型弹道特性分析》，《宇航学报》2015 年第 4 期，第 397—403 页。

[6] 张凯、熊家军、李凡：《基于意图推断的高超声速滑翔目标贝叶斯轨迹预测》，《宇航学报》2018 年第 11 期，第 1258—1248 页。

攻击方式是防御和拦截临近空间高超声速飞行器的工作终端，在整个作战任务流程中起着决定成败的作用。为解决现有拦截武器系统"来不及""抓不住"高超声速武器等问题，目前国内外研究人员关注比较多的拦截攻击方式主要分为两类：一是传统防空反导系统的物理杀伤模式，但发射阵地已不再局限于传统的地基和海基平台，而是逐渐扩展至空基、天基甚至是临近空间平台。二是采用以高能激光和高功率微波为主的新型定向能武器进行非接触杀伤，发射阵地也同样包括地基、海基、空基、天基和临近空间等平台。

在物理攻击方面，针对临近空间高超声速导弹的地基拦截策略，有学者从拦截时间、拦截空间以及拦截物质三个方面建立了定量的可行性数学模型，并根据实际情况进行了定性分析[1]。有学者从巡航阶段直接碰撞杀伤高超声速飞行器的角度，采用多学科优化方法设计了一种拦截器，可以防御在 36~43 千米以 12~15 马赫飞行的高超声速滑翔飞行器[2]。有学者建议借鉴以空基反导为突破口的理念，通过低成本设计方案开展演示验证[3]。针对空基反高超声武器缺乏清晰目标装备和成熟作战模式的问题，有学者建立了空基反高超声速武器的顶层作战概念和作战规则模型，随后在充分利用自主协同决策、网络化瞄准、信息超视距传输等集群能力的基础上，提出了一种可分散部署以控制广域空间的无人机群反高超声速目标的策略[4][5]。有学者提出一种使用高超声速再入飞行器进行拦截临近空间高速机动目标的策略，可实现"由上打下""发

---

[1] 张海林、周林、郑铌：《地基拦截临近空间高超声速导弹可行性分析》，《装甲兵工程学报》2015 年第 5 期，第 49—54 页。

[2] Peace J T, Pulimidi R R, Umapathy N K, et al. "Mid‒tier Defense Against Hypersonic Glide Vehicles During Cruise." 22nd AIAA International Space Planes and Hypersonics Systems and Technologies Conference, Orlando, FL, USA, September 17‒19, 2018.

[3] 许惠丽、李军显：《临近空间高超声速飞行器防御技术研究》，《飞航导弹》2014 年第 5 期，第 43—47 页。

[4] 肖吉阳、杨建军：《基于结构体系建模的空基反高超作战时序研究》，《军事运筹与系统工程》2015 年第 29 卷第 3 期，第 20—24 页。

[5] 肖吉阳、康伟杰、陈文圣：《无人机集群反高超声速武器作战概念设计》，《飞航导弹》2018 年第 10 期，第 18—23 页。

现即拦截"和"跟踪打击"的探测打击一体化效果[1]。有学者提出了一种基于天基平台反临近空间高超声速飞行器的快速响应策略，可通过具备快速响应能力的分布式天基武器平台由上而下攻击临近空间目标[2]。有学者提出了一种通过临近空间平台攻击临近空间高超声速飞行器的方案，当防御系统探测到目标后，由截击机快速搭载拦截器至30千米左右的临近空间，采用固体火箭发动机发射并从前向撞击目标[3]。除学术研究外，近期方法是发展高精度和灵敏度的制导技术以及快速响应控制技术，在现有导弹防御系统中的高超声速导弹的基础上，增加其精度、速度和机动能力，以满足拦截高超声速武器的要求。目前美国正在发展高超声速防御武器系统（HDWS），2019年9月，美国导弹防御局授予洛马公司"女武神－高超声速防御末段拦截弹""标枪－高超声速防御武器系统"方案的合同。

在非接触攻击方面，针对现有防空反导体系在跟踪、制导及机动性等方面的不足，有学者提出了一种采用激光技术拦截高超声速武器的设想，并对该设想涉及的关键技术和实现途径进行了论证[4]。美军也提出通过配属150千瓦级高能激光武器的无人机进行空中巡逻，并打击来袭弹道导弹或高超声速滑翔导弹的防御方案。由于高功率微波武器可利用电磁能破坏或干扰飞行器传感器、制导系统或其他电子系统，美国、俄罗斯等国家正不断发展此类武器，并将其作为对付高超声速巡航导弹、无人机蜂群或其他威胁的一种候选手段[5]。有学者提出，通过干扰入侵高超声速飞行器的通信或导航信号，进而篡改航迹、落地任务指令或干

---

[1] 刘晓慧、聂万胜：《反临近空间高速机动目标策略研究》，《兵器装备工程学报》2017年第38卷第1期，第75—78页。

[2] 赵良玉、贺亮：《天基快速响应体系概念研究》，《航天器工程》2013年第2期，第21—26页。

[3] 戴静、程建、郭锐：《临近空间高超声速武器防御及关键技术研究》，《装备指挥技术学院学报》2010年第3期。

[4] 于滨、赵英俊、安蓓：《采用激光拦截技术的高超声速武器防御系统关键技术研究》，《飞航导弹》2012年第9期，第48—51页。

[5] 宋怡然、林旭斌、武坤琳：《大国竞争战略下美国精确打击武器发展分析》，《战术导弹技术》2020年第2期，第105—109页。

扰卫星导航信息，使其偏离预定航迹从而达到无损防御方的目的，尽管在有效时间内突破敌方通信导航网络中的安全防护并成功引导至预设区域是一大难题，但仍不失为一种防御临近空间高超声速飞行器的候选方式[1]。除学术研究外，美国海军提出了在卫星上搭载激光武器等从太空拦截导弹的构想。同时，美国国防部高级研究计划局正在推动探索拦截高超声速武器等防御方法的"滑翔破坏者"项目[2]。美国还在部署"天基杀伤评估"系统[3]，以用于拦截效果评估，辅助二次拦截决策。此外，考虑在对抗临近空间高超声速飞行器方面电子战手段相对于动能武器具有其固有的优势，俄罗斯正在研制一种新型无线电电子战系统，用于对抗高超声速武器。该电子战系统主要干扰途径是压制高超声速武器飞行末段的光电、雷达制导和卫星导航功能，使其无法瞄准目标。该新型电子战系统将作为俄现有防空系统的补充，用于保护战略核力量的指挥中心、发射装置，以及工程、机场和交通枢纽等重要军用和民用设施。

二、探讨临近空间法律与规则约束途径

学界对临近空间法律地位的意见莫衷一是，但各国已经将战略目光聚焦于这片处女地。亚轨道飞行器、平流层飞艇、高超声速飞行器以及"超高空、长航时"无人机等新型技术发展如井喷式涌现，这使得临近空间从空间探索的过境区域逐渐转变为特定飞行器的活动区域和操作区域，对现有航空法律制度和外空法律制度提出了新的要求。临近空间作为全球空间安全治理视域下的焦点领域，兼具国家安全利益与科技战略价值，一些学者着眼临近空间飞行监管的现实性、必要性和紧迫性，积极探讨构建符合国家利益的临近空间飞行监管规则，积极推动超国家性

---

[1] 刘重阳、江晶、李佳炜：《高超声速滑翔飞行器防御方法分析与展望》，《飞航导弹》2019年第4期，第42—47页。

[2] Office of the Secretary of Defense. "2019 Missile Defense Review," United States of America: Department of Defense, 2019.

[3] Wasserbly D. "Space-based Kill Assessment Programme Launches Ahead," Jane's International Defense Review, 2019, 52 (5), p. 6.

的临近空间协调监管体系的形成,主要有如下理念。

(一)"专属经济区"理念

有学者提出,国际社会应积极制定临近空间法律制度。首先,应把临近空间这一学术概念规定为法律概念,并赋予临近空间专属商业空域的地位。其次,临近空间是新发展的空间领域,很多国际习惯和一般法律原则尚未形成,由各国缔结国际条约是构建临近空间国际法律制度的最佳路径。面对新型战略空间大国竞争博弈加剧之态势,国际规则应以人类命运共同体理念来引领临近空间和外层空间的良性竞争与合作。因此,在缔结临近空间国际条约时,人类命运共同体理念可以作为条约的指导原则。最后,我国应把握机遇,为制定临近空间国际立法提供中国方案,承担一个大国应负的责任和使命。同时,为了保护我国在临近空间的利益,也应对临近空间制定国内法,以更好地监管临近空间飞行器的飞行[①]。

(二)"国际监管"理念

有学者提出,从全球空间安全治理的视角来看,欲破解临近空间飞行活动的监管困局,长远之计在于达成专门的国际临近空间监管协定。但实现这一长久之计目前仍有诸多滞碍,故现下的突破点在于完善国内法和最大程度地协调各国立法。在临近空间立法进程中,需要航天大国和国际组织共同承担监管主体义务,积极探索"应急之策",如拓展《国际民用航空公约》对航空器的定义,探索超国家性的合作关系,在临近空间无害通过方面达成互惠协议等。我国应当承担起对本国临近空间飞行器进行监管的责任,制定独立的登记公示规则,授权专门机关负责临近空间飞行器的登记工作,以条例、程序的形式使私营主体准入标准具体化、透明化,明确有权机关的权力清单和责任清单,以公权力的介入规范行业发展。同时也需积极促成政府部门与私营实体之间的合作

---

① 卢玉:《人类命运共同体理念下临近空间的法律地位和制度探析》,《南京航空航天大学学报(社会科学版)》2022年第3期,第103—108页。

伙伴关系，以私营企业的活力为行业的蓬勃发展赋能①，进而为临近空间国际监管提供中国智慧、中国方案奠定基础。

（三）"无害通过"理念

有学者认为，在临近空间领域，最核心的利益冲突是相关国的飞行需要与地面国的安全需要之间的冲突。临近空间飞行器飞临地面国上空，可对地面国进行情报收集、侦察监视，甚至可以直接实施攻击。因此，临近空间的法律定位关键在于协调正当飞行需要与国家安全需要之间的冲突。在当前的空间物体发射实践中，当发射物尚未到达外层空间而通过他国领空以及发射物在返回地球前通过他国领空的行为，实际上就是穿越了他国的临近空间。对这一行为并无国家提出抗议，相关国家默认了飞行器穿越本国上部临近空间的权利。因此，对临近空间设立无害通过制度是具有一定的实践基础的。无害通过首先应该是无害的，不能对地面国进行情报收集、侦察监视等军事活动，也不能损害地面国的和平、安全与良好秩序。同时，无害通过应是继续不停地迅速通过，不可长期悬停于他国上空。当然，地面国拥有主权，不能因无害通过权而推定地面国永远地放弃对他国在其空气空间进行太空活动的抗议权。赋予发射国无害通过他国临近空间的权利，更符合目前的空间控制能力和空间法制的发展现状②。

（四）"专门立法"理念

有学者提出，应当进行临近空间专门立法，对临近空间的开发利用提出四个具体原则。第一，和平利用临近空间原则。各国有权自由探索临近空间，但禁止将临近空间用于任何军事目的，只要别国基于一国临近空间的使用感受到现实存在且情况紧迫的威胁，就应当认定一国违反

---

① 张超汉、胡嫚馨：《全球空间安全治理视域下临近空间飞行监管研究》，《太平洋学报》2024年第1期，第1—15页。

② 陈聪：《临近空间的性质争议及法律定位》，《学术交流》2015年第4期，第104—108页。

了临近空间和平利用原则,进而对一国的相关临近空间活动加以制止。第二,临近空间利益分享原则。各国不得将临近空间占为己有,鼓励将开发成果进行共享,确保临近空间的开发是为所有国家谋福利;开发探索别国领土上方临近空间时,应当将成果与别国共享,以实现共同利益。第三,临近空间的严格责任原则。临近空间的责任主体是损害发生时对临近空间飞行器真正控制的国家,临近空间应采取严格责任原则,但可以根据不同情况适用免责条款:当对地面和空气空间飞行器造成损害、对外层空间飞行器造成损害的时候,仅能够谨慎地适用相应条款;当对临近空间飞行器造成损害时,可以较为充分地适用相应条款。第四,临近空间的监督管理原则。国际临近空间组织和各国临近空间主管部门为监督管理主体,临近空间物体的发射国或转移登记国负有监管义务;监督管理主体应当对临近空间物体的组成部分以及临近空间物体的发射载器及其零件实施监管等。

第四节 对维护临近空间安全的思考

空间技术日新月异的发展让临近空间变得日益重要。面对日益严峻的临近空间竞争态势,应抢抓机遇,多措并举,强化战略引领,加快技术装备研发,构建临近空间平台体系,加快典型场景应用与法律制度研究,为维护临近空间安全与发展利益奠定坚实基础。

一、尽快确立临近空间发展战略

目前,外层空间发展缺乏统一明确的战略指导,严重影响了外层空间以及临近空间力量的快速高效发展。尽快确立外层空间与临近空间安全与发展战略已成为当前国家安全发展面临的紧迫任务。既要善于总结和继承以往经验与传统,更要面向未来,转变思想,大胆创新,采取超常举措,从追踪模仿前沿向抢占新的制高点转变,加快推动临近空间发展运用质的飞跃。

二、加紧临近空间相关技术装备研发

临近空间飞行器是现代诸多学科和高新技术成果集成的平台，包括总体设计技术、能源技术、推进技术、飞行控制技术、蒙皮技术、环控技术等，既涵盖飞行器本身的气动、弹道、推进、材料、热防护等技术，也囊括了飞行器在应用部署中涉及的预警探测技术、数据传输技术等。临近空间快速打击武器等已成为航空航天技术的制高点。尽快突破临近空间多类型装备研制的关键技术，构建合理的临近空间运用与安全防御装备体系，是当前临近空间装备发展的重点。

三、加快构建低动态临近空间飞行平台体系

低动态临近空间飞行器可作为天地一体化网络信息平台，是夺取信息优势的倍增器。特别是在未来信息化战争中，低动态临近空间飞行平台通过与航空器和航天器有机协同，可以实现空天一体的作战体系，极大地提高现有空天和区域作战能力。应该结合国情、立足实际、积极应对，在现有技术研究基础上，加强临近空间飞行器作战运用研究，为抢占未来联合作战临近空间博弈主动权奠定坚实基础。

四、积极开展高动态临近空间飞行器研究

临近空间武器，特别是高超声速武器的产生，必将使未来空袭方式发生根本性变化。可以预见，在未来空天一体化作战中，高动态临近空间武器将成为大国快速实施打击和战略威慑的重要手段。针对这一现实需求，应大力加强临近空间装备体系的运用研究，抢占临近空间领域制高点。必须注重和加强基础理论研究，坚持分步实施的原则，遵循从关键技术攻关，到演示验证飞行，再到中间成果应用、工程化形成装备的

发展途径，不断推进高超声速技术的发展与应用。

五、前瞻形成临近空间高超声速武器防御能力

审视现有防御系统在应对高超声速武器时的不足，未雨绸缪地考虑临近空间高超声速飞行器的防御需求，改进现有预警、追踪、拦截系统，同时积极发展新的拦截武器和拦截策略。整合部署天基、空基、海基、陆基等探测系统，形成相辅相成的高广度、高深度的一体化预警探测系统。发展高精度、高灵敏性跟踪预警传感器，提升跟踪预警传感器目标远距离的战场感知和快速准确的反应能力，以满足拦截高超声速武器的要求。研制高能激光武器、定向能武器等新型拦截武器，开发电子战等新型拦截思路[1]。

六、加快推进临近空间法律制度研究

临近空间这一新型竞争领域，若参与临近空间国际规则制定与主导权不足的状况得不到改善，可能会造成未来在临近空间发展国际博弈中的被动性增大，从而滞缓临近空间的进程[2]。当前，在临近空间立法策略上，应进一步加强对临近空间法律相关问题的深化研究，重点解决临近空间正当飞行需求与客观安全需要之间的冲突问题，倡导设立临近空间的无害通过制度，并坚持赋予临近空间利益兼顾、和平利用、环境保护、国际合作等法律原则。鉴于美俄等在临近空间领域技术的快速成熟和进入应用，也应积极推进临近空间技术研究，制订科学全面的临近空间开发利用规划，不断增强技术等综合实力，为后续推动临近空间国际法规则制定增加博弈砝码。

---

[1] 吴训涛、李玉杰：《对抗临近空间高超声速武器的方法研究》，《舰船电子工程》2021年第5期，第18—20页。
[2] 丰松江：《经略临近空间：大国战略竞争的新制高点》，时事出版社，2019年6月版，第94页。

第六章／太空网络与电磁频谱安全

太空网络与电磁频谱安全，简称太空网电安全。太空与网电空间相互交织渗透①，正面临着日益严重的网络与电磁频谱安全问题。太空领域网络化、信息化的发展，使得太空系统的设计和运行越来越依赖网络空间与电磁频谱空间，特别是太空与地面系统间的指挥、控制和信息传输等，致使太空系统中无形的能量和信息流动不可避免地面临网电安全威胁②③。未来，太空及其相关领域存在的网电安全隐患将会成为国家、地区乃至国际安全问题。因此，经略太空，维护太空安全，必须高度关注太空网电安全风险以及如何应对等问题。

第一节 太空网络空间与电磁频谱空间

在太空中，存在着一个与我们熟悉的地面网络大相径庭的虚拟世界——太空网络空间。这个空间以其独特的动态网络结构和复杂的物理环境，展现出了与地面网络系统截然不同的特性。同时，在浩瀚的宇宙中，无数个高速飞行的航天器之间以及航天器与陆、海、空等平台之间，

---

① 邓招、张晓玉：《太空中的网络安全问题》，《网络空间安全》2017年第10—11期，第1—6页。

② 陈世杰：《天基信息网络安全体系架构研究》，《通信技术》2017年第7期，第1499—1505页。

③ 张婷婷、苏晓瑞、韦荻山等：《国外太空网络安全形势分析与启示》，《指挥信息系统与技术》2024年第2期，第13—19页。

通过基于太空电磁频谱空间的无线通信技术相互连接，又形成一个更加庞大的网络体系。可见，太空中的网络空间与电磁频谱空间就像太空中以及天地之间的"隐形桥梁"，使它们能够相互通信、交换信息。也正因如此，太空网络空间与电磁频谱空间在卫星通信、导航和遥感等关键空间活动中的作用价值更加凸显。维护太空网络空间与电磁频谱空间安全，可首先从了解其基本概念与特点规律入手。

一、太空网络空间

太空网络空间，这个听起来像科幻小说中的概念，其实已经真真切切地成了我们生活中的一部分。网络与太空已进入无缝隙整合期，两者紧密相连、相互依赖又相互促进[1]。太空系统是一个复杂的信息技术系统[2]。太空中的卫星就像一个个高悬在太空中的巨大路由器或计算机，它们不仅帮助我们导航、通信，甚至还能让我们在偏远地区也能享受到高速的互联网等服务。这些卫星组成的网络，犹如一张覆盖全球的"大网"，将世界各地连接在一起。

目前在学术界和产业界对于太空网络空间还未形成明确的概念，对太空网络空间的主流认识是以空间平台（如地球同步卫星、中低轨卫星、平流层气球等）为载体，结合地面网络节点，完成空间信息的获取、预处理、传输、再处理等任务的网络化系统，如图 6.1 所示为太空网络空间体系示意图。

一般来说，太空系统由空间段、用户段和控制段三部分组成。其中，空间段主要包括卫星平台和卫星有效载荷，共同为用户提供通信、导航、遥感等卫星服务；用户段由各种类型用户站构成，可分为固定用户站和移动用户站等，用户站与卫星建立用户链路，使用导航、通信等各种卫星服

---

[1] 吴流丽、廖建华、黄河等：《美太空领域网络安全能力建设研究》，《通信技术》2022 年第 11 期，第 1464—1470 页。

[2] ［德］卡伊－乌维·施罗格等编著：《太空安全指南》（上册），杨乐平、王国语、徐能武译，北京：国防工业出版社，2019 年 8 月版，第 144 页。

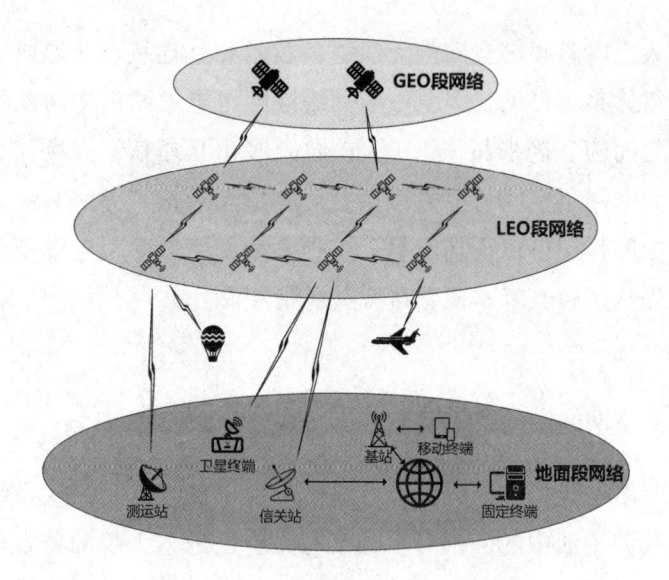

图 6.1　太空网络空间体系示意图

务；控制段包含卫星测控中心、各类测控站以及运维管控中心等，主要负责对卫星平台及整个系统进行位置、姿态、星历表等的管理、调度与控制，是整个系统的控制中枢。根据美国战略与国际研究中心的定义，太空系统网络攻击的目标是数据本身以及使用、传输和控制数据流的系统[①]。

在太空网络空间中，天基信息网络是地面信息网络向太空的延伸和扩展，它是随着航天技术、通信技术和网络技术的发展而成长起来的[②]。天基信息网络以卫星通信技术为基础，与地面信息网络相比，具有覆盖范围广、抗毁能力强等优势，可以接入地面通信无法或难以接入的终端用户[③]。天基网络的构建主要依赖于卫星星座，包括高轨、中轨和低轨卫星，如图 6.1 所示的 GEO 段网络和 LEO 段网络。这些卫星通过星间链

---

① HARRISON T, JOHSON K, YOUNG M, et al. Space threat Assessment 2022 [R/OL]. (2022 – 04 – 04) [2022 – 04 – 25]. https://csis – website – prod. s3. amazonaws. com/s3fs – public/publication/220404_Harrison_SpaceThreat Assessment 2022. pdf? K4A9o_D9NmYG2Gv98PxNigLxS4oYpHRa.

② 易克初、李怡、孙晨华等：《卫星通信的近期发展与前景展望》，《通信学报》2015 年第 6 期，第 161—176 页。

③ 孙晨华：《天基传输网络和天地一体化信息网络发展现状与问题思考》，《无线电工程》2017 年第 1 期，第 1—6 页。

路和星地链路相互连接，构筑起一个全球性的通信网络[1]。星间链路可主要采用激光通信技术，而星地链路则可主要采用微波通信技术，这样的组网方式不仅覆盖范围广泛、通信容量大，而且安全性高。相比较而言，地面网络的组网方式更为多样化，包括光纤通信、无线通信、移动通信等，通过地面骨干网相互连接，形成一个全球范围的信息网络。星地融合通信网络是天基网络和地面网络相互融合的结果，不仅推动了太空网络空间的诞生，还通过统一的网络架构和标准体系，实现了卫星通信与地面移动通信的深度整合[2]。这种融合网络采用一体化的无线接入、传输和网络技术，实现了在通信接入平台、通信载荷技术、元器件、通信设备、通信网络、通信系统以及通信业务与应用等各个层面的深度融合。这种融合不仅显著降低了成本，还大幅提升了用户体验，为整个产业的健康发展注入了新的动力。

地面站，包括测运站和信关站，构成了天基网络与地面通信系统之间不可或缺的桥梁，扮演着多重关键角色。首先，作为地面用户接入天基网络的门户，地面站提供无线信道资源分配和传输服务，确保用户顺畅接收来自天基网络的通信服务。在用户选择接入 LEO 卫星或地面基站的网络时，地面站的服务质量是决策的重要依据[3]。其次，地面站负责为地面用户分配信道资源，提供数据传输服务，尤其在通信需求高的区域，其服务能力对用户满意度至关重要。此外，地面站还承担着对天基网络进行运维控制的重要职责。在某些情况下，地面站需要与天基观测卫星协同工作，以提升目标跟踪遥测的准确性，从而提高地面站对卫星的运控效率。同时，地面站还负责管理覆盖区域，通过将地面卫星信关站的覆盖区域抽象成规则的平行四边形，便于选择合适的上注源卫星，

---

[1] 张玲翠、许瑶冰、李凤华等：《天地一体化信息网络安全动态赋能架构》，《通信学报》2021 年第 9 期，第 87—95 页。

[2] 顾升高、闫陈静、陈漠等：《现有技术应用于"星融网"建设过程中面临的安全风险初探》，《网信军民融合》2018 年第 10 期，第 68—71 页。

[3] 赵晶、黄照祥、陆洲等：《基于天地融合网络的服务管理与智能交付技术》，《中国电子科学研究院学报》2023 年第 8 期，第 724—729 页及第 738 页。

进而优化整个天基网络的通信性能①。综上，地面站不仅是天基网络的接入点，更是实现天基与地面通信系统高效协同的关键基础设施。

太空网络空间在全球气候变化监测、灾害预防与减轻、紧急救援响应、远程海洋航行、精确导航定位、高效航空运输以及航天测量与控制等关键应用中正发挥着日益显著的作用。与地面网络系统相比，太空网络空间展现出一系列独特的特点。它所处的物理环境极为复杂且严苛，其网络结构具有高度动态和异构性，节点间的传输延迟波动范围广泛。此外，太空中的卫星在计算能力上有所限制，安全防护能力也相对薄弱。与地面网络主要承担信息存储与转发的单一通信功能不同，太空网络空间是一个融合了多重功能的复杂体系。

二、太空电磁频谱空间

电磁频谱空间是指在一定范围内的电磁波频率的集合，这些频率按照波长或频率的不同被划分为不同的波段②。电磁频谱覆盖了从极低频（ELF）到极高频（EHF）的广泛范围，包括无线电波、微波、红外线、可见光、紫外线、X射线和伽马射线等。这个频谱是自然界和人造设备发射、传输和接收电磁波的基础。

电磁频谱空间，作为无线通信的载体，其重要性不仅体现在支撑现代通信的基础，如无线电广播、电视、手机通信和卫星通信，还在于它是构建太空网络空间的基础。在军事、航空交通管制和气象预报中，雷达系统利用微波波段的电磁波进行物体的探测和定位。导航系统如全球定位系统（GPS）依赖卫星发射的信号来确定接收器的精确位置。遥感技术通过分析地球或其他天体发射或反射的电磁波来获取信息，用于地质勘探、环境监测和农作物估产等。在医学领域，X射线、磁共振

---

① 吴敏文：《弹性太空架构：美太空军发展新步骤》，《军事文摘》2022年第17期，第35—39页。
② 谢春茂、张川、黄明等：《电磁频谱空间应用及发展趋势综述》，《电子科技大学学报》2024年第2期，第161—173页。

（MRI）和超声波扫描等成像技术在诊断和治疗中发挥着重要作用。此外，电磁频谱还用于科学研究，如研究原子、分子、等离子体等物理现象，以及探索宇宙的起源和结构。在军事应用中，电磁频谱用于电子战[1]、导航战[2]、通信干扰、目标识别和跟踪等[3]。在工业领域，电磁波用于材料的加热、检测和处理。在日常生活中，微波炉使用微波波段加热食物，而可见光则是我们视觉的基础。然而，随着技术的发展和应用增多，太空领域电磁频谱空间面临着资源拥挤和干扰增多的挑战，甚至太空电子战已然成为新型作战样式[4]。

电磁理论的发展彰显了人类的智慧和创造力。19世纪，法拉第和麦克斯韦奠定了电磁理论的基础，麦克斯韦方程组预言了电磁波的存在，赫兹在1887年实验证实了这一论断。随后，马可尼和特斯拉等发明家开始利用无线电波进行通信，马可尼在1901年成功实现了横跨大西洋的无线电信号传输。20世纪，随着科技的进步，人类开始深入探索和利用电磁频谱的不同部分，包括无线电和电视广播、雷达技术、微波通信等。1957年，苏联发射的"斯普特尼克"开启了卫星通信时代。进入21世纪，尽管电磁频谱的应用更加广泛，涵盖了无线通信、卫星导航、遥感技术、医学成像、科学研究等多个领域，然而随着技术的发展，电磁频谱资源变得越来越拥挤，频谱管理和有效利用成为重要议题。为此，国际电信联盟（ITU）应运而生，作为联合国专门机构，ITU负责协调和分配全球的无线电频谱资源，确保各国能够和平共处，避免频谱冲突。

在太空中，电磁频谱空间如同一条无形的丝带，将地球与宇宙紧密

---

[1] 电子战，也称为电子对抗，是指敌对双方利用电子技术、设备和器材进行电磁波斗争，以获得并维持军事控制，涉及陆、海、空、天、网等所有作战域。

[2] 1997年，美军正式提出导航战概念，并将其定义为：通过协调运用空间、网络和电子战能力，阻止敌方使用卫星导航信息，保证己方和盟友部队可以有效地利用卫星导航信息，同时不影响战区以外区域和平利用卫星导航信息。

[3] 常壮、刘涛、夏兴宇：《美军电磁频谱战发展探究》，《军事文摘》2020年第13期，第52—56页。

[4] 杨曼、舒百川、朱松：《2022年外军电子战发展综述》，《中国电子科学研究院学报》2023年第6期，第574—578页。

相连。它的价值，如同夜空中的星辰，照亮了诸多领域。首先，它是全球通信的基石。试想，如果没有电磁频谱空间，我们的世界将会怎样？国际电话、互联网、电视广播，甚至是紧急通信服务，都将失去依托。卫星通信系统，如同天空中的信使，依赖电磁频谱传递着数据和信息。其次，它对导航系统至关重要。全球定位系统（GPS）就是一个最好的例证。它利用电磁频谱，提供精确的位置和时间信息。无论是航空、航海，还是军事行动，甚至是日常出行，都离不开它。同样，导航战的制胜机理实质上也是电子频谱战[1]。此外，电磁频谱空间也是科学研究和探索的重要工具。射电望远镜作为探索宇宙的眼睛，也是利用电磁波探索宇宙的起源和结构。

然而，随着太空活动的增加，电磁频谱资源变得越来越有限和宝贵。因此，维护其安全性变得尤为重要。确保这些资源的合理分配和使用，防止干扰和滥用，对于维护全球通信、导航和其他关键服务的连续性和可靠性的重要性不言而喻。同时，太空电磁频谱空间的安全还涉及国家安全和国际关系，甚至已成为新的战略竞争领域。

第二节　太空面临的网电安全问题

随着太空技术的迅猛发展，太空网络空间和电磁频谱空间的安全问题日益凸显，太空网络空间与电磁频谱空间所面临的安全挑战日益严峻[2]，甚至太空网络空间与电磁频谱空间安全问题正在成为太空安全问题的最前沿和重中之重。特别是，近年来国际太空计划和卫星关键基础

---

[1] 苏珂、吴忠望、焦国强、高鹏：《GPS 导航战综述：进展与启示》，《全球定位系统》2024 年 6 月 27 日，https://link.cnki.net/urlid/41.1317.TN.20240625.1835.001。

[2] 何奇松：《美国太空系统网络安全能力构建》，《国际展望》2022 年第 3 期，第 134—155 页。

设施遭受一系列数据窃密和破坏性网络攻击，太空网络安全形势日益严峻[1]。有专家认为，"兵马未动，粮草先行"正逐步向"兵马未动，网电先行"演化。对此，需深刻把握天基网络、信息链路、地面基础设施和应用终端等存在的网电安全弱点与潜在风险，充分认清太空网络与电磁频谱空间安全问题的严重性和复杂性。这不仅是理解这些问题的理论基础，更是未来构建防护策略的实践指导。

一、"没有硝烟的战争"

网络空间安全是国际博弈、国家治理的重要领域[2]，太空网络空间安全作为外层空间与网络空间两个领域融合的安全问题，其重要性更是不言而喻。首先，太空网络的认证和授权问题涉及复杂的挑战，如认证机制的脆弱性和授权策略的不明确性等，这些问题都可能导致未经授权的设备和恶意行为者获取敏感数据或侵入网络。其次，卫星一旦进入轨道，硬件和软件的升级改造极为困难，使得系统长期暴露在风险之中。此外，诸多实际案例表明，黑客攻击和网络战的威胁是实实在在的，它们不仅可影响军事卫星，还可能破坏商业和民用服务卫星。例如，2007—2008年，美国环境监测卫星多次受到干扰。2014年IOActive发现许多卫星系统设备和软件缺乏根本的安全防范和定期更新措施。2009年，巴西黑客劫持美国海军通信卫星。2018年，赛门铁克发现黑客组织针对美国和东南亚国家的卫星通信、电信、地理太空拍摄成像服务和军事卫星系统进行网络攻击。2022年，美国SpaceX公司埃隆·马斯克表示，"星链"一直在抵御网络战干扰和黑客攻击。同年，Viasat的卫星互联网遭受网络攻击，导致数万个终端下线。2023年，有黑客组织声称攻击并瘫痪了俄罗斯重要太空网络服务Dozor。这些事件清楚地表明，太空

---

[1] 张婷婷、苏晓瑞、韦荻山等：《国外太空网络安全形势分析与启示》，《指挥信息系统与技术》2024年第2期，第13—19页。

[2] 李凤华：《信息技术与网络空间安全发展趋势》，《网络与信息安全学报》2016年第1期，第8—17页。

网络安全风险是多方面的，涉及技术、政策和操作等多个层次。

美国国家安全委员会将应对太空安全面临的网络威胁视为"关键优先事项"①。美国国家宇航局局长 Jaisha Wray 表示："国家安全委员会在与国家太空委员会以及副总统办公室的密切配合下，决定成立一个内部机构小组，称为太空领域网络安全工作组。该小组的首要工作目标是维护美国太空资产的网络安全，确保所有太空系统，而不仅仅是美国政府的卫星，都免受到网络攻击的威胁。"继美国在 2019 年成立太空军之后，一些国家也相继建立了自己的太空军事部门，这一系列动作进一步加剧了太空军事竞赛的紧张氛围，太空领域的网络空间作为"灰色地带"，必然会成为军事上攻防的重点。

作为信息化战争中的关键要素，电磁频谱空间已逐渐成为大国竞争的关键领域，被视为国家的战略稀缺资源。在民用领域，电磁频谱的拥挤和应用业务的激增带来了宽带频谱监测、频谱安全、频谱大数据及智能化应用等方面的巨大挑战②。在军用领域，电磁频谱的博弈对抗日益激烈，电磁频谱感知、监测及影响效应评估面临着感知手段有限、频谱管控和协同应用能力不足等难题③。电磁频谱是继陆、海、空、天、网之后的第六维作战空间，并贯穿于其他五维空间的作战中④。电磁频谱空间是太空通信的基础，其安全性直接影响到太空网络的稳定性和可靠性。这些安全挑战不仅影响军事卫星，还可能破坏商业和民用服务卫星，凸显了电磁频谱空间安全在维护太空安全中的重要性。

在当代军事战略中，电磁频谱的优势对于国家安全和军事力量至关重要，美国在这一领域的投入和成就较为突出。曾任美国参谋长联席会议副主席的空军上将约翰·E.海腾表示，尽管美国国防部在电磁频谱的

---

① Lawrence Sellin:《美国没有做好太空网络战的准备》,《网电空间战》2019 年 10 月 5 日。
② JAY, Y. "Electromagnetic Battle Management," [R]. Strategic Command, Joint Electronic Warfare Center, 2012.
③ 谢春茂、张川、黄明等:《电磁频谱空间应用及发展趋势综述》,《电子科技大学学报》2024 年第 2 期, 第 161—173 页。
④ 王久龙、蔡盛:《美国国防部电磁频谱应用现状与应对策略》,《太赫兹科学与电子信息学报》2023 年第 6 期, 第 703—712 页。

组织、培训和装备方面已取得进展，但仍需进一步提升。他坚信国防部能够在所有领域实现频谱优势。时任美国战略司令部司令、海军上将查尔斯·理查德也强调，在高度现代化的现代战场上，联合部队必须掌握电磁频谱优势。美国采取了一系列措施来全面提升其电磁频谱作战能力，包括顶层规划、优化部队编制、升级武器装备和加强演习训练①。美军积极推动电磁频谱技术的创新发展，以维持其在太空电磁频谱领域的领先地位。美国太空军推出了名为"天空"系列的太空作战演习"套装"，其中"黑色天空"演习专注于太空电磁战，通过战术演练和指挥控制关系的验证，推动太空电磁战的建设、发展和作战应用②。此外，美军建立了全球电磁频谱信息系统（GEMSIS），通过整合现有和新兴的能力与服务，实现了电磁频谱作战模式的转型。GEMSIS使美军能够实现智能化和自主化的频谱接入，提供精确的频谱感知态势图，并将美军的频谱作战行动一体化。该系统具备远征能力、网络化和分布式的适应性强的频谱应用与控制，从而提升频谱作战的决策优势和杀伤力③。

网络空间和电磁频谱空间，作为连接陆地、海洋、空中乃至外太空的"非接触式"纽带，构成了跨域作战的"神经中枢"。这些领域的重要性不断上升，已成为大国间竞争的关键"赌注"④。特别是在太空网络空间和电磁频谱空间的安全方面，它们既是确保整个太空网络系统稳定运行的核心，更是太空领域"没有硝烟的战争"的主战场。例如，国际空间数据系统咨询委员会（CCSDS）认为：各国在太空领域面临的网络威胁主要包括对数据的修改、损坏、拦截、干扰、欺骗，以及未经授权的访问等，针对的系统既包括以卫星系统为代表的太空系统，也包括以

---

① Ricciardi S, Souque C. "Modern Electromagnetic Spectrum Battlefield," PRISM, Vol. 9, No. 3, 2021, pp. 122–139.

② 吕久明、彭辉琼、李远等：《美天军"黑色天空"演习解析及发展认识》，《航天电子对抗》2024年第1期，第60—64页。

③ 张宁、周正廉、张祖尧等：《美军全球电磁频谱信息系统发展现状与趋势》，《电讯技术》2021年第6期，第780—784页。

④ 涂国勇、路建功、吕久明等：《美国太空力量体系建设及作战运用研究》，中国宇航出版社，2021年版。

指挥控制系统、数据传输系统等为代表的地面系统，还包括天基链路等。

二、天基网络安全面临巨大挑战

天基网络作为现代通信的关键组成部分，其安全性对全球太空网络系统的稳定运行至关重要。然而，随着科学技术的快速发展，天基网络面临着一系列巨大的安全风险与挑战。

（一）认证和授权问题

在太空网络系统中，设备必须经过严格的身份验证和授权程序才能获取网络资源。众多实例表明，太空网络在接入过程中的认证和授权环节极为脆弱。任何安全缺口的暴露都可能允许未经授权的设备获取敏感数据，或使恶意行为者伪装成合法用户侵入网络，实施攻击。认证和授权的问题涉及一系列复杂的挑战，包括认证机制的脆弱性、安全信息的不对称性、身份验证方法的多样性和复杂性，以及授权策略的不明确性[1]。首先，认证机制的内在脆弱性源于信任根的攻陷风险，如公钥基础设施中的证书颁发机构。在太空网络中，确保信任根的完整性和安全性尤为困难。这是因为受制于卫星的能源约束条件，难以在天基网络中对信任根执行复杂的校验算法[2]。其次，信息的不对称性导致设备可能使用过时的认证信息或授权策略，增加被攻击的风险。此外，身份验证的复杂性源于设备来源的多样性，可能导致互操作性问题，使得某些设备容易被排除在网络之外或被错误验证。授权策略的不明确性也是一个挑战，可能导致权限错误分配，使未授权设备或用户访问敏感资源。物理安全与逻辑安全的关联在太空网络中尤为紧密，任何一方的攻击都可

---

[1] Steinberger, Jessica A., "A Survey of Satellite Communications System Vulnerabilities," 2008.

[2] Baselt, G., Strohmeier, M., Pavur, J., et al. "Security and Privacy Issues of Satellite Communication in the Aviation Domain," 2022 14th International Conference on Cyber Conflict: Keep Moving! (CyCon), Tallinn, Estonia. IEEE, 2022, pp. 285-307.

能影响另一方的安全性。人为因素，如操作员的错误或恶意行为，也可能导致认证和授权机制的失效。最后，加密与解密的挑战也是一个重要问题，如果加密方法过时或被破解，攻击者就可能窃取或篡改信息，绕过太空网络认证和授权机制。

（二）软硬件的供应链风险

软硬件供应链在天基网络的安全管理中是一个关键因素，其风险源于供应链的复杂性、透明度不足、对单一来源供应商的依赖、软硬件之间的相互依赖性、全球采购与政治风险、技术演进与遗留系统的安全漏洞，以及信息不对称和供应链中的潜在恶意行为等[1]。这些风险可能导致供应链的某个环节受到破坏，给天基网络带来安全威胁。比如，2020年12月，APT攻击组织攻击了全球信息技术软件管理供应商Solar Winds公司，该组织入侵感染Solar Winds的软件编译环境，在该软件的更新包中植入后门，导致多个组织的网络中存在恶意代码，部分组织遭到严重破坏。该公司作为美国国家航空航天局网络运维产品供应商，此次攻击导致其成为供应链攻击受害者。

（三）跨系统协议兼容性风险

跨系统协议兼容性风险主要涉及天基网络中不同设备和系统间通信协议及数据格式的差异，这些差异可能导致信息交互的障碍、信息解析错误、安全漏洞和技术更新上的挑战。具体而言，不同协议和版本的不匹配、数据结构和编码方式的不一致，以及协议转换过程中可能出现的信息丢失与篡改等，都可能阻碍信息的准确传递。同时，系统间安全策略的差异可能引发未授权访问、数据泄露以及恶意行为的传播[2]。天基

---

[1] Falco, G. "The Vacuum of Space Cyber Security," Proceedings of the 2018 AIAA SPACE and Astronautics Forum and Exposition, 2018, p. 5275. https：//arc.aiaa.org/doi/10.2514/6.2018-5275.

[2] Falco, G. "The Vacuum of Space Cyber Security," Proceedings of the 2018 AIAA SPACE and Astronautics Forum and Exposition, 2018, p. 5275. https：//arc.aiaa.org/doi/10.2514/6.2018-5275.

网络技术演进虽然带来创新，但也可能引入新的兼容性问题和安全风险。

（四）恶意软件与病毒风险

该风险的根源是卫星系统在硬件和软件方面的安全防护不足。由于卫星的尺寸、质量和功率限制，卫星平台及载荷的最初设计更多关注可用性和效率，其星载操作系统、星上载荷等设计对于安全机制的考虑尚不充分，因此存在安全漏洞、后门等风险隐患，以及被网络入侵、非法控制等安全威胁。恶意软件和病毒一旦侵入，可能迅速在网络中传播，引发数据泄露、设备失控或网络瘫痪。此外，太空环境的特殊性使得传统网络安全策略效果受限，难以有效检测、防御太空网络中的恶意软件和病毒。例如，2020年7月，美国国家航空航天局的火星探测直升机使用的导航设备和智能设备的主要制造商Garmin公司遭到定向勒索软件的攻击，造成Garmin云服务中断，包括飞行员使用的设备同步和地理定位仪无法使用。此次网络攻击行为使得一些内部系统被恶意加密，在全球服务中断4天后，该公司支付赎金获得解密密钥后恢复云上服务。

（五）卫星通信设备攻击

2022年2月24日，覆盖乌克兰地区的欧美合营全球通信公司Viasat的Ka波段卫星（Ka-SAT）的商用卫星通信网络遭到黑客组织网络攻击，数以万计的卫星通信（SATCOM）调制解调器被破坏，导致数千乌克兰用户、数万欧洲其他地区用户断网。经调查，攻击者利用专为SAT-COM调制解调器使用的微处理器闪存固件而设计的"酸雨"新型擦除恶意软件，远程清除易受攻击的调制解调器和路由器中的关键数据，通过破坏数据重启设备变成"砖块"，导致文件无法恢复，从而造成断网。这是近年来卫星通信设备因网络攻击被破坏的典型案例。

三、卫星链路成为威胁太空安全的薄弱点

保障卫星通信链路的安全无疑是维护天基信息传输畅通和网络稳定

性的核心所在。尤其是在面对日益增多的电磁干扰和网络攻击威胁，更需深入了解太空信息链路安全所面临的主要风险。

（一）信号干扰与阻断

太空网络系统的通信链路面临着来自自然现象和人为活动的多种干扰风险。自然干扰如太阳耀斑和宇宙射线可能通过电离效应影响信号传播，而地球电磁噪声如雷电也能对信号造成失真。人为干扰包括有意的电子对抗，旨在阻断或破坏信息传输；以及无意的电子干扰，如日常电子设备无意中发出的辐射导致的干扰。复杂干扰类型，如射频干扰和电磁脉冲，均可对通信链路造成质量下降或中断，其中电磁脉冲的影响尤为严重，能损坏电子设备并广泛阻断通信[1]。例如，2007年10月—2008年7月，由美国地质勘探局管理的"陆地卫星-7"经历了12次信号干扰。2008年6月，由美国国家航空航天局管理的EOS-AM1观测卫星也遭受了类似的干扰。根据北约的一份报告显示，在2018年北约开展"三叉戟-2018"演习期间，民用GPS信号不断受到干扰，受此影响，芬兰的民用空中导航系统一度中断[2]。因此，信号干扰和阻断是太空网络稳定运行的重大安全挑战，需要有效地防护和应对措施来确保通信链路的完整性和可靠性。

（二）信号窃听与伪装

由于太空网络通信链路的开放性，数据传输过程中存在被第三方监听和截获的风险，同时攻击者可能通过伪装成合法用户或节点来发送或篡改信息，严重威胁数据安全[3]。信号窃听主要通过截获设备和软件定

---

[1] Bielawski, R. "Space as a New Category of Threats to National Security," Safety & Defense, Vol. 5, No. 2, 2019, pp. 1–7. DOI: 10.37105/sd.48.

[2] 荀子奕、韩春阳：《美国太空领域的网络安全政策分析》，《国际太空》2021年第1期，第27—31页。

[3] Lee, M., Choi, G., & Park, J. "Study of Analyzing and Mitigating Vulnerabilities in uC/OS Real-Time Operating System," Proceedings of the 2018 Tenth International Conference on Ubiquitous and Future Networks (ICUFN), IEEE, 2018, pp. 834–836.

义无线电等技术手段实现，允许攻击者捕获并可能解析出传输中的敏感数据。信号伪装则涉及中间人攻击、地址欺骗、深度包检查和隧道技术等方法，攻击者通过这些复杂的手段篡改通信内容或隐藏恶意行为[①]。这些安全威胁不仅可能导致数据泄露，还可能引发设备故障和任务失败。因此，为确保太空网络的完整性和可靠性，对信号窃听与伪装的防护措施至关重要。

（三）信道质量的不稳定

卫星与地面之间的通信链路，由于其超长的距离，面临着信道质量的不确定性，这对通信的稳定性构成了严峻挑战[②]。多种因素影响着卫星通信链路的信道质量，这些因素既包括自然界的复杂多变，也包括宇宙环境的不可预测性。首先，大气效应是一个重要的影响因素。例如，雨滴对信号的吸收和散射会导致雨衰减，特别是在高频段，这种影响尤为显著。对流层折射会引起信号路径的偏移，而大气湍流则会导致信号强度的波动，这些都会造成信号失真和不稳定。其次，地球的自转和季节变化也会对卫星通信产生影响。这些变化会引起多普勒频移，导致信号频率的偏移，影响信号的解调质量。同时，它们还可能导致天线指向误差，进一步影响信号的传输效率。最后，太阳活动对卫星通信链路的影响也不容忽视。太阳耀斑和日冕物质抛射会干扰电离层，导致信号传播时延和失真。此外，太阳风中的高能粒子可能对卫星通信系统产生噪声和干扰，影响通信信号的稳定性。地球自然环境和宇宙环境因素共同作用于卫星通信链路，增加了通信过程中信号稳定性的不确定性，对通信效率和数据传输质量构成挑战。

---

① 鲁信金、黄璐莹、陈继林等：《6G卫星互联网通信安全抗干扰技术研究》，《无线电通信技术》2023年第49卷第1期，第1—9页。

② Kang, M., Park, S., & Lee, Y. "A Survey on Satellite Communication System Security," Sensors, Vol. 24, No. 9, 2024, p. 2897.

（四）软件和协议漏洞

卫星通信链路对软件和通信协议的健全性极为依赖，而这些软件和协议中潜在的漏洞则为网络攻击提供了可乘之机[1]。攻击者能利用软件漏洞如缓冲区溢出、注入攻击和恶意软件的传播来操控通信设备，或者利用协议漏洞包括缺乏加密措施、不完善的身份验证和设计缺陷来窃取或篡改数据，进而实施卫星链路劫持。此外，攻击者能在零日漏洞被修补前进行长时间的攻击。攻击者实施的侧信道攻击通过分析系统的物理特性来窃取信息。协议滥用和未授权访问会加剧通信链路的安全风险。例如，2015年9月，高级可持续性威胁（APT）组织攻击团队成功监控通信卫星系统的下行链路，识别活动的互联网协议地址（IP），通过伪装成地面站的原始IP地址，向卫星网络发送隐藏了恶意代码的报文来劫持卫星信道，以攻击卫星通信服务的客户网络[2][3]。

四、地面基础设施与应用终端首当其冲

地面基础设施是太空网络系统的关键支柱，拥有较高的权限，一旦遭到破坏，可能带来极其严重的影响[4]。同时，应用终端作为网络系统的末端节点，直接暴露在外部网络攻击的威胁之下。由于终端使用者的安全意识相对薄弱，较之专业组织或机构，他们更容易成为网络电子攻

---

[1] Lee, F., & Falco, G. "The Vulnerabilities Less Exploited: Cyberattacks on End-of-Life Satellites," Proceedings of the 2023 Workshop on Security of Space and Satellite Systems, San Diego, CA, USA: Internet Society, 2023. DOI: 10.14722/spacesec.2023.234958. URL: https://www.ndss-symposium.org/wp-content/uploads/2023/06/spacesec2023-234958-paper.pdf.

[2] 张婷婷、苏晓瑞、韦荻山等：《国外太空网络安全形势分析与启示》，《指挥信息系统与技术》2024年第2期，第13—19页。

[3] 刘杨钺：《太空网络安全：缘起、威胁与应对》，《国防科技》2023年第4期，第68—74页。

[4] Falco, G. "Job One for Space Force: Space Asset Cybersecurity," Belfer Center for Science and International Affairs, Harvard Kennedy School, 2018, p.79.

击的主要突破口[①]，可能面临测控数据被泄露，测控信令或网管信息被窃取、篡改、伪造等安全风险，给用户以及卫星本身带来严重的影响。

（一）外部网络攻击风险

外部网络攻击手段多样，包括 DoS 和 DDoS 攻击、网络钓鱼以及水坑攻击、窃密攻击等[②]。DoS 和 DDoS 攻击通过消耗目标系统资源，妨碍合法用户的服务访问，可能导致关键服务中断。网络钓鱼通过诱导用户泄露敏感信息，威胁个人和组织的数据安全。水坑攻击则通过合法网站传播恶意代码，潜在地感染用户设备，导致设备被控制或数据泄露。这些攻击不仅危及数据安全，还可能破坏业务运作。例如，2022 年 3 月，黑客组织对俄罗斯航天局发起攻击，该组织分享的截图据称属于俄罗斯卫星成像软件和车辆监控系统。同年 3 月，黑客组织破坏了属于俄罗斯空间研究所的网站，并泄露了据称属于俄罗斯航天局的文件。2022 年 11 月，黑客组织通过分布式拒绝服务（DDoS）攻击方式关闭了马斯克的"星链"卫星宽带服务长达数小时，同时号召数以千计的黑客发起大规模集体攻击，主要是网站篡改、垃圾邮件和 DDoS 等攻击。

（二）分区分域隔离不足

在网络安全领域，分区分域隔离是一项基本而关键的原则，旨在通过将不同安全级别的数据、应用和系统分隔到不同的网络区域，来确保敏感数据和关键业务的安全。然而，地面基础设施作为天基网络与地面互联网之间的信息交换节点，其内部网络可能缺乏足够的分区分域隔离措施，使得不同安全级别的数据和应用混杂在一起，增加了数据泄露和系统被攻击的风险。例如，缺乏明确的隔离措施可能导致不同安全级别的数据和应用在同一网络环境中混合，增加了数据泄露和系统被攻击的

[①] Falco, G. "Cybersecurity Principles for Space Systems," Journal of Aerospace Information Systems, Vol. 16, No. 2, 2019, pp. 61–70.
[②] Kang, M., Park, S., & Lee, Y. "A Survey on Satellite Communication System Security," Sensors, Vol. 24, No. 9, 2024, p. 2897. DOI：10.3390/s24092897.

风险。此外，未经有效控制的访问权限和共享资源的使用，也可能导致敏感数据被非授权访问或恶意程序获取。这种情况下，一旦攻击者突破一个区域，就可能轻松访问到其他区域的数据和应用，从而扩大了攻击面，增加了数据泄露的风险，并可能影响整个网络的稳定性和可用性。例如，1998 年，黑客控制了德国、美国、英国联合研制的伦琴天文卫星，将其高分辨率成像仪对准太阳，造成卫星载荷失效，最终导致卫星坠毁。

（三）系统漏洞风险

随着地面基础设施和应用终端的不断发展，建设过程中难免会遗留下安全漏洞，漏洞也成了攻击者实施攻击的重要武器。常见的软件漏洞，例如缓冲区溢出、SQL 注入和跨站脚本，往往源于开发者的疏忽，为攻击者提供了执行恶意代码、窃取敏感信息或控制系统的大好机会。未及时打补丁的系统和应用程序，以及使用默认配置和弱密码的情况，都增加了系统被攻击的风险。此外，不安全的第三方组件和库，以及供应链攻击，也可能成为攻击者利用的途径。这些漏洞和风险的存在，不仅可能导致数据泄露和系统被控制，还可能对整个基础设施的稳定性和安全性造成长期威胁。因此，加强系统安全防护，及时更新和打补丁，使用强密码，以及确保供应链的安全，对于维护地面基础设施的安全至关重要。

五、空间环境可极大影响太空网电安全

在空间环境中，恶劣和复杂的物理环境会极大地影响通信的质量和太空网络空间体系的安全[1]。

---

[1] Finckenor, M. M., & De Groh, K. "A Researcher's Guide to: Space Environmental Effects," Researcher's Guide Series, National Aeronautics and Space Administration International Space Station, 2017, p. 15.

（一）空间辐射

空间辐射是卫星和航天器在太空中面临的一个重要挑战。宇宙辐射和高能粒子，如太阳粒子事件和宇宙射线，构成了空间辐射的主要来源。这些辐射和粒子具有足够的能量，能够穿透卫星的外壳，直接影响到内部的电子设备。当这些高能粒子撞击到卫星的电子组件时，它们可能会改变组件内部的电荷状态，这种现象被称为单粒子效应。例如，单粒子翻转（SEU）是指一个高能粒子撞击到半导体材料时，可能导致一个比特（bit）的状态从0变为1，或从1变为0，从而引起数据错误或系统故障。此外，长时间的辐射暴露还可能导致设备性能的逐渐下降，这是因为辐射会逐渐损伤电子组件，影响其长期稳定性。这种性能下降可能表现为信号噪声的增加、数据处理速度的降低，甚至可能导致整个系统的失效。为了应对空间辐射的挑战，卫星设计者通常会采取一系列措施，如使用抗辐射加固的电子组件、设计冗余系统以提高可靠性，以及采用错误检测和校正算法来减少数据错误。通过这些措施，可以在一定程度上减轻空间辐射对卫星电子设备的影响，确保卫星在恶劣的太空环境中能够稳定运行。

（二）极端温度

太空中的极端温度环境对卫星的运行构成了重大挑战。在太空中，卫星会经历从极低温度到极高温度的剧烈变化。这种温度波动不仅会影响卫星的电子组件和机械结构，还会影响其热控系统。当卫星从阳光直射区域进入阴影区域时，其表面温度可能在短时间内从高温降至极低温度。同样，当卫星从阴影区域进入阳光直射区域时，温度又会迅速升高。这种快速的温度变化可能导致材料膨胀或收缩，从而引起结构变形或应力损伤。对于电子设备而言，温度的波动可能导致组件性能的不稳定，甚至引起故障。为了应对这种极端的温度变化，卫星设计必须包括高效的热控系统。这通常涉及使用特殊的热设计，如热管、散热片和隔热材料，以及采用热控涂层和表面处理技术。这些措施有助于维持卫星内部温度的稳定，保护电子设备免受极端温度的影响。此外，卫星的组件和材料也需要经过特殊选择和测试，以确保它们能够在极端的温度环境中保持性能稳定和可靠性。例如，一些材料可能在低温下变得脆弱，而另一些则在高温下可能软化或变形。因此，选择能够在宽温度范围内保持稳定性能的材料对于卫星的长期运行至关重要。

（三）微小重力和振动

在微重力环境中，卫星内部的组件和结构不再受到地球表面那种稳定的重力作用，这可能导致一些依赖于重力作用的系统和设备无法正常工作。同时，卫星在发射过程中和轨道运行中都会受到各种振动的影响。发射过程中的振动主要来自火箭发动机的点火和升空时的剧烈加速度。这些振动可能会对卫星的结构造成应力，导致设备松动或连接部件断裂。即使卫星成功进入轨道，它仍然会受到轨道微调、姿态调整以及与其他卫星或太空碎片的碰撞等引起的振动。这些振动不仅可能对卫星的电子设备造成物理损伤，还可能影响其敏感的科学仪器和光学设备。例如，振动可能导致光学元件的错位，影响成像质量或数据采集的准确性。此外，长期的振动还可能导致结构疲劳，减少卫星的使用寿命。为了应对这些挑战，卫星的设计和制造过程中需要采取一系列措施。这包括使用减震材料和技术来吸收和隔离振动，设计坚固的结构以抵御发射和轨道操作中的应力，以及采用紧固和连接技术确保组件在振动环境中保持稳定。另外，卫星的测试和验证过程也包括模拟微重力和振动环境的试验，以确保卫星在实际运行中能够承受这些挑战。

（四）多层环境交互

太空网络系统在运行过程中与多个层次的环境进行交互，这些环境包括太空环境、大气层、地球表面等。每个层次的环境都有其独特的物理特性和动态变化，这些特性可能会对太空网络系统的性能产生重要影响。在太空环境中，卫星通信系统面临着诸如宇宙辐射、极端温度变化、微重力等挑战。这些因素可能会影响卫星电子设备的性能和寿命，以及信号传输的稳定性。当信号从太空传播到地球表面时，它们必须穿过大气层。大气层中的气体、水蒸气和其他粒子会对信号产生吸收和散射作用，导致信号衰减。另外，大气层的不均匀性还可能导致信号的多径传播，即信号在到达接收器之前沿着多条路径传播，这些路径的长度不同，导致信号相位和强度的变化，从而影响信号的清晰度和准确性。地球表面的环境也对太空网络系统产生影响。例如，地形、建筑物和其他人造结构可能会阻挡或反射信号，进一步影响信号的传播和接收。此外，地球表面的气象条件，如风暴、温度变化等，也可能对信号的传播产生影响。这些不同层次的环境之间的相互影响和干扰增加了太空网络系统设计和操作的复杂性。为了确保系统的稳定性和可靠性，需要采取一系列措施，如使用高增益天线来增强信号强度，采用先进的信号处理技术来减少多径效应和信号衰减的影响，以及设计具有自适应能力的系统来应对不同环境条件的变化。

（五）环境动态变化

太空环境中的条件是动态变化的，其中太阳活动和空间天气是两个主要的动态变化因素。太阳活动，如太阳耀斑和日冕物质抛射，会产生大量的高能粒子和辐射。这些粒子在太空中传播，可能会对卫星的电子设备造成损害，导致单粒子翻转或其他故障。此外，太阳活动还会引起电离层的扰动，影响无线电信号的传播。电离层是大气层的一部分，它对无线电波的折射作用对于卫星通信至关重要。太阳活动引起的电离层扰动可能导致信号传播路径的变化，从而影响信号的稳定性和传播速度。空间环境还包括其他因素，如太阳风、磁暴和辐射带的变化。太阳风是太阳大气层不断流出的带电粒子流，它可能与地球的磁场相互作用，产生磁暴。磁暴会干扰地球的磁场，影响卫星的导航系统和姿态控制。辐射带的变化也会影响卫星的电子设备，尤其是在地球的范艾伦辐射带中，高能粒子的浓度变化可能导致卫星设备的故障。这些动态变化的条件可能导致电磁环境的波动，从而影响信号的传播和接收。例如，电磁干扰可能来自太阳活动或地球磁场的变化，这些干扰可能影响信号的传输质量。此外，设备性能的不稳定也可能是由这些动态变化引起的，如温度波动、辐射暴露等。

（六）多种干扰源

太空网络系统可能面临的多种干扰源，可能对基于电磁频谱空间的无线通信造成不利影响。自然干扰源如太阳耀斑和雷电，是太空网络系统面临的主要挑战之一。太阳耀斑是太阳表面爆发的巨大能量释放，它们产生的强烈电磁辐射可以干扰甚至破坏无线通信信号。当这些辐射与地球的磁场相互作用时，可能引发所谓的"太阳风暴"，进一步影响电磁频谱的稳定性。雷电则是在大气中产生的强大电流放电，它们产生的电磁脉冲（EMP）同样能干扰无线通信。

总之，空间环境对太空网络空间和电磁频谱空间的安全构成了一系列挑战，包括空间辐射、极端温度、微小重力和振动、多层环境交互、环境动态变化以及多种干扰源。这些因素可能影响卫星的电子设备性能和寿命，以及信号传输的稳定性。为克服这些挑战，需要从多方面、多维度对太空网络体系设计防护手段，以确保其在恶劣的空间环境中能够稳定运行。

第三节 太空网电安全维护

随着太空领域网络与电磁频谱安全新问题新挑战加速演进，尤其是太空领域网电攻击技术手段日新月异及其在军事领域的广泛运用，有关太空系统的网电安全问题成为许多国家政府、智库、军方、咨询公司、网络安全公司等关注的焦点。为应对此类问题和威胁，一些国家通过制定并发布多项太空网络以及电磁频谱安全相关的政策标准文件、加强自身太空军事力量建设，以及采取持续投资相关技术和防护措施、不断推进国际合作与政策制定、开展联合演习和信息共享等一系列措施，增强本国太空系统的网络与电磁频谱安全能力，提升太空网络和电磁频谱空间的安全性。然而，由于各国对太空安全领域的认识理解不一、利益相关程度有别以及技术实力水平不同，各国的太空网络与电磁频谱空间安全能力水平差别较大。

一、重塑架构：布局太空网电安全新框架

多国政府最初并未认识到太空系统面临的网络威胁的严重性，在出台太空政策及太空系统的安全标准制定方面，甚至有的国家完全没有相关政策，有的还处于起步建设阶段[①]。

在尚未出台专门针对太空领域网络安全领域的相关政策之前，美国已将太空系统网络安全纳入国家战略安全。成立隶属于国家安全委员会的太空领域网络安全工作组，负责协调太空系统网络安全风险管理工作；成立太空信息共享与分析中心（Space－ISAC）[②]，提供一站式网络威胁信息服务，促进政府与行业的合作；重组太空司令部，加强网络攻防能力，确保网络战士准备好执行任务。实施跨部门太空网络安全计划，要求将网络安全集成到天基系统中，减少系统漏洞。

美国加快开发新型太空体系架构。一是加快建设混合太空架构。混合太空架构是一种基于信息的架构，核心是将新兴商业太空系统与传统美国和盟国太空系统相集成，在可扩展、韧性和多域网络中提供安全、有保证、低延迟和多路径的通信，服务于商业、民用和国家安全等领域。美国太空军已将混合太空架构列为太空军建设的重点规划事项，该架构由多个轨道上的军用、商业、民用和盟军卫星组成，包括高度加密的军事星座、盟友提供的安全性稍差的卫星通信以及非机密的商业星座，利用云、分层安全性和低延迟通信，设计具有网络集成能力的"太空互联网"。该架构采用可变信任协议：分布式通信提供了网络弹性，必须遵守行业黄金标准，包括链路和端到端抗量子加密、可靠的加密密钥分发、

[①] 张婷婷、苏晓瑞、韦荻山等：《国外太空网络安全形势分析与启示》，《指挥信息系统与技术》2024年第2期，第13—19页。

[②] Space ISAC－Space Information Sharing and Analysis Center. https: //spaceisac.org/.

零信任连续身份验证和数据完整性分类。美国以多元化手段推进零信任网络安全架构，其核心思想是"永不信任，始终验证"，以最大限度降低平台系统面临的网络安全风险[①]。美国 SpiderOak 公司正在开发、测试零信任网络安全平台，在太空系统应用程序中嵌入零信任安全架构，利用零信任方法强化信息网络、卫星地面站、调制解调器和其他太空军资产的网络防护能力，以确保卫星供应链数据安全。

除美国外，英国于 2021 年 4 月 1 日成立了太空司令部[②]，隶属于国防部，负责太空作战、人员培训、能力发展及研发交付，以提高太空态势感知和指挥控制能力。法国于 2019 年成立太空司令部[③]，重视太空资产安全和防护，监控太空环境，保障卫星通信系统安全，并促进国际合作。德国于 2021 年 7 月设立太空司令部[④]，增强太空网络安全，保卫卫星系统，确保通信和侦查数据安全。欧盟提出太空卫星互联网计划，打造独立且安全的通信网络体系，降低对数字大国的数字技术依赖。这些调整都反映了相关国家对太空领域网络安全重要性的认识，以及在太空安全、网络防御等方面的战略布局。

二、立法守护：为太空网电安全筑起法律防线

为应对太空网络安全威胁，美国政府部门联合军方与产业界共同发布了一系列有关太空网络安全的政策指令、标准和法案等，标志着美国在该领域的战略关注达到了新的高度。2020 年 9 月，白宫发布首份针对太空网络系统安全政策《太空政策指令第五号：太空系统网络安全原

[①] 方勇、廖小刚、马婧等：《美军备战太空网络战的主要举措及影响分析》，《国际太空》2024 年第 1 期，第 45—48 页。

[②] 傅波：《英军发布首部太空作战条令》，中国军网，2022 年 9 月 14 日，http://www.81.cn/gfbmap/content/2022-09/14/content_324000.htm。

[③] 唐霁：《国际观察：法国成立太空军事指挥部意图何在》，新华网，2019 年 7 月 15 日，http://www.xinhuanet.com/world/2019-07/15/c_1124756090.htm。

[④] 丁勇：《德"不甘落后"成立太空司令部》，中国军网，2021 年 7 月 21 日，http://www.81.cn/gfbmap/content/2021-07/21/content_294676.htm。

则》（SPD-5）①，确立了太空领域网络安全的原则，要求太空系统在设计、开发与运行阶段均要充分考虑网络安全问题，通过跨部门、跨联盟和军民商一体的合作充分评估太空系统存在的网络安全风险，确保太空系统的网络安全。时任美国国土安全部代理部长查德·沃尔夫（Chad Wolf）称：该指令的公布是美国构建太空网络安全的关键一步②。美国商务部和国防部等部门也针对太空系统制定了相关网络安全标准和建议，并由国家标准与技术研究院（NIST）发布了网络安全规范文件③。美国军方和美国国家航空航天局根据自己的需求对卫星系统的网络安全标准进行设计和制定。美国众议院提出了一系列太空网络安全法案，如《卫星网络安全法》和《加强卫星网络安全法》等，以确保卫星通信网络安全。2023年12月，美国国家航空航天局发布了首版《太空安全：最佳实践指南》④，提供应对新挑战和实施安全措施的最佳实践，旨在加强公共部门和私营部门太空活动的网络安全。美国通过建立如轨道安全联盟（OSA）等组织，以及与商业卫星通信办公室（CSCO）等机构的合作，不断推动太空网络安全的发展。美国还致力于构建高网络安全性卫星软件架构，并推动太空网络中心的建设。同时，美国通过定期发布太空威胁评估报告，加强对潜在对手在太空领域威胁能力的了解，并采取相应的措施来保护其自身的太空资产。

其他国家的太空网络安全政策也显示出对这一领域的重视。比如，

---

① Memorandum on Space Policy Directive - 5—Cybersecurity Principles for Space Systems - The White House. https：//trumpwhitehouse. archives. gov/presidential - actions/memorandum - space - policy - directive - 5 - cybersecurity - principles - space - systems/.
② 荀子奕、韩春阳：《美国太空领域的网络安全政策分析》，《国际太空》2021年第1期，第27—31页。
③ 吴流丽、宋焱淼、廖建华等：《美NIST太空系统网络安全风险管理框架解读》，《通信技术》2023年第8期，第977—983页。
④ New Space Security Best Practices Guide, NASA. https：//www. nasa. gov/general/nasa - issues - new - space - security - best - practices - guide/.

英国《国家太空战略》[1]《国家太空战略行动》[2]，德国《国家太空网络安全战略》[3]，《欧盟太空安全与防御战略》[4] 等政策法规，都展现了全面加强维护太空网络安全的决心。其中，德国联邦信息安全办公室提出的《国家太空网络安全战略》，指出天基系统与国家安全息息相关[5]，并与业界合作推出了太空基础设施网络安全保护文件——"空间基础设施互联网技术（IT）基线保护概况"，定义了太空基础设施相关的卫星网络安全的最低要求。日本出台的新版《防卫计划大纲》，并据此设立司令部统管太空、网络空间以及电子战。

业内学者对这一问题也开展了系列研究。比如，有学者提出，太空安全和网络安全的交叉领域，即太空活动中的网络安全未受到应有重视，相关国际规则研究和制定相对滞后。太空活动网络安全国际规则的客体是太空活动中的网络行为，主要指利用网络手段攻击、侵入、干扰和破坏卫星等空间资产及其地面基础设施。太空活动网络安全国际规则与外空法和网络法，是特别法与普通法的关系。太空法中的基本原则和规则如和平利用原则、妥为顾及义务等在太空网络活动领域应有具体要求，如不得在天体上建立军事网络设施和基地、试验网络武器或进行军事网络演习。太空及天体上的军事网络活动不被禁止，但应遵守自我约束和结果控制原则；应尊重他国对卫星等空间资产及其地面设施的管辖权，禁止恶意使用信息技术损害空间物体安全。太空活动中网络行为的归因应以最密切联系、权利义务一致、关键问题区分等原则为指导，在个案

---

[1] 英国国防部：《国家太空战略》，伟文知库，2021 年，https://www.wells.org.cn/home/Literature/detail/id/1690.html。

[2] 英国政府：《国家太空战略行动（英文）》，伟文知库，2023 年，https://www.wells.org.cn/home/Literature/detail/id/3643.html。

[3] 丁勇：《德"不甘落后"成立太空司令部》，中国军网，2021 年 7 月 21 日，http://www.81.cn/gfbmap/content/2021-07/21/content_294676.htm。

[4] Portela C, González Muñoz R. The EU Space Strategy for Security and Defence: Towards Strategic Autonomy? Stockholm International Peace Research Institute, 2023. https://www.sipri.org/publications/2023/eu-non-proliferation-and-disarmament-papers/eu-space-strategy-security-and-defence-towards-strategic-autonomy. DOI: 10.55163/LHSQ8207.

[5] 埃坦·泰珀：《解决加拿大当前面临的太空网络威胁（译文）》，姜典辰译，《信息安全与通信保密》2023 年第 10 期，第 1—8 页。

中对外空法和网络法（一般国际法）中的一般控制标准、整体控制标准和有效控制标准进行选择适用①。

三、企业先锋：企业引领太空网电安全创新

在太空网电安全这一前沿领域，多个国家企业界的行动体现了对网络安全的深刻关注和前瞻性布局。比如，技术创新方面，Spider Oak 公司推出的 Orbit Secure 软件，运用了先进的零信任框架，确保了地面网络与近地轨道间数据的安全交换②。同时，SandboxAQ 公司在量子技术和人工智能领域取得了重大突破，推出了抗量子密码学公钥基础设施等先进的安全解决方案③。在公私合作方面，美泰科技与美军合作推出了"太空靶场"项目④，通过模拟网络攻击，专门针对卫星和地面站，有效提升了太空资产的防御能力。太空信息共享与监控方面，Space–ISAC 建立了新的运营监视中心，实时监控卫星系统面临的网络威胁，并为操作员和用户提供预警及自我防御建议。商业卫星网络的扩展方面，SpaceX 公司的"星链"项目和亚马逊的"柯伯伊计划"正在全球范围内扩大覆盖，同时加强了卫星互联网的安全性能。在国家安全与商业利益结合方面，SpaceX 公司与美国国家侦察局（NRO）签订18亿美元的合同⑤，共同构建庞大的间谍卫星网络，这不仅加深了 SpaceX 公司与国家安全机构的合作，也反映出美国国防部对低地球轨道卫星系统的重视和投资。总

---

① 王国语：《外空活动中的网络安全国际规则探析》，《当代法学》2019年第1期，第79—90页。

② SpiderOak Demonstrates Zero–trust Software on ISS, Space News, Aug. 29, 2023, https：//spacenews. com/spideroak–demonstrates–zero–trust–software–on–iss/.

③ 科信量子：《美国国防部门积极推进量子技术发展》，知乎，2023年6月29日，https：//zhuanlan. zhihu. com/p/640487648。

④ 《美国组建"太空靶场"，拉紧全球太空军备安全红线》，https：//zhuanlan. zhihu. com/p/141077231。

⑤ Musk's SpaceX is Building Spy Satellite Network for U. S. Intelligence Agency – sources, Reuters, 2024–03–16, https：//www. reuters. com/technology/space/musks–spacex–is–building–spy–satellite–network–us–intelligence–agency–sources–2024–03–16/.

体来看，一些企业在太空安全领域的行动展现了其所在国家在政策、技术和合作模式等方面的先进做法，既确保了太空系统的网络安全，又在商业利益和国家安全之间找到了一定的平衡。

四、技术革新：推动太空网电安全科技创新

美国高度重视太空和网络空间一体化集成，积极推进新兴技术的研究与应用，以实现革命性的创新[1]。美军在其装备和技术发展规划中，特别强调了太空与网络空间一体化的集成，将其视为核心目标。2015年2月，美军发布的《空军航天司令部长期科技挑战》备忘录中，明确将太空和网络空间作战定位为所有军事行动的支柱，并对未来军事航天和网络空间科学技术的发展需求进行了详细阐述。2016年8月，美国空军航天司令部更新了这一文件，系统地提出了未来10～30年需要实现的11项关键技术能力。这些技术主要集中在"太空与网络交叉领域"，包括人工智能、认知电子战、先进数据分析技术三大类共11项核心技术。这些技术的发展旨在提升太空和网络集成作战的态势感知、指挥控制能力和作战效能，以期在未来空间攻防、空间态势感知、空间在轨操作等方面实现颠覆性的技术进步。

再如，美国太空军与Xage Security携手合作，开发了一种基于防篡改区块链技术的安全系统原型。这一系统采用了零信任架构，旨在为太空系统提供更加坚固的安全防护。与此同时，美国国防高级研究计划局和美国陆军的新兴技术办公室也在积极研发新一代的定位、导航与授时技术，这些技术将减少对传统GPS系统的依赖，从而解决电磁干扰和网络攻击带来的问题[2]。同年8月，美国空军和太空部队采取了一项重要举措，将网络传感器数据整合进了一个统一的数据库——dataONE数据

---

[1] 张晓玉：《美国高度重视太空网络安全问题》，《网信军民融合》2021年第2期，第29—33页。

[2] 刘娟、陈鼎鼎：《俄罗斯反太空电子战能力》，《航天电子对抗》2019年第5期，第56—59页。

库。这一举措旨在帮助美国更准确地识别网络攻击的来源和方式，并构建一个全面的战场态势图，以支持全方位的军事行动。此外，美国开始大规模投资于空间脑控技术的研究。这项技术有望对未来空间攻防、空间态势感知以及空间在轨操作等领域产生革命性的影响。通过这些创新，美国在确保太空安全和提高空间作战能力方面迈出了重要步伐。在对抗技术发展方面，美国太空军大力投资网电对抗项目，并通过"施里弗"演习等系列手段，增强太空安全和网络空间融合后的实战能力。此外，美国太空军推行全面的数据战略，建立数据治理委员会，并推进培养网络战士适应全频谱网络作战的需求。美国正通过这些措施，构建一个弹性和协同的太空网络电子环境，全面提升其太空网电对抗领域的战略执行力和安全防护能力。

五、军事支撑：全力保障太空领域网电安全

面对严峻的网络安全形势，各国围绕太空的军事竞争与较量不断升级。为应对未来可能出现的太空安全挑战，美国、西班牙、俄罗斯、法国、日本、英国和德国等纷纷发展其太空军事力量，通过加强自身的太空作战保护和控制能力，以应对太空安全威胁。美国尤其重视太空网络安全，通过建设太空力量体系和系统架构强化美太空系统网络安全建设。比如，美国太空军高度关注网络空间作战，设立专门的德尔塔部队，负责实施网络作战行动，以应对太空系统的网络安全威胁。该部队的主要任务是通过卫星控制网络，提供持续的太空利用以及网络太空作战能力，支持跨域作战任务。同时，美国国防部组建了专门针对太空系统的网信安全协调中心，作为专门德尔塔部队网信体系的一部分，将与太空网信防御相关的协调中心密切合作，与空军网信特战队协同网信安全防御，并为空军网信作战提供支持。相互协调的太空管理体系将有助于整合太空资源，使美军能够更加快速和高效地应对太空网络安全威胁。

除成立专门的太空网络战力量外，美国还通过多项措施持续强化太空网络攻防实战能力。比如，通过举办太空网络攻防挑战赛，验证作战

人员的网络技能，测试构建、强化太空网络任务并防护其免受网络攻击的能力。通过举办"黑掉卫星"（Hack-A-Sat）太空信息安全大赛，美国军方希望黑客找到军用卫星和地面站点的网络漏洞，进而提供加固太空系统网络的新思路。此外，美国"蓝色天空"（Blue Skies）演习，侧重于演练太空网络战，并将提供一种包含敌我太空系统数字副本的典型太空网络作战环境。通过组建虚拟太空网络靶场，以检测卫星平台及地面基础设施的网络安全漏洞，进而提出漏洞修补办法，提升太空系统的网络防御能力[①]。该靶场利用国家网络靶场的基础设施，为测试、评估以及培训提供可操作的真实网络空间环境。在构建虚拟太空网络靶物的基础上，2024年12月美太空军太空训练与战备司令部成立了首支网络靶场中队。美太空军还邀请网络安全公司参与建设太空网络靶场，帮助建设太空网络靶场或开发网络游戏，以期发现太空系统的网络安全隐患。通过发射"月光者"低轨卫星[②]，为"黑掉卫星"太空信息安全大赛提供攻击演练目标，开展实体卫星攻防测试。参赛者可对在轨"月光者"卫星进行黑客攻击，尝试开展渗透，以识别卫星中的漏洞，从而提高太空的网络安全[③]。通过启动"数字猎犬"项目，以嗅探网络威胁，提升网络防护能力，加强对太空地面系统网络威胁的检测。

第四节　对维护太空网电安全的思考

在21世纪的今天，太空不仅是人类探索的前沿，更成为国家间战略竞争的新战场。太空与网络彼此依赖。随着天地一体化网络、卫星互联

[①] 尹睿：《美国天军数字化建设现状及发展分析》，《国际太空》2023年第11期，第53—56页。

[②] 张睿健、陈艺苑：《全球首颗太空网络安全测试卫星"月光者"影响分析》，《工业信息安全》2023年第5期，第6—11页。

[③] 方勇、廖小刚、马婧等：《美军备战太空网络战的主要举措及影响分析》，《国际太空》2024年第1期，第45—48页。

网等概念的快速发展，太空网电安全必然成为国家安全体系中不可或缺的一部分，其重要性不言而喻。随着太空技术的迅猛发展，太空网电安全问题不再局限于技术层面，而是上升到了国家战略的高度。许多学者围绕如何维护太空领域网电安全提出了诸多意见建议[1]，梳理总结主要包括以下几个方面。需要说明的是，相对于太空网络安全研究，太空领域电磁频谱安全研究相对匮乏。

一、加强顶层设计，完善太空安全理论和政策体系

为适应太空安全的新形势和太空力量建设的新要求，应针对太空系统网电安全特点构建安全理论和政策体系。首先，应持续深化研究太空网电安全有关的潜在政策差距和挑战，进一步研究构建太空网电安全理论体系，加强组织机构建设，优化太空领域网络安全与电磁频谱安全顶层设计，制定太空网电安全相关指导意见或行动指南，明确太空网电安全的主要特点、面临的威胁和防御实践等方面的内容。其次，需进一步规范太空领域的网电安全政策和相关行业领域标准规范要求，制定开发利用太空的基本法规和相关安全政策，建立太空网电安全的监管框架，指导太空系统相关部门开展网电安全能力建设[2]。

二、深化技术研发，加强太空网络弹性建设

太空、网络、电磁频谱是目前前沿交叉领域，要注重以发展和获取太空网电安全防御能力为前提，重点推进太空网电安全的基础与应用研究，强化太空网电安全战略和风险管理策略研究，为维护太空网电安全奠定坚实基础。持续促进军民技术融合与应用，攻克太空与网电空间的

---

[1] 张婷婷、苏晓瑞、韦荻山等：《国外太空网络安全形势分析与启示》，《指挥信息系统与技术》2024年第15卷第2期，第13—19页。

[2] 何奇松：《美国太空系统网络安全能力构建》，《国际展望》2022年第3期，第134—155页。

交叉领域中的技术难题，着重在太空网络态势感知、零信任、区块链、人工智能、信息加密、网电防御、内生安全等新兴技术方向实现突破。以安全需求为导向，开发基于"零信任"原则的太空网络安全架构，加快构建具有高防御和高弹性的卫星网络，增强卫星网络的防护与适应性。持续推动太空网电安全的攻防竞赛演练，鼓励政府、教育和研究机构等合作，建立实战化演练平台，检验太空网电防御实力，提升维护太空网电安全的体系能力。

三、网电一体运用，发展太空网电安全综合防御技术

太空领域"网电一体"的关键是综合运用电子战和网络战手段，对卫星及其网络化信息系统进行一体化防御，这将是未来太空领域维护网电安全的必然趋势。比如，结合军事战略需求和自身特点，面向未来典型场景，基于电子干扰与网络防御的一体化设计，开发太空领域网电安全管理工具与管理机制，发展可对太空信息链路实施欺骗干扰以及网络攻防一体化的技术装备，研发具有强大拒止能力的成体系的网电攻防装备，极大提高太空领域信息安全防御效能，获取太空领域网电安全综合优势[1]。

四、加快人才培养，为太空网电安全能力建设提供重要保障

培育太空网电安全领域的专业人才对确保太空安全至关重要。太空网络安全人才需掌握多领域多学科知识。首要任务是利用人才政策，建立培养体系，加强对太空领域网络安全人才的培养，强化基础研究人才的创新与实践技能。其次，由于太空网电安全跨多学科，需推进跨学科教学和课程开发，以提升人才的专业适用性。此外，还可成立专门针对

---

[1] 黄学军、单树峰：《发挥电子战攻方优势，争取太空战略主动权》，《科技导报》2019年第4期，第12—15页。

太空网络安全培训的专家组，引入以太空网络安全为重点的培训项目和实训课程，进行针对性学习和实操，以全面提高太空网络安全人才的实践能力。

五、推进国际合作，共同构建太空网电安全治理体系

太空网电安全的发展需长期致力于国际合作。应积极与国际机构及其他国家合作，如举办共同的太空网络攻防赛和开发防御技术，促进全球合作。同时，应推动制定国际太空网络秩序和规则，共同推进太空安全新秩序的构建。倡导太空领域网络安全治理规则，积极参与太空网络安全国际标准化活动及工作规则制定，构建太空系统网络安全架构与国际太空系统网络治理规则，共同推进太空网络安全体系建设。加强国际空间法研究，积极参与外空国际规则制定，贡献中国智慧，在太空领域推动构建人类命运共同体。

总之，太空事关国家安全，太空网电安全问题已然成为其重中之重与"最前沿"。因此，应积极完善太空领域网电安全政策和规范相关标准，加强太空安全技术研究，开展"零信任"等关键技术攻关，构建太空态势感知体系，发展太空力量和网电空间一体化集成，增强太空系统的网电防御能力，并积极参与国际太空网电安全治理工作，共同应对太空领域网电威胁，确保太空领域网电安全。

第七章／商业航天安全

商业航天作为近年来迅速崛起的领域，将在推动航天技术革新、促进经济发展、拓展人类探索宇宙边界等方面发挥不可忽视的重要作用[1]。然而，随着商业航天活动的日益频繁和多样化，其面临的安全问题及其发展对整个太空安全的影响也日益凸显。特别是太空碎片风险、频轨资源竞争、网络安全威胁、法规制度滞后等问题，都可能不同程度地成为影响商业航天安全的主要因素，或在商业航天领域同样存在，进而影响整个太空领域的可持续健康发展。

第一节　商业航天及其发展态势

商业航天，作为航天领域的新兴力量，正在成为全球太空产业变革的重要推动力[2]。随着航天科技的进步与市场的日益成熟，商业航天的发展不仅推动了火箭技术的革新，降低了发射成本，还促进了卫星互联网、太空旅行等新兴产业的兴起，不仅丰富了人类的生活，也为全球经济带来了新的增长点[3]。同时，商业航天还在太空资源开发、深空探测等领域展现出巨大的潜力，为人类未来的太空探索提供了更多的可能性。

---

[1] 贾锐：《照见未来——一本书读懂商业航天》，知识产权出版社，2018年版，第15—39页。

[2] 王小军：《中国商业航天的发展与未来》，《导弹与航天运载技术》，2020年第1期，第3—4页。

[3] 龙威：《商业航天发展研究》，《中国航天》2022年第7期，第8页。

目前，商业航天发展过程中可能面临的安全问题已成为国际社会广泛关注的焦点。了解商业航天的概念内涵与发展态势，是研究商业航天安全问题的前提。

一、商业航天

国内外学者对商业航天领域发展的研究较多，但对商业航天的认识还没有形成统一的概念。有学者认为，商业航天是按照市场规则配置技术、资金、人才等资源要素，以盈利为目的的航天活动[①]。其涉及的领域广泛，包括卫星制造、发射服务、卫星运营及应用、地面设备制造与服务、太空旅游、太空资源开发等多个领域。有学者认为，商业航天是利用商业模式运营的航天活动，旨在通过商业市场的方式开展航天技术和服务的研发、制造、发射和应用。其核心关键要素是所有者属性、商业化理念、技术和运用模式。产品所有者属性，是指产品归用户所有还是归企业所有。商业化理念，主要体现在尊重市场规则，以市场为导向，以企业为主体，以盈利为目的，风险收益对等。商业化技术，是指面向商业市场需求的技术创新，以及从市场获得商业技术，运用商业化技术开展综合应用等。商业化运营模式，表现为以市场化、商业化运作为牵引的融资模式、研制模式、组织管理模式、产品和服务模式、盈利模式。也有学者认为，商业航天活动的主体属性和用户类型是非关键因素，无论提供活动的主体是国有企业还是私营企业，用户是军方、政府、企业还是个人，均不是判断商业航天的关键。商业航天的承接者既可以是市场化的企业，也可以是政府下属的航天机构[②]。

当前商业航天成为太空领域新的生产力增长极。商业航天的发展历史较为悠久，最早可追溯到冷战时期，全球化的发展和市场化的主导是

---

① 都丹、丰旭：《国内外商业航天发展态势解析及前景展望（上）》，《中国航天》2019年第11期，第50页。
② 郭文、崔彪：《中美商业航天发展脉络对比分析》，《卫星应用》2021年第2期，第26—27页。

最直接的萌芽与推动因素。美苏冷战结束后，在信息技术革命和世界市场扩张性的双重因素推动下，世界范围内的联系日益加强，全球化进程逐步加快。在生产、贸易和金融构成的经济全球化率先发展的引领之下，在全球化形势向政治、社会、文化等各领域渗透传播的同时，全球化浪潮带动了商业航天的快速发展[1]。

从商业航天发展的关键领域来看，全球商业航天发展可以分为四个阶段。第一阶段（1962—1990 年），美国商业通信卫星 Telster1 进入轨道，开启商业航天的时代。此时，商业航天市场由同步轨道通信卫星引领，并得益于政府部门和私人资本间的亲密合作。市场的飞速增长刺激了第一轮商业发射领域的先行者，包含阿力安、德尔塔、阿斯拉斯、质子、大力神等商业航天发射公司。第二阶段（1990—2000 年），此阶段商业航天的特色是大规模近地轨道星座出现。例如，全球星和铱星等。同时，大规模星座的产生刺激了像海神公司、ULA 的宇宙神等大量新兴航天发射服务商进入市场[2]。第三阶段（2000—2015 年），这个阶段的发展主要来自政府项目的刺激，最著名的是美国国家航空航天局的空间站货运项目。美国国家航空航天局对空间站货运的需求刺激产生了"猎鹰–9 号"和安塔瑞斯火箭，还有天鹅座、龙、追梦者和新航线等宇宙飞船。第四阶段（2015—至今），全球的商业航天进入快速全面发展阶段，遥感、通信、导航、卫星互联网、发射服务、在轨服务、先进动力技术等步入发展快车道。低轨巨型星座的发展、可重复使用火箭技术的突破、地月空间开发与利用等成为商业航天市场的关注焦点。一箭多星、批量化生产等变革技术的出现也成为太空力量商业投送与部署的重要手段。

---

[1] 陈宁、丰松江：《商业航天在太空安全中的应用研究》，《中国航天》2024 年第 1 期，第 13 页。

[2] 韩橞夏、张丽艳、陈状等：《美国商业航天发展带来的启示》，《科学》2023 年第 1 期，第 24 页。

二、发展态势

近年来，电子信息、先进制造、数字化、智能化等技术的蓬勃发展，给商业航天的变革崛起注入了强大动力，全球商业航天的发展步入快车道。卫星互联网、低成本运载火箭等商业航天业务迅速发展，正在成为拉动全球经济增长的新引擎[1]。同时，随着商业航天在太空安全中的作用愈加凸显，总体国家安全对太空安全发展的急需性和紧迫性相应地迁移和延伸到了太空安全对商业航天的战略需求上。比如，商业航天独有的市场优势和在国际安全形势中的"公众"身份为太空安全和太空军事力量储备等提供了很好的掩护作用，这也成为一些国家加快实施商业航天战略的重要因素。未来在国家安全战略的积极扶持与市场竞争模式的强烈推动下，商业航天发展必然会呈现欣欣向荣的蓬勃发展态势。

在进出空间方面，商业运载火箭发展贯穿商业航天发展始终。以美国 SpaceX 公司研制的"猎鹰9号"为代表的商业运载火箭打破传统技术，研制生产不断优化升级提速，呈现出可重复使用、标准化、通用化等新特点，特别是垂直发射、多发并联、海上着陆、陆地着陆等颠覆性技术的出现与应用，引领太空安全领域火箭技术向智能、绿色、低保障、快响应和低成本等方向发展，使得高运载、可复用成为可能。"猎鹰"系列火箭的 LEO 运载能力高达63.8吨，GTO 运载能力达26.7吨。正在紧锣密鼓研发的"星舰"运载能力将更加强大，如表7.1所示。此外，"星链"卫星24小时内发射两批卫星、平均每3.9天完成一次发射任务等快速部署能力，也在不断实现新的飞跃。特别是商业运载火箭的高频次发射、低成本回收等技术，使其成为太空安全领域中军事力量储备的有力支撑。一方面，通过直接运用商业航天强大的发射能力部署军事卫星，可以高效构建太空安全军事力量体系；另一方面，敏捷的商业航天

---

[1] 龚燃、武珺、王韵涵：《国外商业航天发展现状与趋势》，《卫星应用》2024年第5期，第51页。

发射能力，可以作为太空快速响应的优势力量，被军方青睐和利用。例如，2023年9月2日，美太空发展局利用SpaceX公司的"猎鹰-9号"运载火箭发射13颗弹性体系架构中的传输层卫星。同期，美Firefly公司的阿尔法火箭执行了太空军快速响应发射任务。在载人航天领域，商业化广度、深度也在不断拓展，已覆盖货运飞船、载人飞船、空间站应用、亚轨道飞行器等领域，正在进一步向商业空间站、月面着陆器等系统延伸。比如，美国商业货运飞船能力相较上一代货运飞船整体能力实现提升，"天鹅座"飞船货重比达到0.47，"龙"飞船和"追梦者"均可重复使用[1]。

表7.1 火箭性能演变示例

火箭型号	宇宙神5号	猎鹰-9号	重型猎鹰	星舰
发射成本（美元/千克）	7000	3000	1500	220
回收次数/次	0	20~30	50	不限
运载力/吨	LEO：18.3	LEO：22.8 GTO：8.3	LEO：63.8 GTO：26.7	LEO：150（回收）

在太空态势感知方面，近年来，商业航天能力发展迅猛，在区域覆盖、分辨率等方面几乎与军事航天相匹敌。以美AGI公司（Analytical Graphics Inc）的商业太空操控中心（Commercial Space Operation Center）为例。该公司建立了一个由光学、无线电、雷达组成的全球多样性传感器网络，提供对空间物体的日夜持续跟踪服务。其全球传感器网络主要包括ExoAnalytic公司的全球光学望远镜网络和Las Cumbres Observatory（LCO）公司的天文台全球望远镜网络。前者是目前全球最大商业光学望远镜网络公司，包含32个观测站点，拥有超过300部望远镜，能够定期探测、跟踪和关联GEO、HEO、MEO轨道中的太空目标。后者包含13

---

[1] 龚燃、武珺、王韵涵：《国外商业航天发展现状与趋势》，《卫星应用》2024年第5期，第52—53页。

个 1 米光学望远镜和 7 个 40 厘米望远镜组成的全球网络。商业太空态势感知在太空安全领域可发挥空间环境监测、服务定轨编目、避免在轨碰撞等作用，也被军方青睐用于太空作战力量储备。美军联盟太空作战中心（Combined Space Operation Center，CSpOC）管理的太空监视网（SSN）拥有世界上强大的太空监视能力，但为了满足利用太空和控制太空等战略需求，正将民商能力快速集成到军方太空态势感知系统。美国已与英、法、德、澳、日、菲、韩等国家，以及 70 余家商业公司签署百余份协议，开展太空态势感知合作，逐步牢固太空安全联盟架构[1]。

在太空信息支援方面，商业航天发展迅速。比如，与传统通信卫星相比，新兴的低轨通信星座具有低时延、覆盖广、成本低、研制周期短、星座稳定性强等优势。截至 2024 年 6 月 25 日，"星链"卫星全球用户已超过 300 万。"一网"系统已完成一代星座卫星部署，二代卫星启动在轨试验，单星容量将提升 3~5 倍[2]。商业遥感市场呈现出高分辨率、多样化、多手段、低成本趋势，卫星载荷逐步向红外、SAR、高光谱等拓展。全球在轨的商业遥感卫星最高分辨率达 0.15 米，如美国麦克萨技术公司（Maxar）的 WorldView-3 等。同时，云计算、物联网、5G、AI 等技术与多样化遥感数据服务相结合，发展遥感数据分析和信息挖掘业务，生成可指导实际行动的决策支持产品，也是这一领域的一个重要发展趋势。比如，以麦克萨技术公司为代表的运营商，具备卫星任务规划灵活、成像模式多样、图像获取速度快等特点，目前用户最快 2 小时即可通过亚马逊云服务获得处理后的图像。总体看，目前，商业太空信息支援能力在太空安全领域的应用市场已处于相对成熟稳定的阶段。一是可成为军方重要的情报力量，发挥战场信息保障作用。例如，在俄乌冲突中，美国麦克萨技术公司、黑色天空公司、行星公司等 100 多家商业遥感卫星公司，为以美国为首的北约和乌克兰提供了至少 200 颗商业遥感卫星

---

[1] 袁伟晨、征凡策：《美太空安全联盟发展动向分析研制》，《国际太空》2024 年第 6 期，第 12—17 页。

[2] 龚燃、武珺、王韵涵：《国外商业航天发展现状与趋势》，《卫星应用》2024 年第 5 期，第 51—52 页。

采集的照片,以及大约20种不同的分析服务①。"星链"卫星系统为乌克兰提供维持战场通信、保障情报信息的近实时传输服务。二是商业太空信息支援能力可为经济社会发展、国家利益拓展提供优质高效的信息服务,间接推动太空安全领域发展。商业太空信息支援可用于城市监测、数字化种植基地监测、矿山安全与生态综合监测、自然灾害监测等,在众多领域保障人类生命及财产安全,维护人类切身利益。在提高国家经济、社会、生态等稳定有序发展水平的同时,间接为太空安全领域快速发展提供保障。

在轨操控领域,大量商业公司已具备在轨延寿、在轨控制、碎片清除等能力,并已实现在轨延寿、轨道修正、离轨、碎片清除等项目验证。商业在轨操控技术与服务在太空安全领域的应用主要体现在两个方面:一是针对合作目标,可提供航天器在轨延寿、轨道修正、重新定轨、离轨等服务。典型的例子为轨道ATK公司"任务扩展卫星(MEV-1)"为国际通信卫星"Intelsat-901"提供在轨延寿服务。二是碎片清除技术,可为减少航天器在轨碰撞、维护太空交通安全奠定良好基础。例如,美军方实施的"凤凰计划",旨在验证利用在轨机械臂抓捕废弃卫星离轨技术。其中,多家航天企业的在轨抓捕先进技术得以运用。欧洲航天局的主动碎片清除计划(ADRIOS)授予Clear Space公司,也是旨在开发从地球轨道上移除大型物体的技术。

深空探测方面,商业化程度持续加深、覆盖范围不断扩大,并逐步向下游服务业扩展。美国2015年通过《美国商业太空发射竞争法案》《外空资源探索和利用法》,为私人实体进行月球及行星采矿提供了法律依据,标志美国成为第一个赋予私人外空采矿合法性的国家。2016年8月,美国联邦航空管理局首次批准美国月球快车公司2017年向月球发射MX-1着陆器的申请,开创了私营企业进行商业深空探测的先例。截至目前,众多商业公司已加入地月空间探索的大军,开启对地月空间等深

---

① 张文静:《2022年美国商业航天的军情动态分析》,《中国航天》2023年第6期,第28—32页。

空领域的探索、开发与利用。例如，美国 SpaceX 公司、蓝色起源公司、ULA 等公司提出了月面着陆方案，拓展月面探测运输服务。其中，美国"商业月球有效载荷服务计划"已于 2024 年初发射前两次任务，且在月面成功软着陆，标志着全球商业月球探测取得重大进展。商业深空探测能力在太空安全领域发挥的作用主要体现在两个方面：一是经济价值，其经济效益可以为太空安全基础能力建设等提供重要支撑。开发与利用月球、火星、近地天体和小行星等领域可获取巨大的经济利益，直接促进太空安全力量的持续发展。二是商业技术、资源与力量可有效助力军方在深空领域探索、开发与利用方面的能力，为太空安全军事力量建设赋能。美军方通过合力开发、激励扶持等方式在地月空间态势感知、核动力推进飞船、月球资源开发等方面正向激励商业航天创新发展，并加以积极运用。美国国防部于 2022 年底部署了地月空间太空器的项目计划，并有意将其授予商业公司，企图利用商业能力寻求地月空间响应式态势感知能力。有意与商业公司合力开发的核动力飞船项目也已在紧锣密鼓地计划部署阶段。美国还鼓励私营企业参与综合性月球基础设施建设计划，为月球基础设施建设筹智聚力。意大利航天局与法国航空航天公司合作，计划在月球建造一个多功能栖息地。

  同时，随着小卫星星座成为产业发展热点，批量化研制生产技术不断变革。一方面，各卫星制造商通过收购、投资、合作、自建等方式，补齐小卫星制造能力。比如，美国波音公司 2018 年 9 月收购新千年太空系统公司，作为独立子公司，运用年产 120 颗小卫星生产线，进入军方遥感、通信和攻防小卫星市场；洛马公司于 2022 年 10 月以 1 亿美元参股人族轨道公司（Terran Orbital），将其批生产能力纳入洛马公司产品线，共同承研军方低轨大规模星座和遥感载荷，2024 年启动收购人族轨道公司，以完全拥有其小卫星研制能力和军方用户。另一方面，通过缩减平台类型、规模化生产、软件定义平台、设计与制造交互、制造与运营结合等方式，推动卫星生产制造环节转型升级。低成本规模化小卫星制造以及卫星人工智能、数字化载荷等技术创新发展，推动卫星通信与地面 5G 和未来 6G 通信技术和产业融合。同时，利用数字孪生技术模拟空间环境，开展航天器及星座系统的建模、设计和任务规划，使制造商以较小的成本在较短的时间内测试和评价项目，成为卫星制造业数字化发展的方向。

此外，商业航天的太空旅游正从试验性质逐步向商业性质发展。2021年，维珍银河公司利用"太空船-2"完成载人亚轨道飞行，"船票"报价45万美元/座位，已有上百位乘客预订。蓝色起源公司也利用New Shepard飞船成功完成两次载人亚轨道飞行，拟提供平流层气球飞行的创企太空视觉公司开启船票发售，每张票价12.5万美元。世界观察公司计划2024年初开展首批至平流层的商亚飞行，飞船增压座舱可乘坐8名乘客，每个座位售价5万美元，远低于其他各大太空旅游机构眼下的收费标准。随着国际空间站2030年即将退役，美国国家航空航天局推出"商业低轨目的地"计划，多家商业航天公司将空间站建设纳入规划，以实现与"国际空间站"的平稳过渡[①]。公理空间公司计划继续推进其私人空间站建设，预计总项目耗资30亿美元。蓝色起源公司、山脉空间公司牵头的企业联盟计划合作建设商业性空间站，21世纪中叶以后接纳人员和有效载荷入驻。纳型支架公司、旅行者空间公司与洛马公司等也计划建设"星空实验室"商业空间站，最快有望2027年具备初始使用能力。

第二节 商业航天安全问题分析

商业航天在快速发展的过程中，其对太空安全的影响和面临的安全威胁挑战均属于讨论商业航天安全问题的范畴。商业航天的迅猛发展带来了轨位与频谱资源竞争加剧、太空军事化进程加快、太空碎片增加、太空环境安全挑战、太空交通管理难度加大、太空网络和数据安全威胁、

---

① 韩樾夏、张丽艳、陈状等：《美国商业航天发展带来的启示》，《科学》2023年第1期，第24页。

太空安全治理难度增加等问题，同样影响和制约着商业航天的安全与发展利益，也使商业航天本身成为太空安全大环境影响下的重要因素之一。除面临这些与传统航天相同安全问题外，还存在产业重复构建、市场规范不到位、保险体系发展不健全等发展问题。对身为盈利属性的商业航天企业来说，其发展问题或许也是决定其存活的安全问题。通常情况下，无发展前景的航天企业或将很快被市场淘汰。

一、商业航天大国博弈加剧

商业航天的快速发展使得轨位与频率资源竞争加剧，太空军事化进程加快，加剧了商业航天大国之间的博弈。

商业航天的飞速发展，在加剧轨位与频谱资源竞争博弈的同时，也反向影响和制约航天企业的安全与发展。第一，随着科技的进步与商业航天的技术革新，各种行为主体进入太空的门槛日渐降低，进入太空的主体种类更加多元，数量也急剧增加。特别是商业航天进入发展热潮期，各种航天企业如雨后春笋般涌现，更是加剧了轨位与频谱资源的短缺。第二，大型低轨卫星星座的大量涌现，低轨太空空间变得更加"拥挤""堵塞"，进一步加剧了轨位与频谱资源的紧张程度。第三，除地球同步轨道外，其他地球轨道轨位和无线电频率都采用"先到先得"的获取方式，这对技术先进的航天大国具有天然的国际机制优势[1]，从而也就成为商业航天大国太空博弈的主要领域之一。近年来，大型低轨卫星星座的竞相公布与发展呈现"争先恐后、群雄逐鹿"的发展态势。为争夺频轨资源，航天市场还出现"抢占、囤积频谱"的现象。比如，一些航天企业为率先申请到更多的频谱资源，夸大卫星发射数量需求，挤压竞争对手的活动空间，并抬高所控制频谱的售价[2]，严重扰乱太空领域频谱

---

[1] 高杨予兮、徐能武：《商业航天发展与大国关系演进》，《现代国际关系》2020年第6期，第57—58页。

[2] Tereza Pultarova, "The Software – Defined Future of Satellites," Via Satellite, November 2019.

秩序。反观频轨资源的紧张对商业航天的影响，与传统航天一样，频轨资源短缺与紧张也会严重制约商业航天企业的安全与发展，更有甚者，或将直接决定一些领域商业航天企业的生死存亡。一方面，无法申请到频轨资源的航天公司，在研项目或者规划项目可能会因此而搁置，从而带来严重的经济损失甚至直接导致公司破产；另一方面，频轨资源的不正当竞争也会严重影响航天市场的发展秩序，扰乱市场的正常发展规律，严重者可能破坏国际太空规则，加剧大国之间的博弈[①]，增加太空安全治理体系的难度。

近年来，一些航天大国将商业航天力量体系纳入军事航天力量储备，接连不断发布一系列政策文件促进商业航天军事应用体系发展，并公开发布商业航天战略，明确指出全方位谋求商业航天解决方案提升未来军事航天体系能力。这无疑是为太空军事化增码、提速。反观商业航天的快速发展，也为军事化应用提供了技术条件。随着商业航天军事应用的纵深发展与不断拓展，在进出太空、太空态势感知、太空信息支援、在轨操控、深空探测等领域充分激发、挖掘与利用商业航天技术、产品与服务，必然成为相关国家提升军事航天能力的关键路径和必然选择。比如，美军利用 SpaceX 公司的"猎鹰－9"火箭发射太空弹性体系架构卫星，将商业机构拉入太空态势感知共享联盟，利用商业遥感、导航、通信卫星参与局部冲突信息支援，与商业航天企业合作开发月球电力、通信、导航和其他基础设施建设等工作。尽管如此，但不应忽视的是，由于太空的公域属性，太空军事化、武器化有可能使得所有的太空主体，包含商业航天都成为其中的"受害者"。据有关消息报道，美国 CNN 记者吉姆·休托撰文称，美军进行多次太空战模拟的结果显示，即使是规模有限的太空战也有可能造成灾难性后果，因为许多现代化技术过于依赖卫星，一旦卫星被摧毁，地球轨道在多年内都无法正常使用，军队将回归二战的作战方式，普通人的生活将变得一团糟。此外，站在企业的

---

① 蔡润斌、郭丽红：《美国太空大国竞争策略研究》，《中国航天》2024 年第 2 期，第 60—63 页。

角度，商业航天企业的技术、服务与应用如果用于未来太空对抗，它们的安全与利益如何保证？美国在其发布的《商业一体化战略》中指出，商业公司在未来太空对抗中遭受的经济损失将由战争保险公司承担。这一思路举措如何能够贯彻落实？战场中的损失如何界定？航天保险公司是否承担得起相应的保额？都是需要进一步思考的问题。

二、"凯斯勒现象"风险急增

大量的商业卫星在轨部署可能造成太空碎片急剧增加，太空交通管理难度加大，太空环境问题更加复杂，从而导致"凯斯勒现象"风险威胁加剧。

商业大型低轨卫星星座将从多方面增加产生太空碎片的概率。第一，商业卫星的大量发射与在轨部署本身就增加了太空碎片的产生概率。第二，为保障在轨卫星的安全，避免太空碰撞，及时、准确地获取低轨卫星星座的轨道数据是必然要求。而商业大型低轨星座卫星由于数量多、体积小，外形极为相似，对太空目标监视提出了严峻的挑战，这在一定程度上增加了太空碰撞的概率。一旦发生碰撞，将会造成大量的太空碎片，甚至有可能诱发级联反应。第三，数量巨大的低轨卫星星座需要多批次的火箭发射，而废弃的火箭部件也很容易成为漂浮在太空中的碎片。第四，商业低轨卫星的设计寿命一般都较短，可靠性也相对较低。当卫星进入寿命末期，如果未能及时进行离轨处理，或将会产生大量的太空碎片，影响在轨卫星的正常运行。第五，商业低轨卫星星座为降低成本，选用批量化生产，导致小卫星故障率很高。譬如，"星链"项目首先发射的60颗小卫星中，有3颗出现故障无法正常执行任务，故障率为5%[①]。试想，如果所有"星链"卫星部署完成，按照5%的故障率计算，将会产生2100颗故障卫星，成为漂浮在低地球轨道上的太空碎片。同时，为

---

① 聂春明、王志波、毛翔等：《太空力量与国家安全》，北京：航空工业出版社，2016年版，第154—155页。

了替换这些发生故障的卫星,又需要太空公司为星座准备足够多的备用卫星,或重新向轨道上发射新卫星,这些发射本身或将会增加新的太空碎片①。

商业航天低轨巨型星座等快速发展,也会使太空交通管理难度加大。第一,商业卫星的大量部署本身就增加了太空交通管理的难度。第二,商业低轨卫星星座运营商出于成本考虑,往往不会装载强大的推进系统,于在轨信息共享、规避碰撞等方面也往往会缺乏主动性。第三,在面对碰撞概率较高需要轨道机动主动避碰时,商业航天企业为节省燃料,延长在轨寿命,是否会主动选择避碰,或是逼迫对方采取措施呢。事实上,国际法规并没有明确在两颗都处于运行状态的卫星即将碰撞时,该由哪一方作出避让。商业公司可能会出现彼此推脱直至发生碰撞的后果。第四,根据《碎片缓解指南》建议,失效的航天器应在25年内离开低地球轨道。而让商业航天企业遵守指南,对其失效或寿命已尽的在轨卫星实施离轨或是非常困难的。一方面是因为商业低轨小卫星可能缺少推进装置,不能进行有效在轨机动;另一方面,商业航天企业宁愿将最后的燃料用于卫星做最后的正常在轨运转,也不愿为离轨机动预留冗余燃料。根据美国国家航空航天局的研究,在没有大型低轨卫星星座的情况下,如果90%的航天器能遵守25年内离轨的规定,且轨道上不出现爆炸,低地球轨道上的物体将在200年内增加40%②。事实上,能遵守离轨规定的卫星只有约60%③,商业低轨小卫星遵守这一规定的比例可能更少。第五,商业卫星同样遭受空间辐射的安全威胁。宇宙空间中充满了来自太阳、银河系甚至宇宙深处的高能粒子和辐射,这些辐射对卫星的电子设备和元器件具有极强的破坏力。长期暴露在高能辐射环境下,卫星的电路系统可能受到损伤,导致性能下降甚至失效,进而成为僵尸卫星或

---

① 蒋建忠:《太空武器化与中国国家安全突围》,《世界知识》2015年第18期,第32—36页。

② Space and Secureity Policy in Europe, Occasinoal Papers No. 48, December 2003, http://www.iss-eu.org/occiation/occ48.pdf.

③ 滕建群:《2008年国际军控与裁军形势综述》,世界知识出版社,2009年版,第11页。

空间碎片。

总之,太空碎片的急剧增加、太空交通管理难度增大以及空间自然环境恶化等,也是商业航天企业面临的安全威胁。这些大太空安全环境问题犹如一张大网,一旦扑面而来,太空域或将没有"漏网之鱼",商业航天身为太空域中的关键主体,也或将无法幸免。

三、商业航天监管体系不完善

从市场发展的视角看商业航天,商业航天的发展还存在产业重复构建、市场规范不到位、保险体系不健全等问题。这些问题看起来像是商业航天长远发展问题,但归根结底,其实也是决定航天企业能否持续正常运行的安全问题。

一是产业重复构建问题。商业航天的热潮吸引了众多企业的目光,但这也同时带来一些问题。在利益的驱使下,不少企业盲目跟风,没有充分调研市场需求,评估自身实力和市场定位,就匆匆投入商业航天的竞争中。这种"一哄而上"的现象,导致了重复建设和资源浪费。航天领域的技术门槛高、投资周期长、风险大,很容易将技术储备和人才支持不充分的航天企业"淘汰出局"。比如,卫星互联网星座方面,多国竞相发布卫星互联网计划,但在频率战略资源缺乏、卫星互联网发展基础相对薄弱、市场需求和商业模式不清晰等方面,都或多或少面临一些困难和问题[1][2]。

二是市场规范不到位。目前,多国商业航天市场的管理规范尚显不足。比如,法律法规体系尚不完善。相关国家大多尚未出台全面的商业航天基本法律,针对该领域的专门法规也显得匮乏。与商业航天活动直接相关的法规,多数停留在部门规章和规范性文件的层面,法律层级较

---

[1] 何善宝:《商业航天"国家队":成就可观,仍需创新》,《太空探索》2024 年第 2 期,第 8—9 页。

[2] 黄志澄:《我国发展商业航天的机遇与挑战》,《军民两用技术与产品》2019 年第 12 期,第 15—17 页。

低且细节规定不足,难以在实际操作中有效约束和规范市场行为[1]。比如,有的法规政策虽然对商业运载火箭活动的开展起到了一定的规范和促进作用,但缺乏对社会资本进入航天领域的具体国家政策措施,缺乏政府对商业运载火箭企业的技术支持和相应的政府/军品采购政策,同时也缺乏适当的创新机制。这在一定程度上限制了商业航天发射市场的发展。监管机制不健全,存在多头监管、权重不清的现象。这导致在市场准入、运用监管、安全监管等方面难以形成统一、高效的监管体系。监管手段的滞后也制约了对商业航天市场的有效监管。比如,在商业航天企业的资质审查、产品质量检测、安全评估等方面,尚未建立起完善的监管制度和标准。由于市场规范缺失和监管机制不完善,商业航天市场存在一定程度的无序竞争现象[2]。

三是保险体系不健全。航天产业具有研发周期长、投资大、风险高等特点。商业航天企业为降低风险,减少由于各种可能的失败而带来的巨大经济压力,航天保险成为不少航天企业的优先考虑事项[3]。目前,航天保险体系发展还不健全。比如,承保主体不足,承保能力有限。需求主体的数量增加以及主体企业性质的变化均导致保险需求增加,现有的保险主体及能力已远远不能满足所需。重大科研项目缺乏保险支持[4]。卫星发射第三方责任实际理赔能力不足。一旦发生第三方责任事故,商业保险公司并不具备处理国家间"空间第三方责任险赔案"的责任[5]。低轨互联网星座、太空游客和私人航天员飞天等新型商业航天领域保险

---

[1] 高国柱:《〈关于促进商业运载火箭规范有序发展的通知〉政策与法律视角的分析与评价》,《国际太空》2019年第9期,第46—52页。

[2] 田露、代健:《商业航天的标准化特点和需求分析》,《学术研讨》2021年第4期,第65页。

[3] 王强、桂文东:《航天保险对促进我国航天强国建设的思考》,《中国航天》2020年第8期,第46—47页。

[4] 王强、桂文东:《航天保险对促进我国航天强国建设的思考》,《中国航天》2020年第8期,第47页。

[5] 曲克波、周华:《我国航天保险发展及对策建议》,《国防科技工业》2017年第6期,第33—35页。

项目尚无①。航天保险法规制度不完善，也在一定程度上阻碍了航天保险的对外发展②。

四、太空网络和数据安全威胁

与传统航天类似，商业航天同样面临着网络安全和数据安全问题。首先，商业航天系统的互联性和复杂性增加了网络安全风险。从卫星设计、制造、发射到在轨运行，每一个环节都离不开信息技术的支持。而卫星与地面站、数据中心之间的数据传输，更是构成了庞大的信息网络。一旦被恶意攻击者利用，就可能导致卫星控制系统被劫持、数据传输被拦截篡改等严重后果。其次，商业航天数据的高价值性使其也成为黑客攻击的重点目标，卫星在轨运行期间收集的大量数据，包括地球观测图像、气象数据、通信信号等，都具有极高的商业价值和社会价值，很容易成为被攻击的对象。最后，商业航天为降低成本、提高效益，在网络、数据安全防护方面较弱，通常不会增加防护技术，很容易成为被攻击的弱点所在。比如，有报道称，2023年5月，勒索软件团伙LockBit窃取了SpaceX公司火箭团队的3000余份设计图纸，并威胁要将它们出售给竞争对手③。

五、太空安全治理难度增加

当前，关于太空安全治理的主要议题为太空碎片增多、频轨资源紧张、太空军事化。如上节所讲，商业航天在增加太空碎片、抢占频轨资源的同时，也在一定程度上加快太空军事化进程，这三个方面均加大了

---

① 江山：《航天保险遭遇"滑铁卢"，新难题亟待破解》，《太空探索》2024年第2期，第55—56页。

② 周华、姜明文、王坤：《我国航天保险发展研究》，《航天政策与管理》2017年第6期，第46—47页。

③ 江山：《航天保险遭遇"滑铁卢"，新难题亟待破解》，《太空探索》2024年第2期，第51页。

太空安全治理的难度。此外，因太空领域是"全球公域"，随着越来越多的行为体进入太空领域，太空的安全属性日益凸显，随之而来的是行为体在太空领域的矛盾和纠纷不断增加。国际大变局之下，激烈的太空竞争使得太空面临的安全威胁日益严峻，具有"全球公地"属性的外空需要国际社会的共同维护，亟须通过全球治理来应对日益复杂的外空安全问题。但是，太空安全治理深受国际权力结构的束缚，使得外空安全治理中的大国协调难以实现，显示出公地性质与国家利益的巨大冲突。

第三节 商业航天安全发展的维护

商业航天安全，不仅关乎航天企业的安全与发展，还直接影响国家的安全与稳定。随着商业航天发展热潮涌现，与之而来的商业航天安全问题日益得到相关国家政府、智库、军方、航天企业等广泛关注。为应对此类问题和威胁，相关国家通过颁布各类政策文件、法律法规等，加强对商业航天安全发展的战略引领、市场激活、规范指导和应用推动。同时，商业航天企业也在政策与市场的双轮驱动下，加强技术创新、降本提效，寻求企业健康安全和可持续发展。

一、强化战略引领，维护商业航天安全

为吸引企业家驻足航天领域，确保商业航天企业平稳健康发展，一些国家从国家层面予以政策支持，不断释放利好。站在企业角度，国家的顶层支持也是其评估高增长潜力和广泛市场前景的关键指标，同时也是维护商业航天安全的主要做法。

在政策战略引领方面，国际上采取的政策思路主要分为三种。一是伴随商业航天能力的不断壮大，人们对商业航天的价值、潜力以及作用的认识日益清晰，相关国家政府对商业航天的限制逐渐放开，开放力度

不断加大①。二是为规范商业航天活动，在通信、遥感、导航、发射、制造等领域颁布针对性法规准则文件加以规范引导，统一专业领域标准，减少或避免因技术、服务、标准不统一而引起商业航天市场的混乱，同时减少或避免商业航天企业的不良竞争与发展，为商业航天提供法律基础。三是逐渐加大对商业航天的支持力度与广度，鼓励中小型企业参与商业航天事业发展。因商业航天历史、商业航天能力与市场环境等不同，相关国家在商业航天政策法规体系的发展程度也不相同。

美国在商业航天政策法规体系发展上一直处于"领跑"状态。其商业航天发展历史较长，建立的商业航天法规体系也较为成熟完善。美国自1958年颁布《国家航空航天法》以来，为规范和鼓励商业航天产业发展，相继出台了《通信卫星法案》（1962年）、《商业航天发射法》（1984年）、《陆地遥感政策法案》（1992年）、《商业空间法》（1998年）、《全球定位系统政策》（1996年）、《美国商业遥感政策》（2003年）②等一系列政策法规，明确了市场主体的进入条件、行为准则、法律责任与权力等，基本上覆盖了商业航天的各个领域，有力规范和促进企业参与商业航天活动③。2010年颁布的《国家航天政策》中提出，要利用商业航天产品和服务满足政府需求。奥巴马政府发布的《美国法典》第51编（国家和商业太空项目），正式将《联邦空间法》编入法典，使空间法成为独立的部门法，为私营公司的商业太空活动提供了法律保障。特朗普在第一任期期间，共发布了6份太空政策指令和1份《国家太空政策》，将商业航天作为军事航天力量的重要组成，大力支持其应用发展。很多商业航天公司被给予了更大的自主权，发展空间得到了进一步提升。拜登政府的国家航天政策继续鼓励和促进国内商业航天

---

① 高国柱：《我国商业航天政策分析与未来展望》，《卫星应用》2023年第10期，第54—56页。

② 龚然：《美国卫星遥感政策和法规体系及其作用》，《卫星应用》2013年第3期，第25—26页。

③ 龚然、武珺、王韵涵等：《国外商业航天发展现状与趋势》，《卫星应用》2024年第5期，第50页。

部门的持续建设，将其作为太空力量体系的重要支撑①②。

欧洲、印度等也在不断完善航天领域相关顶层政策，为更好地发展商业航天提供支持。2016年《欧洲航天战略》指出，支持商业航天在供应链的各环节中开展竞争，催生创业创新的生产系统；采取更有力的措施吸引私人投资；创造新的商业机会，扶持创新和创业型企业③。英国《国家航天战略》指出，快速推动商业航天产业发展。俄罗斯也不断在强化商业航天政策支持力度上发力，在"2030年发展战略"中将"航天商业化"作为重要战略举措。日本、印度等也提出了支持商业航天发展的政策④。显而易见，各国的商业航天政策在不断动态调整发展，试图从政策层面为商业航天企业的安全发展创造愈加有利的政策环境。

二、激发市场活力，营造商业航天安全环境

市场是商业航天企业的最基本的生存资本，也是商业航天的基本属性。一个航天企业，只有瞄准市场需求，找到自己的市场定位，才有存活发展之说，否则一切都是空谈。站在国家层面，只有充分开发市场需求、拓展市场广度，不断激发市场活力，才能确保航天企业拥有稳定的发展环境。为此，相关国家不断调整相关政策法规，针对专业领域放宽市场要求、简化审批流程、引导良性竞争等，多角度多手段激活、释放市场活力，为商业航天营造市场安全环境⑤。

在放宽市场需求方面，美国先后4次修正商业遥感政策及法案，逐

---

① 宿东：《2010年版和2006年版美国国家航天政策内容对比》，《中国航天》2010年第12期，第12页。
② White House. G7 Hiroshima Learder Communique [EB/OL]，2023年5月20日，https://www.whitehouse.gov/briefing-room/statement-releases/2023/05/20/g7-hiroshima-leaders-communique/.
③ 孙红均：《欧洲发布欧洲航天战略》，《中国航天》2017年第11期，第1—3页。
④ 祝彬、郝雅楠、关晓红等：《全球商业航天发展态势及对我国商业航天的启示》，《中国航天》2020年第1期，第34—35页。
⑤ 高阳柱：《我国商业航天政策分析与未来展望》，《卫星应用》2023年第10期，第54—56页。

步放宽商业限制与监管，允许为商业公司向市场销售的遥感卫星图像分辨率由1米放宽到0.5米、0.3米。直到2020年7月，美国商务部出台新版《私营遥感航天系统许可证管理规定》，不再以分辨率限制来约束企业研制活动。2023年7月，美国政府进一步取消对商业遥感卫星研制和数据销售的约束，从而充分释放本国商业遥感卫星的技术创新活力和本国遥感数据的全球市场占有率。此政策直接降低了商业遥感数据的准入门槛，促使更多的航天企业进入航天遥感市场。

打破传统垄断、引导良性竞争典型的案例之一，就是美国打破洛马公司和波音公司这些老牌企业对发射市场的垄断。在20世纪八九十年代，美国在国际运载市场的处境被动。1993年5月19日，美国众议院科学空间技术委员会空间小组委员会举行了"国际发射服务竞争"的听证会，有小组委员称"美国的商业发射服务市场份额已经输给了法国的阿里安火箭"。之后，美国政府打算培育商业发射市场，来重振美国火箭工业，改变落后状况。被扶持的洛马公司和波音公司成立联合发射联盟，将发射费用提高到4.35亿美元，是当时欧洲阿里安发射公司的2~4倍。为了打破洛马、波音公司对发射领域的垄断地位，降低发射成本，美国政府通过"商业轨道运输服务"计划等，提供对商业航天企业资金支持，扶持一批新的商业航天发射企业。SpaceX公司就是在这一批商业企业中脱颖而出[①]。而如今，SpaceX公司的可复用火箭技术已将发射成本降到3000美元/千克以下（低轨发射）。

多国为简化对商业航天的审批流程，调整相关政策文件。比如，2018年3月，时任美国商务部部长罗斯就提出监管商业航天改革的方向之一，就是简化商业航天发射、商业遥感审批程序，提高审批与管理效率，减轻企业负担。2018年5月，特朗普签署的2号政策指令《简化太空商业利用规定》，旨在提高对商业航天企业的管理效率。印度空间研究组织（ISRO）发布《印度太空政策2023》，旨在简化私营航天公司参

---

① 韩樾夏、张丽艳、陈状：《美商业航天发展带来的启示》，《科学》2023年第1期，第23—25页。

与太空活动的审批程序，使得私营企业参与国家太空活动制度化，以实现在全球太空经济中的市场份额从2%提高到10%的目标。

在相关国家政策引导、扶持与鼓励下，商业航天市场达到了空前活跃的程度。据美国航天基金会2023年《航天报告》数据显示，近10年间，商业航天收入年均增长7.17%，展现出长期稳定发展的巨大潜力[1]。2023年全球共进行了223次航天发射任务，其中商业发射120次，占比54%；发射航天器2932个，其中商业航天2676个，数量占比91%。自2014年起，我国商业航天也进入发展快车道，为激发市场活力，各地纷纷陆续出台政策文件鼓励商业航天企业创新发展。

三、加强规范监督，正向引导商业航天

商业航天领域涉及的太空碎片、太空交通管理、频轨竞争、军事应用等太空安全问题，事实上与传统航天一样，都属于太空安全治理体系的范畴。太空安全治理是世界范围内的共同难题。其中，太空安全治理体系中的商业航天问题同样具有复杂性、多源性、联动性。目前，国际上制定的5个国际公约，对太空活动的发射、营救、责任认定等问题作了基本的规定，同样适应于各国商业航天企业。但它们均是"软法"，对国际太空行为体没有强制性约束，未能对太空安全问题形成有效的治理[2]。并且，随着太空活动主体的增加和航天技术的进步，太空安全问题也变得日益增多，主体之间的纠纷也复杂多变。例如，在《责任公约》里指出，对于外太空物体在"地球表面以外其他地方"时，商业公司是否承担赔偿需要看是否存在过失。那么，如何评定商业公司是否存在过失？依靠什么标准判定？这些标准能否得到各国的认可？另外，如果商业航天企业拒不承担责任，应该如何来强制其执行？这些都是悬而

---

[1] 龚然、武珺、王韵涵等：《国外商业航天发展现状与趋势》，《卫星应用》2024年第5期，第53页。

[2] 何奇松：《太空安全问题及其多边主义博弈》，《现代国际关系》2012年第5期，第29页。

未决的问题。有不少专家学者对未来如何解决太空安全治理问题,进行了大量的研究,同时提出了未来努力的方向。其中,在影响太空安全治理的关键因素上的观点较为一致。大家认为,构建能够契合目前及未来一段时期的太空治理,需要考虑太空领域的权力结构、国家偏好主体特点等因素。专家呼吁,为解决太空安全治理问题,应加强大国协调,开展务实合作,推进太空资源公平利用①②,这对维护商业航天的发展与安全同样具有较强借鉴意义。

四、刺激技术创新,加强商业航天内核驱动

技术的创新、融合与应用是商业航天的核心驱动力,是产业升级、扩大国际市场份额的必由之路。航天企业想要在竞争激烈的市场规律下存活,必然需要不断进行技术创新,寻求低成本、高效益运作模式。现世界范围内的商业航天技术创新使得航天领域的发展进入变革新局面。CMOS 面阵、综合信息处理组件等商业技术,低成本发射、智能终端,大数据技术、微系统技术、先进推进技术、衍射成像技术、3D 打印技术的逐步应用,以及手机卫星、芯片卫星、立方体卫星等新概念新应用的不断涌现,带动了商业航天制造、发射及运营服务产业的不断发展和变革。此外,技术应用领域也在加速延伸,不断培育新场景、新业态。比如,卫星通信方面,天地一体化加速融合发展,面向大众消费的手机直连业务进入高速发展期,多家公司加入竞争行列。随着全球互联网和物联网服务的延伸,以及第五代移动通信系统(5G)的商业化应用,卫星通信与地面 5G 的一体化融合成为业界热点。卫星遥感方面,用户普遍已将关注重点从遥感卫星本身转变为数据产品与服务,大量初创企业正在投资发展数据分析和机器学习工具,传统遥感卫星企业也在积极进行纵向整合,基于原始图像打造数据综合分析能力。卫星导航方面,包括

---

① Stephen D. Krasner, "Global Communications and National Power: Life on the Pareto Frontier," World Politics, Vol. 43, pp. 336 – 362.
② 凌胜利:《太空治理与中国的参与战略》,《国际问题研究》2015 年第 3 期,第 120 页。

基建、交通、能源、水利等在内的现代基础设施体系建设对卫星导航服务应用的需求持续释放，卫星导航服务在智能交通、智慧能源、智慧农业及水利、智能制造等领域的应用所形成的数字化场景，正在不断形成并拓展具体细分市场，进一步提升了卫星导航应用产业的总体市场规模。

五、加强融合发展，拓展商业航天市场需求

为拓展市场需求，鼓励推动商业航天快速发展，各航天大国推出军民商融合发展战略。其中，美国为谋求太空优势，积极将民商航天力量体系纳入太空军事能力体系。早在1958年发布的《美国航空航天法》即明确了军民共享的关系，从国家顶层为军民商融合发展提供了法理依据。美国2010年版《国家航天政策》更是将军民商航天合作提升到空前高度，强调最大限度购买商业航天服务和能力。近年来，美国政府持续发布《国家安全战略》《国家太空政策》《国防太空战略》《国家航空航天局战略规划》《深空探索和开发的新时代》以及《简化商业太空利用监管政策》等系列太空政策指令，美国国防部、太空司令部、天空军等分别发布《商业一体化战略》《商业整合战略》《商业航天一体化战略》等。这些战略文件的颁布为商业航天军事应用体系发展提供了政策和法律基础，进一步推动了美国航天领域军民商融合发展。其他航天国家也纷纷推出融合发展战略。欧洲通过开展技术转让，推动政府成熟技术向民间进行商业转化，促进初创航天企业的发展；法国、英国、德国、意大利等积极鼓励政府项目交由商业公司开发，并推向国际市场；日本、韩国、俄罗斯、印度等也纷纷制定相关政策进行布局，推动本国商业航天纵深发展[①]。

---

① 龚然、武珺、王韵涵等：《国外商业航天发展现状与趋势》，《卫星应用》2024年第5期，第49页。

第四节　对维护商业航天安全发展的思考

航天科技是人类在认识自然和改造自然的过程中最活跃、发展最迅速、对人类社会产生巨大影响的科学技术领域。商业航天正在以惊人的速度从专业领域逐渐走进大众的视野，日益引人注目。伴随商业航天经历多次颠覆性技术革命，在世界航天领域崭露头角，其创新发展逐渐成为一个国家科技水平和综合国力最有代表的名片之一。随之而来的安全问题也正日益引起国际社会的关注。国内外学者围绕如何维护商业航天安全发展提出了诸多建议，梳理总结如下。

一、持续完善政策法规，形成与商业航天市场发展相契合的法律规范体系

将商业航天发展能力纳入国家航天发展总体规划，从国家战略全局高度统筹谋划。坚持持续完善政策法规体系，动态去除、调整不适合、限制、阻碍商业航天市场发展的政策规范。在不影响太空安全的基础上，尽最大可能地开放、鼓励与扶持商业航天企业[1]，进一步优化航天活动商业化发展环境，释放商业航天发展的空间，提升商业开发能力和全球市场竞争能力，逐渐形成与商业航天市场发展相契合的法律规范体系。商业航天主体要遵守行业规范和市场秩序，正确把握竞争与合作关系，共同构建优势互补、各方联动的航天产业发展新格局[2]。

---

[1] 杨威：《加快发展我国商业航天产业链》，《宏观经济管理》2023年第7期，第25页。
[2] 杨晨、周佳琳、王宁：《我国商业航天发展政策分析》，《卫星应用》2024年第5期，第11—15页。

二、加强技术监督与评估，引导商业航天市场不断向良性循环平稳发展

坚持制定与完善技术标准体系，对商业航天的航天器设计、制造、测试、发射、在轨运行、末期离轨等各环节的技术指标、性能参数、安全要求等进行严格监督与把关，确保每项技术符合既定标准与规范。引入第三方检测、认证机构，对商业航天关键技术和产品进行独立评估，提升技术评价的客观性和公信力。厘清政府和私营企业的责任和义务，并建立能够及时响应的监管环境。打击不公平商业航天行为，保护关键的技术和知识产权[①]。

三、深化改革创新机制，以技术、模式、应用创新带动商业航天企业向强

航天企业从内部着手，深化管理体制改革，优化资源配置，打破传统壁垒，构建更加开放、协同、高效的创新生态。通过引入市场机制、强化激励机制、完善创新体系等措施，激发员工的创新热情和创造力，为企业的持续发展注入源源不断的动力。紧跟时代步伐，创新探索人工智能、大数据、云计算等新技术、新方法的应用，推动商业航天向智能化、网络化、服务化转型。紧密结合市场需求和用户痛点，开展应用创新，推动航天技术的成果转化和商业化应用。开发新型卫星应用服务、拓展航天产业链上下游合作等方式，丰富商业航天的应用场景和服务模式，提升企业影响力。

四、打通融合发展转化壁垒，推动国家一体化战略体系能力生成

建立健全太空领域融合创新发展体系，搭建军民商融合服务平

---

① 满璇、吴强：《美国商业航天最新发展态势分析》，《国际太空》2022年第10期，第40页。

台，促进产学研用协同创新，提高资源使用效率和创新成果转化率。深化太空领域跨军地一体融合的体制机制改革，打破军民商之间的壁垒和障碍，推动资源、技术、人才等要素的双向拉动和深度融合。充分发挥科技在军民商融合中的支撑和引领作用，加强军民商融合领域的科技成果转化工作。聚焦国家重大战略需求和太空领域军民商融合发展重点，组织实施一批重大科技项目和工程，推动太空技术的创新突破和产业化应用，快速推动太空领域一体化国家战略体系构建与能力提升。

五、推进国际合作，共同推进太空安全治理体系纵深发展

各国应建立定期的太空安全对话机制，就太空安全政策、法规、技术等问题进行深入交流[1]，分享各国在商业航天发展、太空安全治理等方面的经验，增进相互理解和信任[2]。针对太空安全领域出现的新问题、新挑战，应适时修订和完善《外层空间条约》[3] 等国际空间法，以适应商业太空活动的新形势、新问题、新挑战。加强对太空安全应急响应能力建设，制订应急预案，提高应对商业航天突发事件的能力。太空安全治理体系需要具有广泛的包容性与代表性，能够反映当今太空权力结构的新变化和商业航天发展的新特点。应积极参与国际太空安全治理体系建设与变革，借助联合国等全球性平台发挥更大的作用。

---

[1] 贾平凡：《外空治理体系变革需全球加强合作》，《人民日报（海外版）》2023年7月13日，第1—2页。

[2] 徐能武：《推进国际合作，维护太空安全》，《安全与保密》2023年第2期，第44—46页。

[3] 《外层空间条约》的意图是维护全球公众在太空领域的利益，在其颁布后的头几十年里，它非常成功地实现了这一目标。然而，随着越来越多的政府和私人利益攸关方的加入，太空经济的性质正在发生变化，因此，《外层空间条约》承受着巨大压力，但它必须继续作为一项强有力的全球太空管理工具。[加] 拉姆·S. 贾克、[美] 约瑟夫·N. 佩尔顿：《全球太空管理》，刘红卫、付康佳、王兴华等译，北京：中国宇航出版社，2021年8月版，第17页。

# 第八章／空间环境安全

空间环境，指地球大气圈以外的宇宙空间环境，由广袤的空间、各种天体、弥漫物质以及各类飞行器组成，同时也被认为是除地球陆地、海洋和大气环境之外的第四环境[1]。"空间"所对应的宇宙区域，是人类航天器能够抵达的范围。尽管人类能够观测到的空间范围已超过100亿光年[2]的距离，但人类和航天器（人造卫星、飞船、空间站等）能够触及的空间区域仍仅处于太阳系内。看似浩瀚无际的太空中其实时刻发生着复杂剧烈的变化，航天器和航天员时刻经历着空间环境带来的安全威胁。随着人类对太空的探索范围不断扩大，深刻认识空间环境对人类在地球轨道空间以及深空空间、临近空间活动的影响，是维护太空安全需要关注的一个重要方面[3]。

第一节 地球轨道空间环境安全

地球空间环境通常是指地球表面20~30千米以上到地外天体表面之

---

[1] 原总装备部电子信息基础部：《太阳风暴揭秘》，国防工业出版社，2012年版，第60页。本章所述的"空间环境"主要指空间自然环境。
[2] 光年是长度单位，用来计量光在宇宙真空中沿直线传播一年时间的距离，该距离大约是9.46兆千米。
[3] ［加］拉姆·S.贾克、［美］约瑟夫·N.佩尔顿：《全球太空管理》，刘红卫、付康佳、王兴华等译，北京：中国宇航出版社，2021年8月版，第338—364页。

间区域范围内各类物质的状态及演化[1]，是由太阳不断向外输出的巨大能量和物质与地球相互作用形成。空间环境是航天器故障异常的主要诱因之一。中高层大气、空间磁场、电离层、高能带电粒子、空间等离子体、空间碎片和微流星等空间环境，可导致航天器轨道姿态非受控改变、通信定位质量下降或测控受干扰，总剂量、单粒子、充放电、机械损伤、化学损伤、电子器件硬软错误等诸多空间环境效应，威胁航天器运行的效能发挥，乃至减寿或损毁[2]。因此，认识空间环境组成要素是理解空间环境对太空安全影响的前提。

美国宇航局马歇尔太空飞行中心将空间环境描述为七个领域：中性大气、等离子体、辐射、流星体/轨道碎片、热环境和太阳环境[3]。考虑到地球空间环境变化主要来自太阳活动的影响及航天器的轨道高度，与地球轨道空间关联的空间环境可分为四个领域，包括中性大气环境、等离子体环境、辐射环境和宏观粒子环境。不同的因素和影响虽然各有不同，但各种环境组成部分本质上是相互联系的。当受到外部干扰时，空间中也将引发一系列扰乱反应。

一、中性大气环境

中性大气环境对航天器的效应包括大气阻力效应和原子氧效应[4]。中性大气包括上层大气和航天器表面释放的气体，其中前者占主要部分。大气阻力作为近地轨道的主要扰动力，对航天器轨道的形状和高度有着至关重要的影响，是1000千米高度以下航天器轨道设计、飞行姿态控制

---

[1] 王赤、张贤国、徐欣锋等：《中国月球及深空空间环境探测》，《深空探测学报》2019年第2期，第105—118页。

[2] 朱光武、李保权：《空间环境对航天器的影响及其对策研究》，《上海航天》2002年第4期，第1—7页。

[3] Bedingfield, Keith L. et al. Spacecraft System Failures and Anomalies Attributed to the Natural Space Environment. 1995.

[4] 姜海富、姜利祥、李涛等：《中性大气环境效应模拟试验技术现状及发展方向》，《航天器环境工程》2022年第39卷第5期，第460—467页。

等需考虑的重要因素之一。当航天器进入大气稠密区域时,飞行器所受的阻力进一步增加。因此,大气阻力是低轨(LEO)与极轨(PEO)航天器轨道衰变、姿态调整、寿命损耗的主要原因。航天器运行过程中大气成分对其施加的气动阻力,是目前 LEO 航天器轨道确定和预报中主要的误差源,会影响航天器机动规划、再入预测、碰撞规避和窄视场传感器目标跟踪等空间任务。航天器运行过程中受到的阻力与大气密度成正比,轨道越高,阻力越小。大气阻力与航天器垂直运动方向的截面成正比。航天器在大气阻力作用下产生的减速度与飞行质量成正比,截面越大、质量越小的航天器其寿命越短。由于航天器速度矢量与大气阻力方向相反,LEO 航天器需要定期进行轨道维持以对抗大气阻力影响,特别是空间站这样的非对称大型飞行器,气动阻力会造成长期性问题,因此,空间站常需要定期更换电推进系统以保持其轨道运行[1]。地磁暴能加热 LEO 区域的大气,引起大气的膨胀。被加热的空气上升,使得 LEO 大气密度显著增加。大气密度的增加,将导致航天器受到的大气阻力增加,航天器速度减小,航天器轨道衰减加速,极端情况可能导致航天器陨落。比如,2022 年 2 月 SpaceX 公司发射的第 38 批次"星链"卫星,就因为遭遇地磁暴影响,导致近 40 颗卫星陨落损毁[2]。

原子氧是由中性大气在宇宙射线的作用下分解而产生的。在 200~800 千米范围内,原子氧是主要的大气成分,占上层大气总成分的 80%[3]。原子氧通量受轨道高度和倾角、太阳活动周期、地磁扰动和季节周期的影响。虽然空间中的氧原子密度并不大,但与以 8 千米/秒速度运行的航天器碰撞时的平均撞击能量可达 5eV,足以破坏许多材料的化学键。此外,由于原子氧的强氧化性,它还会腐蚀材料的表面,使有机材料产生严重剥蚀,导致质量损失、厚度损失,使光学、热学、电学及

---

[1] 耿海、李婧、吴辰宸等:《空间电推进技术发展及应用展望》,《气体物理》2023 年第 1 期,第 1—16 页。

[2] 罗冰显、王荣兰、刘卫等:《"星链"卫星毁于地磁暴事件空间环境分析》,《国际太空》2022 年第 5 期,第 35—39 页。

[3] Banks, Bruce A. and Sharon K. R. Miller. Overview of Space Environment Effects on Materials and GRC's Test Capabilities, 2006, https://api.semanticscholar.org/Corpus.

机械参数退化，造成结构性材料强度下降、功能性材料性能变坏[1]。同时，被侵蚀的有机材料会产生可冷凝的气体挥发物，从而导致光学仪器的性能下降和污染[2]。

此外，在空间环境的高真空状态下，当真空度高于 10^{-2} Pa 时，气体会不断从航天器材料表面释放出来。例如，原先在材料表面吸附的气体，在真空状态下从表面脱附；原先溶解于材料内的气体，在真空环境中从材料内向真空边界扩散，最后在界面上释放，脱离材料；渗透气体通过固体材料释放出来，进而在航天器其他部位造成表面污染。严重的分子污染会降低观察窗和光学镜头的透明度，改变热控涂层的性能，减少太阳能电池的光吸收率，增加电器元件的接触电阻等，对航天器稳定性造成影响[3]。

二、等离子体环境

等离子体环境不仅能引起航天器电子器件充放电效应，严重威胁着航天器性能与在轨安全，还会对航天器通信导航造成严重影响。

等离子体对外界来说是准中性的，主要由电子和离子组成，几乎占宇宙物质的 99%。地球空间的等离子体环境由电离层等离子体、磁层等离子体和太阳风等离子体组成，它们是由太阳辐射、地球磁场和高层大气之间的相互作用产生的。距离地球表面 60 千米以上的空间充满了等离子体。其中，电离层是 60~1000 千米范围内主要是由太阳辐射引起的高层大气中分子和原子部分电离而形成的等离子体区域。该区域内存在大量中性气体，是 LEO 航天器运行的区域。磁层内则充满不同能量的稀薄等离子体，是 MEO 和 GEO 航天器的主要运行区域。

---

[1] 范权福、田剑华：《原子氧对航天器表面的剥蚀效应及其预报研究》，《环模技术》1998 年第 04 期，第 21—26 + 10 页。

[2] 李鸿勋：《空间环境和污染对光学器件的影响》，《真空与低温》2014 年第 6 期，第 364—368 页。

[3] 湛永钟、张国定：《低地球轨道环境对材料的影响》，《宇航材料工艺》2003 年第 1 期，第 1—5 + 23 页。

等离子体的密度通常都非常低，在一般情况下对能量传输与转移起主导作用的热碰撞难以发生。例如，在太阳系中，带电粒子在从太阳传播到地球的过程中只会经历一次碰撞。因此，宇宙中等离子体能量的传输与转移主要通过电磁力进行。太空中的等离子体可分为热等离子体和冷等离子体两类。即使两者都能产生表面电荷，热等离子体更具威胁性。地球空间中产生的等离子体大多是冷等离子体，其密度和能谱随高度而不同。当受到太阳风的轰击时，一些冷等离子体有很大的机会变成热等离子体。LEO 高度的等离子体为冷稀等离子体，其电子和离子的能量为几 eV，航天器在轨运行时，会穿越空间等离子体环境，环境中的带电粒子与航天器表面的材料相互作用，造成静电电荷在表面不同材料上积累，从而导致航天器表面充电，这就是表面充电效应。表面充电效应与多种因素有关，包括等离子体环境、光照、航天器设计等[1]。不同的等离子体环境下，离子种类、离子和电子密度、温度各不相同，将使航天器充入不同的表面电势。比如，当航天器处于光照区时，太阳电池阵上裸露的正电极电势高于等离子体电势，将从等离子体环境中吸收电子，从而造成航天器结构电势降低；当航天器处于阴影区时，空间等离子体数密度则比光照区略小，同时太阳电池不发电，则航天器表面和结构电势的绝对值都将减小[2]。从距离地球表面大约 300 千米直到地球轨道约 24000 千米的高度范围内，在不同轨道上，由于空间带电环境不同，航天器充放电效应也表现出不同的形式。

航天器在轨带电不仅会影响星上科学探测载荷的功能发挥，而且会引起结构电势漂移，进而影响测量系统。表面充电会导致静电放电、电磁脉冲干扰、太阳能电池阵列功率损耗和短路、材料性能退化以及加速污染。一般情况下，轨道上航天器表面的电势差达不到静电放电的电压阈值，不会发生放电。但在地磁暴期间，空间环境发生剧烈变化，航天

---

[1] 许亮亮、蔡明辉、杨涛等：《SMILE 卫星的表面充电效应》，《物理学报》2020 年第 16 期，第 165—203 页。
[2] 赵呈选、李得天、杨生胜等：《低地球轨道航天器表面充电及其环境影响因素》，《高电压技术》2017 年第 5 期，第 1438—1444 页。

器可能遭遇高密度、高温度的等离子体进而充电到很高的负电势，引发表面静电放电。静电放电产生的电弧将直接影响航天器表面材料的物理特性以及表面设备正常工作，同时将以耦合的方式间接影响航天器内部电路。国外统计表明，卫星充放电效应是导致航天器产生故障的主要原因。2007年，美国国家航空航天局统计了4家权威机构数据库表明，在国外共发生的326起空间环境引发的卫星故障中，充放电效应就占54.2%。例如，1973年，美国国防通信卫星DSCS-II（9431）由于电缆表面充电电压超出电缆击穿阈值，通信系统供电电缆击穿，导致卫星失效。法国通信卫星Telecom-1B由于放电电流（瞬时值达几十安培）耦合到卫星内部，导致卫星主备份姿控计算机均发生故障，卫星失效。2004年，FY-2（04）卫星发生了天线消旋机构失锁故障。研究表明，卫星外部主体结构玻璃钢在GEO轨道磁暴环境中，表面产生超过5000V的高充电电势，导致了频繁放电（放电频率5~6次/分钟），造成天线消旋机构失锁。充放电效应产生的空间电磁干扰也是卫星产生故障的重要原因，比如，FH-1（01）卫星在轨运行期间，由于充放电效应使工作于定向测控方向的主备份测控放大器先后失效，只能占用2路通信用全向转发器，影响了卫星效能的发挥。同时，其步进衰减器电路和电缆回线受充放电产生电磁干扰，多次发生转发器增益档跳变故障[1]。

因此，一些研究人员提出了利用等离子体产生的扰动和破坏来防御低轨道间谍卫星的概念[2]，同时基于卫星测量和地面模拟，目前已经建立了大量关于表面充电的理论模型[3]。从航天器安全角度考虑，为了避免航天器充电带来的危害，在航天器的设计和制造阶段就应该充分考虑这一问题，尽量避免或降低航天器充电现象。对充电引起的效应也要有

---

[1] 刘尚合、胡小锋、原青云等：《航天器充放电效应与防护研究进展》，《高电压技术》2019年第7期，第2108—2118页。

[2] 杨涓、苏维仪、毛根旺等：《等离子体干扰低轨道侦察卫星的计算分析》，《西北工业大学学报》2005年第1期，第93—97页。

[3] Mateo-Velez, J.-C., Roussel, J. Inguimbert, -F., V., et al., SPIS and MUSCAT Software Comparison on LEO-Like Environment, in IEEE Transactions on Plasma Science, Vol. 40, No. 2, 2012, pp. 177-182.

充分的防范，使得即使出现充电和放电现象，也能最大限度地保障航天器的安全。当前，除限制表面材料电阻率、接地（即将表面直接或者通过泄放电阻接到航天器结构本体上）、电磁屏蔽等被动防护措施外，电势的主动控制也是防止表面充电的有效方法[①]。

地球等离子体环境对无线电信号传播的影响威胁着航天器的通信与导航安全。对于地球空间轨道航天器而言，面临的等离子体环境主要来自电离层和磁层。无线电波经过电离层时，电离层不仅会吸收无线电波，电离层电子密度的不均匀性也会导致无线电波发生反射、折射和散射现象，影响导航与通信的质量和可靠性。从通信技术的发展历程来看，电离层的电子密度一直是影响卫星通信与导航质量的重要因素。比如，2017年9月6日的耀斑爆发引起的电离层扰动，就导致了向阳面的北斗/GNSS测站定位误差最大达到1米以上，是一般情况下误差的10倍[②]。磁层等离子体则对通信导航产生间接影响。作为近地空间与太阳风的过渡区，磁层接收太阳风的能量传输，再经过磁层等离子体的转换和输运，与电离层和热层相耦合，从而会对近地环境产生影响，对无线电波的传播带来影响[③]。

对于航天器返回地球过程中，在一定高度内还会因"黑障"现象出现与地面通信衰减甚至完全中断的情况。"黑障"出现在地球上空35～80千米。由于航天器再入时飞行速度极高，飞行器与大气层的摩擦导致飞行器表面的温度非常高，从而使得气体和被烧蚀的防热材料均发生不同程度的离解和电离，在飞行器周围形成一层相对介电常数为负、非均匀分布且具有一定厚度的高密度等离子体鞘层。该鞘层会反射、散射和

[①] Lu, Y., Shao, Q., Yue, H. and Yang, F., A Review of the Space Environment Effects on Spacecraft in Different Orbits, in IEEE Access, Vol. 7, 2019, pp. 93473－93488. DOI：10.1109/ACCESS.2019.2927811.

[②] Nie, W., Rovira‐Garcia, A., Wang, Y., et. al., On the global kinematic positioning variations during the September 2017 solar flare events. Journal of Geophysical Research：Space Physics, Vol. 127, No. 8, 2022, https：//doi.org/10.1029/2021JA030245.

[③] 崔川安：《空间环境对无线电波传播的影响分析》，《中国新通信》2012年第14期，第91—92页。

吸收进入鞘层的电磁波，造成其相位畸变、幅值衰减，甚至导致地－空信号中断。由于飞行器必须随时与轨道卫星和地面基站之间保持联络，例如使用 GPS 系统或北斗系统进行实时全球定位、数据传输、音频通信等，"黑障"一旦发生，会直接影响地面基站对目标飞行器的跟踪定位，甚至可能危及航天员人身安全[1]。

三、辐射环境

空间环境中产生辐射的高能粒子主要是质子、电子和重离子，它们来源于高纬度沉积物、地球辐射带、太阳爆发产生的高能粒子和银河宇宙线。磁层内存在一个稳定的、高强度的环形带电区域，被称为地球辐射带。辐射带是美国学者范·艾伦于 1958 年首先探测到的，因而通常也称之为范·艾伦辐射带。辐射带中有两个高通量带电粒子区域，分别称为内辐射带和外辐射带，二者中间带电粒子强度比较弱的区域称为槽区。内辐射带主要由质子束流主导，密度峰值通量在距地心 1.5~2.0 个地球半径的位置，MEO 航天器通常会经过该区域；外辐射带由高能电子束流主导，密度峰值通量大约在距地心约 5.0 个地球半径的位置，靠近 GEO 航天器运行的区域。外辐射带受太阳活动影响剧烈，地磁扰动期间电子通量可以迅速上升 1~3 个量级[2]。辐射带和银河宇宙线是时刻存在的辐射环境，而太阳高能粒子只出现在太阳爆发活动期间，是一种突发性的粒子辐射扰动事件，强度与太阳爆发强度有关。相比于辐射带粒子与太阳爆发产生的粒子，银河宇宙线在空间环境中的量很小，通常也只是考虑其对航天员产生的辐射影响[3]。

与等离子体环境引起的表面充电不同，高能粒子可以穿透航天器表

---

[1] 喻明浩、邱泽洋：《飞行器大气再入过程中黑障缓解方法综述》，《中国空间科学技术》2022 年第 2 期，第 1—12 页。

[2] 杨生胜、秦晓刚、李得天等：《卫星充放电效应理论基础》，北京理工大学出版社，2019 年版，第 46 页。

[3] 张斌全、余庆龙、梁金宝等：《航天员受银河宇宙线辐射的剂量计算》，《北京航空航天大学报》2015 年第 11 期，第 2044—2051 页。

面，导致位移损伤、深层充放电[1]和单粒子效应。更有甚者，长期暴露在高能粒子环境中会导致总辐射剂量损伤[2]。其中，单粒子效应比较复杂，按照损伤程度又可分为破坏性效应（如单粒子锁定、单粒子栅击穿、单粒子烧毁等）和非破坏性效应（如单粒子暂态、单粒子反转等）两类[3]。上述效应往往会对传感器、电荷耦合器件和场效应管等敏感设备和数据处理造成损害、逻辑电路翻转等问题，严重威胁到卫星的长寿命和高可靠稳定运行。例如，1998年5月19日，深层充放电导致了美国GEO轨道的Galaxy-4通信卫星出现4.5×10^7次通信中断故障[4]。而充放电和单粒子效应虽然起因完全不同，对航天器的影响途径各异，但在很多情形下二者诱发的异常却相似。2016年美国国家大气海洋局（NOAA）针对所运营的太阳同步轨道（高度824千米）S-NPP卫星的红外交叉跟踪探空仪（CrIS）在轨运行发生的10次"复位"现象，进行故障原因分析后，初步研究认为可能是表面充放电、深层充放电及单粒子效应综合影响产生的故障[5]。

对轨道空间辐射环境的量化分析依赖于各种空间辐射环境模型。由于地球磁场屏蔽作用，来自不同辐射源的粒子使用的分析模型也不同，包括地球辐射带模型、太阳高能粒子事件模型、银河宇宙线模型及等离子体环境模型等[6]。以航天器在轨面临的主要辐射源——地球辐射带为例，地球辐射带存在复杂的动态变化，表现为时间、空间分布及粒子特

---

[1] 黄建国、韩建伟：《航天器内部充电效应及典型事例分析》，《物理学报》2010年第4期，第2907—2913页。

[2] Goiffon, Vincent, et al. Radiation Effects in Pinned Photodiode CMOS Image Sensors: Pixel Performance Degradation Due to Total Ionizing Dose. IEEE Transactions on Nuclear Science, vol. 59, No. 6, 2012, pp. 2878-2887. DOI: 10.1109/TNS.2012.2222927.

[3] 沈自才、闫德葵：《空间辐射环境工程的现状及发展趋势》，《航天器环境工程》2014年第3期，第229—240页。

[4] 蒙志成、孙永卫、原青云等：《航天器充放电效应研究现状及发展趋势》，《军械工程学院学报》2015年第3期，第33—37页。

[5] 韩建伟、陈睿、李宏伟等：《单粒子效应及充放电效应诱发航天器故障的甄别与机理探讨》，《航天器环境工程》2021年第3期，第344—350页。

[6] 王会斌、呼延奇、郑悦等：《航天器空间辐射效应分析技术现状与思考》，《航天器环境工程》2022年第4期，第427—435页。

性等显著的不均匀性。按位置区域划分，辐射带可分为内辐射带、外辐射带和二者中间的槽区三类区域，内辐射带通常位于 0.2～1 倍地球半径高度，主要由高能质子组成；外辐射带通常位于 3～6 倍地球半径高度，高能电子在其中占主导地位；而槽区相对内外辐射带电子通量比较小[1]。由于受到地磁场的屏蔽，内辐射带几乎不受太阳活动的影响，相对比较稳定，而外辐射带会因各种空间天气现象，比如地磁风暴和亚暴而变化，从而在空间区域相应的膨胀或者缩小，造成高能粒子通量增强或减弱[2]。需要注意的是，内辐射带存在一块特殊区域——南大西洋异常区（South Atlantic Anomaly，SAA），该区域地球磁场比其他地区弱，内辐射带在该区域上空会降低到比较低的高度，更低轨道卫星遭遇到的高能粒子辐射主要来自 SAA[3]。图 8.1 为不同高度轨道在地球辐射带中的相对位置示意。可以看出，不同轨道上捕获粒子的通量及成分存在显著的差异，MEO、LEO 航天器会穿过辐射带，因此容易引起内部充电效应导致航天器的异常。而对于太阳高能粒子，不同的航天器轨道由于其所受到的地磁场屏蔽作用程度不同，其遭遇的太阳质子通量和能谱存在显著差异。比如，行星际空间处于地球磁层之外，没有地球磁场的屏蔽作用，太阳质子可以不经任何衰减到达；在高度较高的 GEO、MEO 轨道，地磁场强度比较微弱，可以提供的屏蔽很弱，高能太阳质子较易到达此类轨道，一次比较强的太阳高能粒子事件期间，GEO 区域能量超过 10MeV 的粒子通量能达到平静时期的 100 倍以上[4]；而对于低高度、低倾角的 LEO 航天器，地磁场可以提供很好的屏蔽作用，大部分太阳质子被地磁场偏转

---

[1] 呼延奇、蔡震波：《地球辐射带槽区粒子环境动态变化对中轨卫星辐射效应的影响》，《航天器环境工程》2021 年第 3 期，第 333—343 页。

[2] Baker, Daniel N. et al. Relativistic Electron Acceleration and Decay Time Scales in the Inner and Outer Radiation Belts: SAMPEX. Geophysical Research Letters, Vol. 21, No. 5, 1994, pp. 409 - 412. https://doi.org/10.1029/93GL03532.

[3] 岳铫辰、魏勇、高佳维等：《南大西洋地磁异常区的长期变化研究进展》，《地球与行星物理论评（中英文）》2024 年第 55 卷第 6 期，第 693—704 页。

[4] Zhu, B., Liu, Y. D., Kwon, R.-Y. and Wang, R. Investigation of Energetic Particle Release Using Multi-point Imaging and In Situ Observations. The Astrophysical Journal. Vol. 865, No. 2, 2018, p. 138. DOI: 10.3847/1538-4357/aada80.

向两极，故此类轨道受太阳高能粒子的影响很小，甚至不受影响。

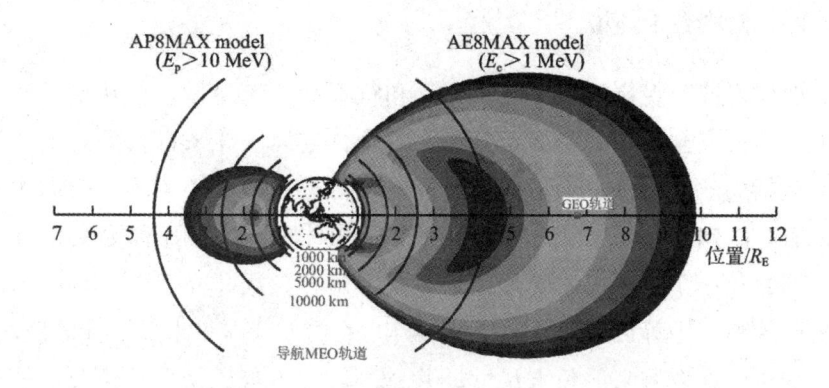

图 8.1　不同高度轨道在地球辐射带中的相对位置[①]

不同来源粒子对不同区域航天器产生的辐射效应不同，对其防护设计也不尽相同。第一，通过建模和模拟预测其分布和通量至关重要。目前空间物理学研究和空间环境预报工程应用中已经建立了模型，包括地球辐射带模型，如 NASA 开发的 AP8 模型、CRRESPRO 质子模型、AE8 模型、CRRESELE 电子模型、IGE–2006/POLE 电子模型；太阳活动的高能质子模型，包括 JPL 模型系列、ESP 模型等；银河宇宙射线模型主要包括 Badhwar–O'Neill 模型和 CREME86/CREME96 模型等。需要注意的是，不同模型适用条件不同，比如 JPL91 模型主要用于任务规划，ESP 模型主要用于总剂量和最劣事件剂量的预测。第二，航天器重点通过被动措施来保护，包括卫星轨道转移和辐射加固技术以及利用低频无线电波、磁场和电场的主动技术等[②]。

[①] 王会斌、呼延奇、郑悦等：《航天器空间辐射效应分析技术现状与思考》，《航天器环境工程》2022 年第 4 期，第 427—435 页。

[②] 王燕清、杜伟峰、金荷等：《微型星敏感器抗单粒子翻转设计和验证》，《航天器环境工程》2023 年第 6 期，第 657—662 页。

四、宏观粒子环境

地球附近宏观粒子是指空间碎片和行星际微流星体。宏观粒子环境对航天器的安全威胁主要源于碰撞。其中，空间碎片来自人类的空间活动，包括失效航天器、火箭残骸、操作性碎片、解体碎片等。根据大小和危害，空间碎片可分为三类：直径大于10厘米的碎片称为大尺寸碎片，而直径小于1厘米的碎片称为小尺寸碎片，尺寸介于1～10厘米之间的碎片称为中等尺寸碎片。大尺寸碎片会给航天器带来毁灭性的破坏，通常根据地面监测来避免大尺寸碎片；小碎片不仅流量大，还会给航天器带来物理损坏，如光学设备的性能下降[1]，需依靠天基监测对小尺寸碎片实施预测和预防措施[2]；中等大小的碎片很难观察到，因此很难避免，这也是中等碎片被列为危险碎片的原因。根据欧洲航天局（ESA）截至2023年12月统计显示，空间监视网络定期追踪并保存在其目录中的碎片物体数量大约35 150个。航天器密集的LEO和GEO区域是空间碎片最为密集的区域，而其他常用轨道上的物体数量近年来也明显增加。统计模型给出的在轨碎片物体数量中大尺寸碎片有36 500个、中等尺寸碎片有100万个、小尺寸碎片超过1.3亿个[3]。微流星体来源于彗星活动喷射的气体或核碎片、小行星的相互碰撞或旋转分裂以及星际空间的粒子。微流星体虽然体积很小，但由于其相对于地球轨道上的飞行器的速度大约为每秒数公里，数量多时仍会对航天器外壳造成类似喷砂的效果，长期暴露会危害到各系统的性能。航天器遭遇微流星体是随机的，其轨迹很难被陆基雷达探测到。对于长期停留在地球轨道上的航天器等物体，

---

[1] 宋丽红、魏强、高承等：《激光驱动微小碎片对石英玻璃撞击损伤效应试验研究》，《航天器环境工程》2013年第2期，第151—154页。

[2] 郭玲玲、汪少林、代海山等：《天基光学监测空间碎片初始轨道确定》，《光学学报》2024年第24期，第2页。

[3] ESA. Space Debris by Number EB/OL. https：//www.esa.int/Safety_Security/Space_Debris/Space_debris_by_the_numbers. 2023 – 12 – 06.

微流星体的这种极高速撞击造成的风险更高[①]。

　　空间碎片的寿命与轨道高度有关，低轨空间碎片可能存在几十年到一百年，而中高轨的空间碎片可能存在几百年甚至几千年。由 2023 年统计可以知道，LEO 区域碎片数量已超过 20 000 个，其他轨道碎片数量也在逐年增加。微流星体对航天器的碰撞威胁同样显著，有研究通过对哈勃望远镜回收的太阳翼分析发现，在轨 4 年期间其太阳翼承受了 5000 ~ 6000 次微流星体的撞击，撞击从轻微擦伤到在电池片和太阳能电池板上造成穿孔。因此，为了近地空间轨道资源安全，必须对地球空间环境中的碎片与流星体采取监测、预报甚至主动移除，同时必须针对航天器各类关键部件采取有效的防护结构措施。当前，已经发展了大量针对空间碎片和流星体的观测系统和传感方法，如美国空间监测网（SSN）、TIRA 等一系列基于地面和空间以及光学测量的望远镜和雷达系统[②]、美国 LDEF 卫星和 SPADUS 等天基探测器，建立了碎片模型（如美国的 OR-DEM2000、英国的 IDES）和微流星体模型（如 Cours – Palais、NASA SSP – 30425）以及碰撞模型（如 Frye、Chobotov）等，这些模型被应用于不同时间跨度的宏观粒子演化和工程预测。其中，中国也依托中国科学院国家天文台等民商资源建立了碎片监测系统，开发了如 SDEEM2015 等空间碎片模型，实现碎片环境描述、撞击风险评估及地基探测结果仿真[③]。

　　目前主要通过风险评估与防护加固实现空间碎片威胁的被动式抵御，随着各个国家航天发射愈发频繁，开展空间碎片的主动清除行动势在必行。主动移除空间碎片的技术手段主要可划分为三类：增阻离轨移除、抓捕离轨移除和推移离轨移除[④]。其中，增阻离轨移除空间碎片是通过

[①] 姜宇、姜春生、李恒年：《流星体与空间碎片模型综述》，《动力学与控制学报》2022 年第 4 期，第 32—39 页。
[②] Schildknecht, T. Optical Surveys for Space Debris. Astron Astrophys, Vol. 14, 2007, pp. 41 – 111. https://doi.org/10.1007/s00159 – 006 – 0003 – 9
[③] 庞宝君、肖伟科、彭科科等：《SDEEM2015 空间碎片环境工程模型》，《航天器环境工程》2016 年第 4 期，第 6 页。
[④] 吴冀川、赵剑衡、黄元杰等：《基于脉冲激光的空间碎片移除技术：综述与展望》，《强激光与粒子束》2022 年第 1 期，第 011006 页。

定向发射介质或物理场来增加空间碎片在轨飞行的阻力，产生减速度，使碎片运行轨道不断降低并最终进入大气层被烧毁；抓捕离轨移除是通过各种机械结构将非协作目标的空间碎片捕获，依靠平台机动将其带至较低轨道或直接收纳于捕获平台来实现清除；推移离轨移除是利用非接触式的能量束与空间碎片相互作用的力学效应，通过施加特定方向的力加载产生与碎片运行方向相反的减速度，在减速过程中实现碎片的逐渐降轨。当前，主流的推移离轨技术主要有激光移除、粒子束移除和太阳帆移除等，特别是天基脉冲激光移除技术，具有极其诱人的技术前景[1][2]。

第二节 深空空间环境安全

随着人类对深空空间的不断探索，深空探测活动等所面临的空间环境问题正日益凸显。深空探测区域涵盖月球和月球以远的天体及空间环境[3]。与地球轨道航天器相比，深空探测任务不仅面临在转移阶段近地与行星际环境，还面临围绕行星运行的环境，可能会遭受更加恶劣的空间环境，例如极端温度环境、太阳电磁辐射环境、等离子体环境、粒子辐射环境、腐蚀性大气环境、宇宙尘、微流星体等，加上深空任务时间周期长、采用的器件和材料更加先进，空间环境对深空探测器的可靠性构成更加严重的威胁，直接关系到人类深空探测任务的成功与否[4]。在不同阶段，航天器面临的空间环境主导因素不同，比如航天器从地球飞

---

[1] 石乾乾、张艳、赵鹏等：《一种高效利用天基激光能量清除空间碎片的方法》，《北京航空航天大学学报》2018 年第 12 期，第 2621—2627 页。

[2] 王卫杰、李怡勇、罗文等：《天基激光清除空间碎片任务分析》，《系统工程与电子技术》2019 年第 6 期，第 1374—1382 页。

[3] 吴伟仁、董光亮、李海涛：《深空测控通信系统工程与技术》，科学出版社，2013 年版，第 1 页。

[4] 吴伟仁、王赤、刘洋等：《深空探测之前沿科学问题探析》，《科学通报》2023 年第 6 期，第 606—627 页。

往其他星球旅途中的空间辐射环境，其主要辐射源是太阳粒子事件和银河宇宙射线；航天器降落星体过程中的空间辐射环境，其主要辐射源为星体磁场俘获的太阳宇宙射线和银河宇宙射线粒子；而航天器所降落的星体表面辐射环境，主要是星体吸收宇宙辐射后所发生的二次辐射[①]。以下分别简要阐述月球探测、火星探测及其他深空探测任务可能面临的空间环境威胁。

一、月球探测面临的空间环境安全问题

作为距离地球最近的深空小天体，月球探测已经成为人类深空探测的重要范畴。月球空间环境更加复杂多变。月球周围没有稠密大气和全球磁场，没有形成与地球空间环境一样的复杂结构。月球每月绕地球公转一周，交替穿行于行星际太阳风、地球磁鞘和地球磁尾区域，如图8.2所示。因此，月球空间环境不仅受太阳活动的直接影响，也受月球轨道处地球空间环境变化（比如地球磁尾扰动）及月球自转的影响[②]。月球空间环境受到日—地—月空间中各种物理过程的影响，不仅存在强电磁辐射、太阳风、地球风、宇宙线、太阳高能粒子等直接来自日地环境的辐射影响，还包括这些辐射与粒子和月壤间产生的反照粒子，等等[③]。所以，月球探测不仅面临发射初期与绕地球运行航天器相似的空间环境要素，在绕月或登月阶段更要经历更为严峻的行星际和月球环境。可按照不同空间环境要素分别讨论月球探测所面临的空间环境威胁。

复杂月表环境给登月探测带来巨大挑战。月球表面直接受到太阳光、太阳风、宇宙线及微流星体等作用，不仅形成风化层，还影响到月表的带电环境和月尘环境。月球探测面临复杂月表电场，向阳面月表主要因

---

① 沈自才：《深空辐射环境对航天活动的危害及对策》，《航天器环境工程》2008年第2期，第138—142页。

② 史全岐、宗秋刚、乐超等：《月球表面及空间环境对太阳风与地球风的响应》，《中国科学基金》2022年第6期，第871—879页。

③ 罗冰显、张贤国、孙天然等：《月球空间天气探测与研究进展》，《深空探测学报（中英文）》2024年第2期，第159—168页。

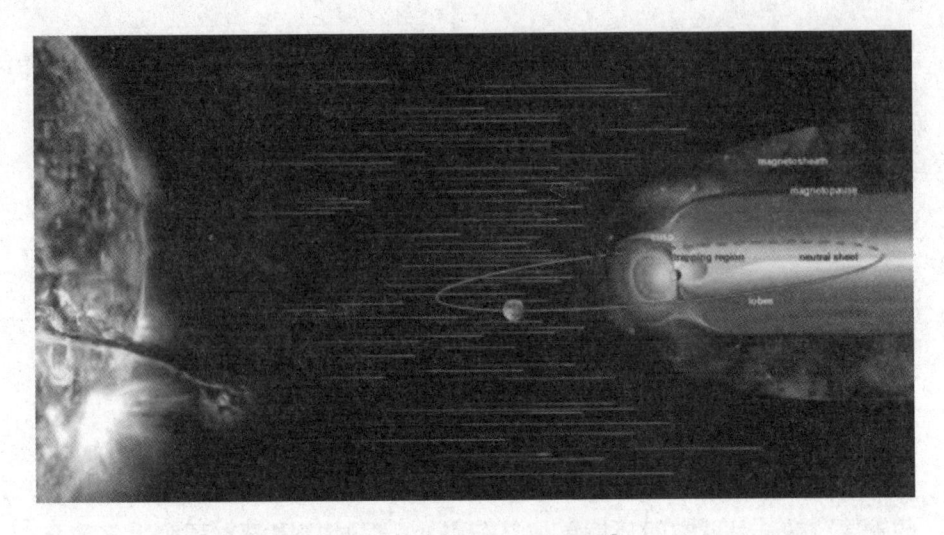

图 8.2　日地月关系示意图[②]

太阳光照作用发射光电子而带正电，背阳面主要受太阳风/地球风等离子体的作用带负电。太阳强电磁辐射会增强月球光电流 3～10 倍。当月球处于地球磁尾等离子体片区域时，月表电势将从平时 −100V 以内大幅上升，最高可达到 −1kV，此时探月航天器表面充电/放电效用将加剧，可引发电子系统的故障异常。

月尘带电是伴随月表充电过程同时进行的，在月表电场作用下，一部分月尘会克服重力及月表黏附力而离开月表，并在近月空间悬浮和输运，形成尘埃外逸层等环境[①]。月尘及其迁移运动是月尘研究的一个关键问题。月球表面电势变化将影响到近月空间悬浮月尘分布。在静电作用下，月尘可迁移到几千米甚至 100 千米高度[②]。而地形起伏带来的局部遮挡效应，即太阳光和太阳风离子被凸起的地形阻挡而不能进入其阴影区，但是热速度占优势的电子能够进入，因而带来背风侧的负电势，

[①] 史全岐、宗秋刚、乐超等：《月球表面及空间环境对太阳风与地球风的响应》，《中国科学基金》2022 年第 6 期，第 871—879 页。

[②] Horányi, M., Szalay, J., Kempf, S., et al. A Permanent, Asymmetric Dust Cloud Around the Moon. Nature, Vol. 522, 2015, pp. 324–326. https：//doi.org/10.1038/nature14479.

造成局部电场增强，从而加剧月尘的局部活动[1]。由于带电月尘具有强附着性和研磨性，可导致航天器和探月设备仪器黏附污染、设备阻塞、密封失效、材料磨损、散热退化、仪表错误等效应，严重影响系统的可靠性。细小的月尘还会附着在登月航天员的航天服表面，被带回登月舱内部，甚至直接渗透进航天服中，对航天员的健康产生极大损害。例如，从美国阿波罗登月过程中，月尘强黏附在登月服上，无法清除干净，并吸附在头盔面窗表面导致航天员视觉障碍、吸附在登月服换热器表面导致换热效率降低等[2]。

等离子体广泛存在于深空空间中，深空探测不仅要面临行星周围特殊等离子体环境，更要经历转移阶段近地与太阳风等离子体环境，给航天器本身器件和通信导航带来巨大挑战。以月球探测为例，月球轨道有大约3/4的部分在近地太阳风中，1/4部分在地球磁层里面，如图8.2所示。月球周期性穿入穿出地球磁层，受到太阳风和地球磁层的直接冲击，经历不同等离子体环境，影响月表电势及月尘分布。同时，月球没有全球磁场和浓密的大气层，其表面处在太阳风等离子体的直接影响下，而太阳辐射导致的月表光化学反应是月球等离子体的来源之一，月球日夜半球等离子体分布因此存在比较大的差异[3]。运行于月球空间周围的航天器与月表航天器也会随着月球周围等离子体环境的变化受到不同的空间环境威胁，引起航天器表面与深层充放电等效应，也会影响航天器光学性能、热性能以及机械性能。

由于缺乏地磁场的保护，月表及其运行环境直接暴露在银河宇宙射线和太阳粒子事件等深空辐射环境之下，类似于地球空间同步轨道辐射

---

[1] Xie, L., Zhang, X., Li, L., Zhou, B., et al. Lunar Dust Fountain Observed Near Twilight Craters. Geophysical Research Letters, Vol. 47, No. 23, 2007, pp. e2020GL089593. https://doi.org/10.1029/2020GL089593.

[2] Gaier, J. R. The effects of Lunar dust on EVA Systems during the Apollo Missions. NASA/TM-2005-213610, 2005.

[3] Luo, Q. Y., Yang, L., and Ji, J. H. GLOBAL DISTRIBUTION OF THE KINETIC SCALE MAGNETIC TURBULENCE AROUND THE MOON. Vol. 816, No. 1, 2015, p. L3. https://dx.doi.org/10.3847/2041-8205/816/1/L3

环境,辐射强度要比近地环境高一个数量级甚至更多,月球探测任务中航天器面临的辐射环境威胁也更加严峻。包括银河宇宙线、太阳爆发活动产生的高能粒子都会直达月表,并与月壤作用产生次级粒子,造成粒子辐射效应。有研究表明,月表银河宇宙线所产生的每天辐射剂量当量约为空间站每天所遭受辐射剂量当量的 2.6 倍[1]。"嫦娥 1 号"和"嫦娥 2 号"的 HPD 仪器探测显示,太阳活动低年空间环境相对平静时期月球轨道 100~200 千米高度空间区域与行星际日-地(月)系统拉格朗日 L1 点附近的高能粒子流量相当[2]。这意味着太阳爆发时期月球轨道区域的辐射环境更加恶劣,到达月球的粒子辐射剂量可能超过地球 LEO 轨道好几个量级,可能对航天器造成深层充放电、单粒子效应、总剂量辐射损伤等威胁,甚至影响未来载人探月航天员生命安全。月球空间另一辐射威胁来自中子,与带电粒子不同,不带电的中子不受电磁场约束,穿透能力强,很难防护。模拟表明月表中子辐射剂量占总辐射剂量的 1/4 左右[3],这将对月表航天员和设备安全构成较大威胁。

月球和地月系统所在的行星际空间中虽然没有人类活动造成空间碎片威胁,但遍布着流星体和行星际尘埃等宏观粒子。由于无大气层和磁场的保护,一方面,宏观粒子可以直接撞击探月航天器,对其安全性能造成威胁;另一方面,高速的相对运动导致宏观粒子撞击到无大气天体的月球表面时,会产生带电或中性尘埃和气体,以及二次溅射的尘埃粒子,这些气体和尘埃在引力的束缚作用下会形成该天体的外逸层[4]。而月球外逸层中的粒子,如中性原子和离子,可能会对航天器造成一定程度的腐蚀和磨损。在太阳风暴期间,月球外逸层中薄弱的电磁环境也可

---

[1] 张森森、王世杰、李雄耀等:《月尘的性质及危害评述》,《地球科学(中国地质大学学报)》2013 年第 2 期,第 339—350 页。

[2] 王馨悦、张爱兵、荆涛等:《近月空间带电粒子环境——"嫦娥 1 号""嫦娥 2 号"观测结果》,《深空探测学报》2019 年第 2 期,第 119—126 页。

[3] K. HAYATSU, S. KOBAYASHI, N. YAMASHITA, et al. Astroparticle, Particle and Space Physics, Detectors and Medical Physics Applications. 2008, p. 1160. https://doi.org/10.1142/6099.

[4] A. Collette, Z. Sternovsky, M. Horanyi, Production of Neutral Gas by Micrometeoroid Impacts, Icarus, Vol. 227, 2014, pp. 89-93, https://doi.org/10.1016/j.icarus.2013.09.009.

能对航天器的电子系统产生影响。此外，月球外逸层中的粉尘还会影响航天器的光学仪器和机械结构。

另外，月球环境也有着有别于地球表面的极端温度。月球由于大气非常稀薄，太阳辐射长驱直入导致白昼月表温度非常高，在没有太阳辐射的夜晚温度非常低，一个昼夜周期温度变化从白昼最高约127℃降低到夜晚最低约-183℃。而月球极地一些撞击坑底部可能存在永久的阴影区，表层和次表层温度将常年维持在-233℃左右[1]。月表温度在白天时出现很强的变化趋势且在正午的时候达到最高，日落后温度缓慢降低，在午夜时达到最低[2]。

二、火星探测面临的空间环境威胁

火星是太阳系中自然环境最接近地球的行星，也被认为是未来最适合人类移民的星球。火星有许多特征与地球类似，但探测火星经历的空间环境与近地航天器经历的空间环境差别比较大。火星探测器从地球发射直至到达火星执行探测任务要历经包括地-火转移、火星环绕，直至着陆火星表面并进行巡视探测的任务全过程，如图8.3所示，将依次经历地球磁层、行星际、火星周围及表面等不同区域的空间环境特征。比如，发射初期，从地面发射直到飞出地球磁层顶之前，历时5~6小时的近地环境；地-火转移阶段，从飞出地球磁层顶直到抵达火星的行星际空间旅程，历时约8个月；火星环绕与着陆及火面巡视探测阶段主要受火星周围空间环境影响，环绕器历时约1年，火星车约3个月。不同任务阶段的空间环境对火星探测器的影响具有不同特点，主要面临的空间环境要素也不一样。

火星探测器在发射初期，即从地面发射后的几个小时之内至飞出地

---

[1] Watson, Kenneth M. et al. The Behavior of Volatiles on the lunar Surface. Journal of Geophysical Research, Vol. 66, No. 9, 1961, pp. 3033 – 3045. Doi: 10.1029/JZ066i009p03033.

[2] 李芸、王振占、姜景山：《月表温度剖面对于"嫦娥一号"卫星微波探测仪探测亮温影响的模拟研究》2009年第8期，第1045—1058页。

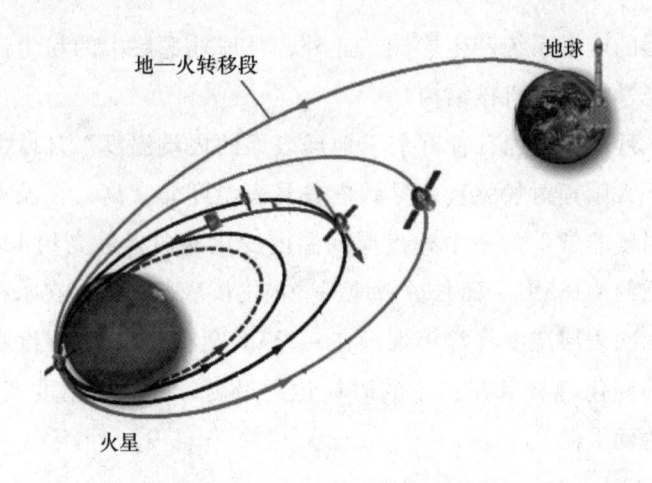

图 8.3　火星探测器飞行过程①

球磁层顶之前，其面临的空间环境亦为近地空间环境，其环境要素与绕地球运行的航天器差异不大，主要包括地球磁场、地球辐射带、银河宇宙射线、太阳爆发产生的高能粒子、地球中性大气、太阳电磁辐射等。探测器面临着表面充放电效应、单粒子效应等安全威胁。但与近地轨道航天器相比，火星探测器在近地飞行阶段又存在一定的差异性，比如从发射到飞出地球磁层顶，运行时间只有 5~6 小时，而近地空间航天器运行时间通常以年为单位；火星探测器的运行是一次性穿越，而绝大多数近地航天器则是在磁层内反复环绕甚至一直在地球辐射带之中。有分析指出，火星探测器任务中所吸收的地球辐射带剂量与典型的 GEO、MEO、SSO 绕地卫星相比小 1~3 个数量级不等①。因此，火星探测器在发射阶段所受近地空间环境的影响要素虽多，但各类效应的影响会轻微很多。

地-火转移阶段，火星探测器穿越地球磁层顶后进入行星际空间，开始约 8 个月奔向火星的飞行过程。此时段，火星探测器所运行的空间区域及空间环境特征，与近地航天器相比有很大差异，属于行星际空间

---

① 蔡震波、曲少杰：《火星探测器全任务期空间环境特征与防护要点》，《航天器环境工程》2019 年第 6 期，第 542—548 页。

环境。该阶段无地磁场保护，面临的是弱于地磁场的行星际磁场，太阳风等离子体、银河宇宙线与太阳高能粒子可直达探测器表面，使其处于无辐射带等离子体环境与中性大气环境。地-火转移阶段探测器运行时间长，遭遇太阳爆发高能粒子的概率更大，并持续处于高真空环境。与近地航天器相比，地-火转移阶段空间环境引起的效应影响类型基本上相同，但存在一些特殊的重要特征。比如，太阳平静时期行星际太阳风离子密度非常低，基本不会通过剂量累积造成总剂量效应或者单粒子效应，但太阳爆发产生的等离子体云、高能粒子在行星际空间的密度可以超过平静时期剂量的1000倍[1]，造成总剂量效应与单粒子效应的概率大大增加，影响探测器电子器件性能。而在地-火转移阶段，探测器离地球越来越远，通信信号从探测器传输到地球的最长时延可达17～20分钟。一旦探测器发生单粒子效应导致电子设备功能中断，若采用遥测监视到异常、进行故障判断、发送遥控指令予以恢复的措施，耗时将达到40分钟以上[1]；如果发生故障的是对探测器的运行或姿态或关键动作密切相关的关键设备，则在此期间探测器将可能处于失控状态。因此，火星探测器针对单粒子效应的防护工作就异常重要。另外，采用太阳能电池供电也会在该阶段存在影响。火星与太阳的距离约为1.5AU（日地之间距离，约1.5×10^8千米），从地球飞往火星的过程中，火星探测器与太阳的距离也从1AU逐渐增大到1.5AU，其接收到的太阳的辐射能将随之不断衰减，到达火星后降到最低。同样面积的太阳电池阵，在火星附近的输出功率几乎只有在地球附近时的一半甚至更少[2]。这对电源控制器的设计提出了挑战，可能需要电源控制器单机和探测器总体共同采取

---

[1] Guo, J., Dumbović, M., Wimmer-Schweingruber, R. F., et al. Modeling the Evolution and Propagation of September 2017 CMEs and SEP Sarriving at Mars Constrained by Remote Sensing and in Situ Measurement. Space Weather, Vol. 16, No. 8, 2018, pp. 1156 - 1169. https://doi.org/10.1029/2018SW001973。

[2] Justin Kerr, John E. Moores, Christina L. Smith, An Improved Model for Available Solar Energy on Mars: Optimizing Solar Panel Orientation to Assess Potential Spacecraft landing Sites, Advances in Space Research, Vol. 72, No. 4, 2023, pp. 1431 - 1447. https://doi.org/10.1016/j.asr.2023.04.004.

措施才能实现。

火星环绕与进入、下降和着陆阶段经历的火星空间环境与近地空间差别更大，对火星探测器的影响除相似的辐射环境效应影响外，还会有强风、火星尘暴等独特影响。火星表面大气成分不同于地球，其主要成分为二氧化碳（CO_2），体积占比约为95.3%。火星大气密度与压力也远低于地球，表面大气压不到地球表面大气压力的1%，但远远高于绕地航天器所处的高真空环境（$10^{-2} \sim 10^{-9}$ Pa）的压力[1]。火星大气中存在较强的风。火星大气密度以及风速等要素，对航天器进入、下降与着陆过程的降落伞减速效果、着陆准确性和安全性等产生重要影响。同时，火星表面遍布尘埃，在稀薄干燥大气和风作用下，火星尘被扬起到大气中，当特定条件满足时，可转变为区域性或全球性尘暴。这种尘暴常发生于火星热带和南半球夏季。火星尘暴会对着陆火星的着陆器和火星车电源系统产生影响。火星表面特殊环境问题造成任务失败的案例屡见不鲜。火星气压低，引力小，伴随着温度大幅度变化，大气动能增加，尘埃被卷入空中易于形成强烈尘暴，风速能达150米/秒。每年约发生100次局域尘暴和1次以上大规模尘暴，尘暴持续时间短则几天，长则数十天[2]。频繁尘暴给火星探测器着陆和探测带来巨大挑战。比如，1971年苏联"火星3号"着陆时遭遇火星有记录以来的最大沙尘暴，其成功着陆后，在尘暴影响下，干燥的沙尘颗粒相互碰撞积累了较高电荷，加剧了电晕放电现象，造成通信中断，最终失效[3]。

火星周围带电粒子辐射环境相对简单。火星没有全球性磁场，不存在带电粒子辐射带。因此，在环火与火星表面任务期间，除非遭遇特大太阳质子事件，探测器接收的辐射剂量几乎为0，与任务期长短无关。宇宙射线持续照射火星着陆器与月球车，以及偶发性太阳爆发产生的高

---

[1] 曲少杰、呼延奇、饶炜等：《火星环境对着陆探测任务的影响及设计考虑》，《航天器环境工程》2021年第3期，第240—247页。

[2] 顾苗：《火星表面环境模拟技术》，《装备环境工程》2021年第9期，第35—42页。

[3] 董捷、饶炜、王闯等：《国外火星探测典型失败案例分析与应对策略研究》，《航天器工程》2019年第5期，第122—129页。

能粒子，是产生单粒子效应的主要辐射源。历史上就发生过多起辐射效应造成的火星探测失败案例。比如，1974年3月，苏联"火星6号"着陆器减速动力异常导致无法有效减速而直接撞向火星表面；苏联"火星7号"轨道器提前4小时将着陆器分离，着陆器随轨道器以1300千米高度飞越火星，未进入着陆前轨道。根据分析，两次事故均源于太阳爆发引起的辐射增强，造成计算机等电子设备异常。2001年发射的Odyssey火星探测器在2003年10月发生的特大太阳事件中，因辐射效应出现主控计算机进入安全模式和存储器出错等一系列故障[①]。基于火星探测器与地球距离太远的特征，单粒子效应的防护关键是自主处理，不能依赖于长时延电波传播的地面干预。另外，火星不存在热等离子体与高能电子环境，所以火星表面不会出现类似绕地航天器的表面充放电效应和内带电效应。

火星探测测控通信也面临特殊的空间环境影响。一方面，火星探测的测控通信既面临来自地球空间环境的影响，又面临着来自深空等离子体环境的挑战。比如，无线电信号从地球传播到火星探测器最远距离时通信一次就需要长达22分钟，当电磁波穿过地火空间中的太阳风等离子体环境时，会给测控通信信号带来较大的反射损耗并降低测控通信信号的功率，影响深空探测器和地面测控站之间测控通信信号的传输。其中，对测控数据影响最大的是电磁波的时间延迟，延迟误差对测距的影响单程最大可以达到几十米[②]。另一方面，火星探测测控通信还面临太阳辐射的直接影响。当太阳位于地球和探测器之间的位置时，探测器和地面深空站之间的测控链路会受到日冕和太阳风影响。特别是当地球、太阳和探测器位于近似一条直线上时，会出现"日凌"，即当太阳—球—探测器夹角较小时，地面测控设备的天线主波束在对准探测器的同时也对准了太阳，此时太阳产生的强大电磁辐射会直接投射在地面测控天线的

---

① 张庆祥、王立：《行星际空间环境对探测器可靠性影响分析》，《航天器工程》2007年第6期，第61—66页。

② 段成林、张宇、韩意等：《"天问一号"太阳等离子体延迟误差分析与修正》，《深空探测学报（中英文）》2021年第6期，第592—599页。

主波束内，对所接收的探测器信号带来强烈干扰，造成地面接收探测器信号的信噪比严重恶化甚至导致链路中断[1]。在火星探测器进入环绕火星运行轨道或者着陆火星表面之后，火星和地球环绕太阳公转运行而发生的行星聚合现象会引起测控的日凌问题。根据火星和地球绕太阳运行轨道的周期，在火星探测任务中每 26 个月就会出现一次火日聚合现象。这期间可能会出现对地面测控站接收信号的严重影响，导致出现长达一个月左右的时间无法进行天地测控通信的问题[2]。

不仅如此，火星探测器登陆火星时也会产生"黑障"现象导致通信中断。与登月探测相比，火星存在稀薄大气，但密度只有地球大气的 1/100[3]。火星探测器以高超声速进入火星大气层后，要在短时间内急剧减速，低密度火星大气产生的阻力作用也会在探测器的前端等处形成很强的激波，进而产生类似于近地航天器再入地球大气层的"黑障"现象，给探测器着陆过程的实时通信、导航定位、进入测量等造成困难，甚至会导致探测器与外界通信联系完全中断。比如，1996 年美国发射的"火星探路者号"进入火星大气层后就曾出现"黑障"现象，信号持续中断近 30 秒；而模拟结果给出 2012 年 8 月成功着陆火星的美国火星探测器"好奇号"在 UHF 频段存在近 95 秒的通信中断[4]。由于对火星大气环境的认识还比较少，加之地火通信有较大时间延迟，不能像再入返回地球大气层一样依靠地面测控网对飞行器进行实时指挥和控制，实现火星探测的测控需要更高技术要求。

---

[1] 李赞、樊敏、李海涛：《太阳噪声对地面站噪声温度影响分析》，《飞行器测控学报》2009 年第 6 期，第 15—19 页。

[2] 张荣桥、李海涛、董光亮等：《太阳噪声对火星探测测控链路影响》，《科学通报》2022 年第 35 期，第 4289—4296 页。

[3] 郝万宏、董光亮、李海涛等：《火星大气进入下降着陆段测控通信关键技术研究》，《深空探测学报（中英文）》2018 年第 5 期，第 426—434 页。

[4] 崔平远、窦强、高艾：《火星大气进入段通信"黑障"问题研究综述》，《宇航学报》2014 年第 1 期，第 1—12 页。

三、其他深空探测面临的空间环境威胁

未来，小行星采样返回、木星及行星穿越探测等正在成为深空探测活动的重要发展方向①，这些探测计划同样面临空间环境威胁。除了面临上述火星探测类似的发射初期近地空间环境和转移阶段行星际空间环境威胁，还要面临任务本身特有的空间环境威胁。比如，木星存在巨大偶极子磁场，探测表明木星辐射带强度比地球强很多且其更加广阔，在木星轨道停留的探测器必须考虑木星辐射环境的影响。20 世纪因木星环境问题导致的探测器故障案例也有许多。比如，1989 年发射的"伽利略"木星探测器的模拟开关就因总剂量效应失效；1997 年发射的"卡西尼"木星及其卫星系统探测器使用了大容量固态存储器代替磁芯记录仪，先后发现 DRAM 发生不可纠错的多位翻转和功率开关发生单粒子瞬时脉冲故障②。

第三节　临近空间环境安全

临近空间，即介于普通航空飞行器最高飞行高度和天基卫星最低轨道高度之间的空域。临近空间涵盖的空间区域比较复杂，主要包含平流层（距离地球表面 20～55 千米）、中间层（55～85 千米）和低热层（>85 千米），同时又包含了整个臭氧层、电离层 D 层（50～90 千米）和 E 层（90～130 千米）的部分区域。临近空间在军事应用上具有巨大的潜在价值，由于大气密度比较稀薄，世界上绝大部分的固定翼飞机和地空导弹都无法到达如此高度，处于临近空间的飞行器受到攻击的可能

---

① 叶培建、邹乐洋、王大轶等：《中国深空探测领域发展及展望》，《国际太空》2018 年第 10 期，第 4—10 页。
② 张庆祥、王立：《行星际空间环境对探测器可靠性影响分析》，《航天器工程》2007 年第 6 期，第 61—66 页。

性较低；同时由于临近空间的高度远低于一般卫星的运行高度，给情报侦查、搜集和通信提供了有利条件。临近空间环境是指临近空间区域大气活动的变化状态以及可影响该空间与地面技术系统的运行和可靠性、危及人类健康和生命的状态[1]。临近空间大气是地球中高层大气的重要组成部分，受到太阳活动影响显著，呈现明显的纬度、高度、季节变化特征。相对于上部的电离层及以上空间环境，目前对临近空间环境的了解还比较少。临近空间环境复杂的状态变化和动力学扰动直接影响临近空间飞行器安全、航空航天活动和无线信息传输等。

一、温度环境

临近空间温度变化比较大，在平流层大气温度随高度增加而增加，底部温度为-55℃左右，大约到25千米以上温度随高度上升，由于臭氧层吸收了太阳紫外线辐射加热大气，顶部温度可达到-3℃~17℃；随着高度的进一步增加，臭氧含量逐渐减少，中间层的大气温度随高度逐渐减小，到层顶达到最小，可至-113℃~-93℃[2]；中间层以上是热层，这层大气吸收了太阳的远紫外辐射而发生部分电离，且温度随高度急剧增加。特别是对于工作在距地面18~30千米附近高度区域昼夜驻空的飞艇来说，大气温度升高将带来"超压问题"。若不施加热控措施，白天太阳直接辐射引起氦气和外界大气温差可超过50℃。而温度升高会导致气囊膨胀，囊体压差变化，超过艇体材料承受范围，此时需对艇体排放气，将引起飞艇浮力重力不平衡问题，驻空高度随之涨落。若无其他浮重平衡措施，飞艇将失去驻空能力。因此，要实现高空飞艇的长时驻空，就需要研究飞艇散热特性与飞艇换热机制，提出有效的热控措施[3]。

---

[1] 陈凤贵、陈光明、刘克华：《临近空间环境及其影响分析》，《装备环境工程》2013年第4期，第71—75、85页。

[2] 操文祥、张绍东、易帆等：《中间层顶变化的SABER/TIMED卫星观测》，《地球物理学报》2012年第8期，第2489—2497页。

[3] 邓黎：《平流层飞艇的环境控制》，《航天返回与遥感》2006年第3期，第51—56页。

二、风场环境

临近空间大气风场是飞行器飞行过程中的重要空间环境因素,其扰动、波动(重力波、潮汐波和行星波等)、湍流和风切变等强扰动现象严重威胁飞行器安全,而目前对其特性研究仍比较缺乏。临近空间大气风场变化相当复杂,随时间、高度和经纬度的变化与对流层有明显区别,水平平均风场在 0~200 米/秒之间,平流层和热层的大气风场相对较小,中间层比较强烈。对于高动态临近空间飞行器而言,风速矢量的变化不但会影响其飞行航迹,而且会干扰其姿态控制,对其安全构成一定威胁。同时,临近空间中的强风切变更易使高动态飞行器处于较大幅度动态之中,进而使惯性测量系统产生动态误差,并影响精确制导敏感仪器的测量精度,最终严重影响其制导精度[1]。

三、辐射环境

臭氧主要分布在距地球表面 20~50 千米的平流层大气中,极大值在 20~30 千米之间,浓度约为地面臭氧浓度的 50 倍,占大气臭氧总量的 1/2。臭氧可吸收太阳紫外线辐射,是平流层上部大气增温的主要原因。紫外线是电磁波中 10~400 纳米辐射的总称,波长短于 300 纳米的所有紫外线辐照虽只占太阳总辐照约 1%,但影响比较大[2]。紫外线辐射照射到金属表面,由于光电效应而产生许多自由电子,使金属表面带电,造成飞艇表面电势升高,将干扰其电磁系统;高强度紫外线辐射与较高浓度臭氧会破坏飞艇表面所使用的高分子材料[3],且加速衰减飞艇能源供

---

[1] 黄华、刘毅、赵增亮等:《临近空间环境对高速飞行器影响分析与仿真研究》,《系统仿真学报》2013 年第 9 期,第 2230—2233、2238 页。

[2] 冯慧、刘强、姜鲁华等:《临近空间环境对高空飞艇长时驻空影响研究进展》,《南京航空航天大学学报》2017 年第 S 期,第 69—75 页。

[3] 马瑞强、王长国、谭惠丰:《临近空间环境对飞艇蒙皮织物材料力学性能的影响研究》,《装备环境工程》2020 年第 1 期,第 1—5 页。

给材料的性能和可靠性[①]；紫外线辐射还会改变热控涂层的光学性质，使表面逐渐变暗，对太阳辐照的吸收率显著提高，影响飞艇的温度控制。因此，对于长时间在空运行的飞艇的热控设计必须考虑紫外线对热控涂层的影响[②]。此外，紫外线辐射还会干扰电磁系统，使光学玻璃、太阳电池盖板等改变颜色，改变瓷质绝缘的介电性质。

临近空间辐射强度较大的粒子有中子、质子、电子、γ射线等，其中对飞行器构成威胁的主要因素是大气中子。临近空间大气中子是进入地球空间的宇宙线粒子与大气成分发生核反应的产物，大气中子的能量范围分布很广，从热中子到几个 GeV，并且由于中子不带电、穿透能力强且大气含量高，能够在空间中传输较远距离。大气中子是临近空间诱发电子器件发生单粒子翻转最主要的原因，严重地威胁着临近空间飞行器的安全与可靠性飞行。对于飞行高度更高、电子系统更复杂的临近空间飞行器，大气中子的辐射威胁更加严重[③]。

四、等离子体环境

临近空间高动态飞行器由于处于超声速、高超声速飞行状态，也会产生如前文所述的航天器再入"黑障"现象。即在飞行器前端会形成强的弓形激波，由于激波的压缩和空气的黏性作用，使得大量动能转换为热能，产生严重的气动加热，气动加热导致的高温效应引起大气分子电离，在飞行器周围形成一定厚度的等离子体鞘套，不仅直接影响飞行器气动力/矩参数，影响其精确制导，还会干扰飞行器的电波传输，甚至导致通信中断，对测控产生较大的负面影响。与此同时，在一定条件下，等离子体鞘套又能有效减小高速飞行器的雷达反射面积，对于高速无人

---

① 刘晟、朱美光、季思蔚等：《临近空间环境对柔性薄膜太阳电池的影响研究》，《太阳能学报》2018 年第 12 期，第 3371—3376 页。
② 杨秉、杨健、李小将等：《临近空间飞艇运行环境及其影响》，《航天器环境工程》2008 年第 6 期，第 555—557、498—499 页。
③ 蔡明辉、张振龙、封国强等：《临近空间中子环境及其对电子设备的影响研究》，《装备环境工程》2007 年第 5 期，第 23—29 页。

飞行器隐身具有非常积极的作用①。临近空间涵盖部分电离层 D 层和 E 层，飞行器在该区域高速运行时，电离层闪烁也会干扰飞行器的导航通信。而 80～150 千米高度区域电离层发电效应产生的电流，也可使临近空间飞行器电子设备的电路受损。

第四节　对防范空间环境安全影响的思考

随着航天技术快速发展，航天器性能不断提高，无论是近地空间航天器大规模批量发射，还是深空探测范围逐步扩大，抑或是临近空间亟待开发利用，不同区域运行的航天器均面临严峻的空间环境影响。一方面，要提升航天器自身对复杂空间环境的防护能力；另一方面，要提高空间环境预报和预警能力，为太空活动安全奠定坚实基础。

一、加强航天系统自身防护

空间环境中的辐射环境、等离子体环境、微流星体撞击等各类要素都会加速航天器材料退化，导致航天器损坏与功能失效。为确保航天器及其载荷在恶劣空间环境中安全运行，首先要考虑多方面防护设计措施，如热层防护、电磁屏蔽、抗撞击设计、抗辐射电阻组件等。其次，要注重新型材料的研制，研发可抵御低温、宇宙线、强电磁辐射等要素的特种复合材料与器件。比如，在深空探测中使用超导系统建立人工强磁场来屏蔽宇宙线与高能粒子辐射，防护层与结构外层选择低原子序数材料来降低韧致辐射的产生②。同时，应加强对航天器防护设计与新型材料的地面试验验证，系统性提升航天器对空间环境的抵御能力。

---

① 毛国良、朱孝业：《别有洞天：揭秘航天空气动力基地》，北京：中国宇航出版社，2007 年版，第 36 页。
② 陈凤贵、陈光明、刘克华：《临近空间环境及其影响分析》，《装备环境工程》2013 年第 4 期，第 71—75、85 页。

二、重视空间科学基础研究

不同区域空间环境的变化涉及多尺度、多要素、多机制的相互作用，目前国际社会对空间环境的认识与研究仍然有限。特别是深空环境，自20世纪60年代以来，全球开展的深空探测任务也只有260余次，人类对深空环境的认识主要依赖有限点位探测获得的数据与数值模型，对直接影响探测任务的局地空间环境分布与变化认识甚少。需加大空间科学基础研究的力度，提升空间物理的前沿性与创新性，致力发展自主化建模技术，尤其是对航天器影响最为直接的近地空间大气密度模型、行星空间辐射模型等。

三、提升空间环境监测能力

持续全面的监测数据是空间环境研究与预报的基础。要积极推进国际空间天气地基观测计划，强化地基综合监测领域的国际引领性优势[1]，加强国际合作，建立合作伙伴间的全球联合观测平台与网络，实现24小时地基连续探测；深化论证日地拉格朗格日点（如L4/L5点）等天基科学探测项目研究。进一步推进空间科学探测领域，加快发展寄存式空间环境探测载荷，探索商业卫星的"顺带"搭载模式，收集不同轨道卫星与深空探测器运行过程中精确的空间环境数据，为空间环境研究与预报模型优化提供更丰富的探测数据。

四、健全空间环境预警体系

空间环境预报预警体系是防范空间环境安全影响的基础和关键。一方面，要推进空间科学数据平台建设，进一步整合太阳观测、太阳风探

---

[1] 王赤、曹晋滨：《如何应对空间天气挑战》，《光明日报》2024年2月1日，第14版。

测等自主化数据,加快提升自主观测数据在实时预报中的应用;另一方面,要强化数据标准与规范化运用,建立畅通的数据发布与共享机制,提升空间环境自主化数据在全球空间科学研究领域的使用率。还需持续优化预报模型与预警系统,研发新的预警建模技术,不断完善空间环境预报模型与预警系统从研发到业务运行的转化机制。此外,从全球视野看,相关文献[①]提出建立"全球空间气象研究所"评估风险和创立一个与太阳耀斑、太阳高能粒子和日冕物质抛射威胁相关的更有效的国际预警系统,建立一个联合国系统和一个机构间委员会,以评估地球磁层和大气层/平流层在行星防御方面的变化等。

---

① [加]拉姆·S. 贾克、[美]约瑟夫·N. 佩尔顿:《全球太空管理》,刘红卫、付康佳、王兴华等译,北京:中国宇航出版社,2021年8月版,第328—331页。

第九章/总体国家安全观视域下的太空安全

2014年4月15日，习近平总书记首次提出总体国家安全观重大战略思想①。总体国家安全观关键在"总体"，突出的是"大安全观"，太空是总体国家安全观重要领域之一②。习近平总书记对太空安全工作高度重视③，将太空安全视为我国当前阶段所面临的全球性课题和综合性挑战，多次在不同的国际国内会议上阐述太空安全对于总体国家安全和世界安全发展的重要性，多次以维护太空安全为主旨发表系列讲话、谈话或作出呼吁和倡议，既为中国太空安全与发展指明了前进方向，也为维护世界太空安全提供了中国方案，贡献了中国智慧。太空安全是国家建设和社会发展的战略保障④。维护太空安全，必须坚持站在总体国家安全观视域下探究维护太空持久和平与共同安全的思路举措。

第一节 总体国家安全观的理论建构与发展

总体国家安全观是在充分总结历史经验、准确把握时代大势的基础上，运用马克思主义世界观和方法论，将马克思主义国家安全理论和当

---

① 《习近平谈治国理政》第一卷，外文出版社，2018年版，第87页。
② 朱雯、贾俊鹏：《总体国家安全观视域下的太空安全问题研究》，《中国军转民》2022年第16期，第8—9页。
③ 袁玉阳：《新时代总体国家安全观下的太空、深海、极地安全》，《广西经济》2023年第6期，第126—134页。
④ 《军事航天部队担负什么任务？国防部回应》，《环球时报》，2024年4月19日。

代中国安全实践、中华优秀传统战略文化相结合，科学构建出的党的创新理论，是马克思主义中国化时代化的重要成果，是习近平新时代中国特色社会主义思想的重要组成部分。总体国家安全观提出以来，其理论体系不断完善，实践伟力愈发突出。有关机构和学者深入探究其理论发展历程[①]，对我们明晰为什么中国特色国家安全道路是党领导人民维护国家安全和社会稳定的唯一正确道路，为什么总体国家安全观对推进全球太空安全治理具有越来越重要的理论创新与路径指导意义，具有重要的理论参考意义。

一、总体国家安全观的理论渊源

总体国家安全观的提出具有丰富的理论渊源，主要体现在以下四个方面。一是创造性地运用马克思主义世界观和方法论，马克思主义世界观和方法论为总体国家安全观的理论建构提供了深厚的哲学基础。二是对马克思主义国家安全思想的继承与发展，与新中国成立以来党的国家安全工作战略思想既一脉相承又与时俱进。三是汲取了中华优秀传统文化的精髓，是对中华优秀传统战略文化和思想渊源的创造性转化和创新性发展。四是在总结历史经验中推进理论创新，总体国家安全观是在深刻总结古今中外国家兴衰成败的经验基础上提出的，同时又根植于中国特色社会主义新时代，具有鲜明时代背景，是以习近平同志为核心的党中央在准确判断中国国家安全形势的基础上作出的重大战略性理论创新。

二、总体国家安全观的核心要义与发展演变

经过近十年的发展，总体国家安全观形成了"一五五"核心框架。

---

① 傅小强：《总体国家安全观的理论建构、实践探索与世界意义》，《社会科学文摘》2024年第5期，第71—74页。

"一"是"一根主线",即"统筹发展和安全"。两个"五"分别为:"五大要素",即"坚持以人民安全为宗旨,以政治安全为根本,以经济安全为基础,以军事、科技、文化、社会安全为保障,以促进国际安全为依托";"五大统筹",即"统筹外部安全和内部安全、国土安全和国民安全、传统安全和非传统安全、自身安全和共同安全,统筹维护和塑造国家安全"。总体国家安全观在近十年的不断发展完善中,"一根主线"逐渐明晰,"五大要素"保持稳定,"五大统筹"更为精准,体现出总体国家安全观与时俱进、守正创新,彰显了中国特色国家安全理论的先进性、科学性[1]。伴随国家安全体系的演变发展,在中国共产党长期维护国家安全的实践探索和准确把握国家安全形势发展变化的新特点新趋势基础上,总体国家安全观对国家安全的认识持续提升,不断开启国家安全体系和能力现代化新的历史进程[2]。

三、总体国家安全观的理论创新价值

总体国家安全观具有丰富的理论创新价值。从理论建构来看,总体国家安全观坚持兼收并蓄、放眼世界,体现出极强的包容性,其"共赢开放"的新型安全观,既有中国特色,更有世界眼光。从理论演进来看,总体国家安全观坚持与时俱进、守正创新,体现出极强的先进性,其努力达到的是发展和安全动态平衡的良好状态,着重考量的是长远战略、长远布局。从理论内涵来看,总体国家安全观坚持统筹兼顾、整体把握,体现出极强的集成性。从理论要领来看,总体国家安全观坚持对立统一、辩证思维,体现出极强的思辨性,其正视国家安全领域的各种矛盾,从矛盾相互转化的视角去把握各类安全风险,进而找到解决矛盾的方法和途径。从理论品性来看,总体国家安全观坚持以人为本、人民

---

[1] 《总体国家安全观干部读本》编委会:《总体国家安全观干部读本》,人民出版社,2016年版,第22—23页。
[2] 唐永胜:《践行总体国家安全观,为中国式现代化提供坚实安全保障》,《国家安全研究》2024年第2期,第21—26页。

至上，体现出极强的人民性，国家安全工作归根结底是保障人民利益，维护国家安全归根到底必须依靠人民，坚持人民在国家安全治理体系中的基础性地位。

四、总体国家安全观是维护太空安全的科学指导

总体国家安全观是维护各个领域安全的科学指导。在太空领域，可以从以下几个方面来理解。一是总体国家安全观要求坚持党对国家太空安全工作的绝对领导。党的领导强调科学决策和民主集中制原则，维护太空安全，首先必须坚持党的领导，充分发挥举国体制优势，确保太空安全政策和战略的制定既充分吸收专家意见和公众意见，又能迅速有效地集中资源和力量，发展航天事业，建设航天强国，应对太空安全挑战。二是总体国家安全观强调太空安全领域的整体性原则与系统性思维，这就要求我们必须将太空领域纳入国家安全体系建设之中，必须认识到太空安全的维护不仅是军事或技术问题，还是综合性问题，需要综合政治、经济、法律、文化等多方面因素考虑，制定跨领域、多层次的安全保障策略。三是总体国家安全观中蕴含丰富的事前风险预防思维[1]，这就要求我们必须对太空安全的威胁进行全面预判和评估，包括但不限于太空军备竞赛、太空碎片增多等导致的碰撞风险、太空资产的安全以及太空环境的保护等，要提前布局、防患未然。四是总体国家安全观主张和平发展[2]，需要面向国家发展重大需求，不断发挥负责任大国的作用。这要求我们在推进太空科技发展、提升太空实力的同时，还要积极参与国际太空治理，推动构建公平合理的国际太空秩序，共同维护太空和平与安全。五是总体国家安全观坚持以人民为

---

[1] 习近平：《以新的发展理念引领发展，夺取全面建成小康社会决胜阶段的伟大胜利（二〇一五年十月二十九日）》，载中共中央文献研究室：《十八大以来重要文献选编（中）》，中央文献出版社，2016年版，第833页。

[2] 习近平：《顺应时代前进潮流，促进世界和平发展（二〇一三年三月二十三日）》，载中共中央文献研究室：《十八大以来重要文献选编（上）》，中央文献出版社，2014年版，第258页。

中心的发展思想①，体现为太空领域的发展为保护国民经济和社会生活的安全提供支撑，确保太空技术的应用能够惠及民生，比如通过提高卫星通信、导航定位、环境监测等技术水平，提升人民的生活质量和增强应对各种自然灾害的能力。

第二节 总体国家安全观视域下的太空安全定位与困境

总体国家安全观包含了我国国家安全的各领域的全方面，是我国维护国家安全的重要指南。综上分析，太空安全是具有战略意义的综合性国家安全②。当今世界，太空已成为国际战略竞争的新前沿，太空安全的重要性日益凸显，关乎国家安全和国防能力、经济发展、科技创新、国家主权和安全利益以及全球与地区稳定。在此背景下，必须全面贯彻总体国家安全观，切实强化太空安全保障体系建设的定位，同时研判维护太空安全面临的风险挑战③。

一、太空安全是具有战略意义的综合性国家安全

就空间物理学角度来看，太空安全应当包括太空的可进入性、太空的稳定性以及足够保证地球不受外来天体入侵的太空安全。如前所述，在国际政治范畴，由于各国对太空利用的认识不一致，目前尚未有明确公认或认知一致的太空安全定义，但是从传统的观点来看，太空安全主

---

① 《习近平主持召开国家安全工作座谈会强调　牢固树立认真贯彻总体国家安全观　开创新形势下国家安全工作新局面　李克强张德江出席会议》，载《人民日报》2017年2月18日，第1版。

② 张建业：《总体国家安全观视域下外层空间安全定位、困境与维护策略》，《理论观察》2022年第5期，第50—54页。

③ 肖君拥：《以总体国家安全观引领太空安全体系建设》，《西南政法大学学报》2024年第2期，第17—21页。

要属于国家太空领域的军事安全。但是，近年随着太空领域理论的发展，各国学者也有一些不同的见解。联合国《外层空间条约》中隐含的太空安全定义是：自由探索和利用太空（包括月球和其他天体），自由进入天体的一切区域①。这其实表示的是，作为地球上活动的个体或群体能够不受其他个体或群体的限制而自由进入太空的权利。经过长期的发展，学界对于太空安全的定义也愈见丰富，比如有的国外学者认为，太空安全涉及若干不同方面，它包括在轨卫星和航天器的安全、进入空间的安全以及卫星对人类安全的贡献，而且这三者是相互联系的②。还有学者认为太空安全涵盖三个内容，分别是运用空间系统实施的安全保护能力、确保空间系统的安全和可持续利用空间的能力、确保人类和地球免受外层空间威胁和风险的能力③。此类观点主要是从空间活动的主体、内部和外部的角度区分安全的范围。我国学者主要的观点有：徐能武提出的"太空安全是在人类活动拓展到太空这一全球公域后，不同太空主体（特别是国家）在国际互动中所产生的安全问题"。④ 这一观点主要是基于国际关系角度进行定义，将太空安全定义为国家间的政治活动在空间上的延伸，且受当前国际关系的影响。李寿平提出的"国际社会有能力确保外空环境的独特性不受改变、外空活动不受干扰、空间资产不受损害的情形"⑤。这是从国际层面上，将太空视为人类整体的活动空间，保证这一空间安全稳定和以国家为单位的个体的资产安全的能力。

以总体国家安全观视角看，在各类观点相异的多样解读中，体现了

---

① 联合国：《外层空间条约》，2021年10月27日，https://www.un.org/zh/documents/treaty/files/A-RES-2222（XXI）.shtml。

② Shechan, Michael, "Defining Space Security," Schrogl K-U, Hays PL, Robinson J, Moura D, Giannopapa C, eds., Handbook of Space Security, Springer Reference, 2014, p. 8.

③ Jean-François Mayence, "Space Security: Transatlantic Approach to Space Governance," Robinson J, Schaefer MP, Schrogl K-U, von der Dunk F, eds., Prospects for Transparency and Confidence-Building Measures in Space, ESPI, Vienna, 2010, p. 35.

④ 徐能武、刘杨钺：《马克思主义国际关系理论视域下太空安全研究新范式》，《国际安全研究》2017年第2期，第9页。

⑤ 李寿平：《外空安全面临的新挑战及其国际法律规制》，《山东大学学报（哲学社会科学版）》2020年第3期，第52页。

"太空安全"这一概念的共性特征：一是在人类共同利益下，太空安全关系着全人类生存和发展大计，各国拥有进出太空的平等权利，太空安全需要世界各国共同维护，其安全内涵包括物理空间范畴的安全、太空资源开发利用的环境安全、太空国际法的制定等内容。二是在国家安全利益下，太空安全关系着国家在国际竞争中的战略地位，这也推动着各国为争取太空的战略主动权而竞相开展太空的相关实践活动，其内涵包括自由进出太空的权利、防止太空武器化、保护太空中的国家资产安全，等等。可以说，广义的人类共同利益和狭义的国家安全利益的辩证运动，正是当前太空政治最主要的矛盾运动，也是推动太空国际政治理论发展的最大动力。

从20世纪50年代开始，人类社会凭借航天技术的发展逐渐步入了探索太空的新时代。特别是近年来，太空所蕴含的巨大价值愈发被国际社会所认识。与陆地、海洋、天空、网络领域一样，太空对人类政治、经济、社会、金融、军事等各领域发展有着非同寻常的重要性，也已成为国际竞争的战略制高点[1]。因此，以总体国家安全观为指导，太空安全应是在广义的人类共同利益下最大程度保证国家安全利益的空间安全范畴。根据其技术性，关系着国家科技安全、经济安全。依据其战略性，关系着国家政治安全和军事安全，包括通信、导航、侦察卫星等，已成为现代军事体系不可或缺的组成部分。依据其通信作用的重要性，关系着国家信息安全。依据空间利用的其他功能和特性，关系着国家安全的方方面面。

比如，航天技术标注了一个国家的国防能力和发展阶段，甚至未来全球竞争中的角色定位。航天技术探索成效将有可能决定国家在未来世界的新能源供应格局、太空探索格局中的定位。如果将"神舟"飞天、"蛟龙"入海等仅仅理解为炫耀国威、增加政治筹码，这其实是一种浅见，国家在太空等领域的战略优势无疑会影响全体人民的福祉，进而投

---

[1] 兰顺正：《浩瀚苍穹的竞逐：新时代太空安全博弈》，《世界知识》2021年第20期，第12—14页。

射到每个公民的日常生活之中，关乎每一个人的切身利益。值得关注的是，太空探索和应用也是推动高新技术发展的主要驱动力之一。太空活动的成果不仅能够激发广大民众对科学技术的兴趣和探索精神，还能为高等教育和专业人才的培养提供丰富的资源和宽广的平台。保障太空活动的安全顺利进行，对于提升国家的科技创新能力和教育质量具有不可替代的作用。

在全球化经济体系中，以卫星遥感、卫星通信、导航定位和数字地球为代表的太空技术应用已深入到日常生产、工农业建设、海陆空交通运输、气候监测和抢险救灾等多个领域。各种太空活动和空间技术的发展，使"太空经济"已经成为世界经济发展的显著增长点，成为推动国家信息化建设、促进经济社会可持续发展的重要引擎。2023年欧盟空间政策研究所发布的报告显示，2022年全球太空经济价值约为4600亿美元，对经济领域的贡献价值为3.1万亿美元，预计将在2025—2040年间产生超过80万亿美元的积累影响[1]。

综上，太空安全为其他安全领域提供支撑，且与其他安全领域相互融入、相互促进、彼此成就，是国家安全的关键节点与要害之处，是具有战略意义的综合性国家安全[2]。没有太空安全，经济、社会和政治将受到干扰，国防系统也将受到极大影响[3]。随着航天技术在人类社会各领域应用日益广泛深入，世界大国社会经济发展和国防军事建设将严重依赖太空系统，国家安全空间将向太空新域全面拓展延伸，太空设施将成为牵一发而动全身的安全资产，太空利益将成为事关国家发展的重要支柱。当太空成为国际战略竞争制高点，太空安全自然而然成为国家建设和社会发展的重要保障，维护太空安全自然而然成为决定国家未来生存和发展空间的重要国家安全战略。

---

[1] 安平：《太空不是相互博弈的竞技场》，国家安全部微信公众号，2024年5月17日。
[2] 仲晶：《太空战略竞争与博弈日趋激烈》，《人民论坛·学术前沿》，2021年10月27日，https：//doi.org/10.16619/j.cnki.rmltxsqy.2020.16.002。
[3] [加]拉姆·S.贾克、[美]约瑟夫·N.佩尔顿：《全球太空管理》，刘红卫、付康佳、王兴华等译，北京：中国宇航出版社，2021年8月版，第4页。

二、太空权力竞争阻碍国际太空安全治理进程

国际法是国际公共事务治理的根本遵循和处理国际矛盾的基本依据。由于当前联合国不具有超越国家的强制性权力，即无法对国家的具体行为作出实质性的干涉活动，国际法的制定实施受限于国家的政治权力，导致了国际法主要依靠软法等形式进行有关问题的规定①。当人类共同利益和国家现实利益相冲突时，多数国家将选择以国家现实利益为先，造成利益的不一致和权力的不平衡，国际法就难以形成共识。在太空领域，不得不承认国家之间战略利益博弈的实质也是国家间利益博弈的延伸②。从人类在太空的共同利益上看，太空国际法制进程受阻，导致了各国在太空活动的"自由"状态，使得实践互动中的利益分配矛盾扩大。

从目前得到大部分国家认可的联合国有关太空的主要国际协定来看，自由进入太空，维护本国在太空的权益等内容较为容易达成共识，而关于公平的利用太空，构建有序的太空管理秩序却难以达成一致，主要原因在于部分太空大国认为科技实力是支配太空的"权力"，构建管理秩序有损其国家利益，使得国际法制推进受阻，也表明了太空越发成为大国政治斗争的关键领域。比如，2020年，美国在《国家太空政策》中指出"如果任何敌人威胁要减损我们从太空获得的利益，美国将动用一切国家力量要素，阻止并在必要时战胜在美国领土内外的太空敌对活动"③。由于"减损利益"没有明确的界定，有学者认为，这实际是将太空视为美国国家领域，凸显了美国运用太空的权力实现威慑目的。同年美国发起签订的《阿尔忒弥斯协定》更加确立了美国以国家利益为先的

---

① [美]汉斯·摩根索：《国家间政治权力斗争与和平》，徐昕、郝望、李保平译，北京大学出版社，2006年版，第311页。
② 徐能武：《天缘政治学》，中国社会科学出版社，2020年版，第8页。
③ National Space Policy of the United States of America, Dec. 9th, 2020, https://www.whitehouse.gov/wp-content/uploads/2020/12/National-Space-Policy.pdf.

太空活动原则，在一定程度上否定了联合国《外空条约》的原则性条款，该协定中关于太空资源的原则可能导致太空资源的争夺和冲突，而安全区的提出可能进一步引发关于太空领域主权问题的争议①。诸如这一系列举动对太空人类共同利益共识提出了挑战，对现有的太空国际法提出了挑战。

三、太空武器化和军备竞赛又现端倪严重威胁太空安全

太空行为体的互动仍然是国际社会互动行为体之间的实践活动，但相比于传统空间中的实践活动，太空的实践活动存在独特之处。太空竞争缘起于美苏两国的军事斗争，美国前总统里根提出了"星球大战"计划，自此拉开了美苏两个超级大国的太空军备竞赛，逐步在太空部署军用武器。从历史视角看，人类进入太空伊始，就将太空视为提高作战能力的领域。直至苏联解体，美国以其超级大国的身份开始转向太空商业化发展。近年，随着其他太空行为体的崛起，美国感到自身领导地位受到威胁，又继续加紧太空军事化和武器化建设。2018年6月，美国宣布启动组建太空军，成为美国武装力量的第六个军种；2019年8月，宣布正式成立美国太空司令部；2019年11月，北约宣布将太空视为作战域。诸如这些行为引起了国际上对太空军事化和武器化的警觉，也刺激多国纷纷成立太空军事力量，发展太空军事能力。也正因如此，防止太空军备竞赛成为当前国际外空军控的焦点。

同时，随着太空战略地位不断凸显，"太空私有化"竞争更趋激烈，在太空资源日趋紧张的情况下，有效的太空秩序的建立更加紧迫。从政治、权力方面寻求太空治理的出路，必然加速太空军事化和武器化，随着太空蕴含的巨大经济利益分配的不均以及太空武器化对国家带来的现实的军事威胁，将进一步引起国际政治形势的不稳定。总体国家安全观要求"既要重视外部安全，也要重视内部安全"，内部安全是维护外部

---

① 谢文远：《美国"阿尔忒弥斯协定"剖析》，《国际太空》2020年第8期，第63页。

安全的基础，外部安全是内部安全的重要依托，这种双向内外安全关系在太空领域尤为凸显。面对日益严峻复杂的国际局势，仍需致力于推进防止太空武器化。有学者提出，在反对霸权国挑起的太空武器化和军备竞赛的过程中，不要意气用事、迎头相撞地落入星球大战式的战略陷阱，而要适时进行战略调整，通过战略制衡、战略沟通和政策协调来实现可能的太空安全关系转变[1]。

四、空间资源有限和空间环境日渐恶化影响太空安全与发展

外层空间虽然是广袤的外太空，但是就人类目前科学技术水平而言，太空仍然是指相对于地球而言的一个有限的空间领域，其资源有限性主要表现在两个方面：一是太空轨道有限；二是电磁频谱有限。

另外，太空商业化趋势不可逆转，由于国际上对进入太空的卫星缺乏有效监管，各国与各组织或出于抢占先机的目的，按照先占先得的方式，对近地轨道和电子频谱资源通过发射卫星等方式抓紧部署，部分航天公司为了争夺更多的利益，在未来开发太空资源上夺得主动权，也在一定程度上影响国际协定的制定，从而引发诸多太空交通治理问题。随着越来越多的人造卫星、空间站等设施进入太空，近地轨道的资源也越来越紧张，伴随废弃卫星带来的空间碎片等污染也在挤压太空的可使用空间。可以预见，未来的太空将面临更加拥挤的局面。根据欧洲航天局统计模型估计，直径超过 10 厘米的在轨空间碎片数量达 36 500 个，1~10 厘米的碎片数量达 100 万个，1 毫米~1 厘米的碎片数量达 3.3 亿个[2]。另外，随着部分国家将太空纳入作战域，一旦未来发生太空战，太空必将弥漫着无数的空间碎片，届时，太空是否能够继续探索和开发利用，将是全人类面临的共同挑战。

---

[1] 徐能武、高杨予兮：《太空安全秩序构建中的体系压力与战略指向》，《国际安全研究》2020 年第 2 期，第 134 页。

[2] http://www.esa.int/Safety_Security/Space_Debris/Space_debris_by_the_numbers.

五、维护国家太空安全的能力亟待加强

近年来，随着我国航天技术的不断发展，越来越多的航天设施被运送到太空，为国家快速发展提供了助力和保障，各类卫星担负着保障国家通信导航、天气监测、危害预警等基础工程的重要使命。习近平总书记在视察某基地时指出："太空资产是国家战略资产，要管好用好，更要保护好。"① 太空资产安全是国家安全在太空最直接的表现，管好用好太空资产的前提是保护好太空资产。

然而，一个时期以来，世界各国在太空的开发、利用上竞争日趋激烈，太空霸权论和军备竞赛论甚嚣尘上，太空军事化、武器化日益加剧，太空领域国际秩序和治理规则制定进展缓慢，太空威胁和冲突苗头不断涌现，不断恶化的太空安全环境已成为全人类共同面临的重大安全挑战。在前述的太空政治环境和自然环境下，我国太空资产安全面临诸如太空碎片、卫星碰撞等非人为安全风险，同时也面临部分国家的战略威胁。特别是随着中国空间技术的发展，某些国家将我国视为太空领域主要竞争对手，甚至对我国进行不遗余力地遏制打压。

我国致力于推进和平利用太空建设，倡议不首先在太空放置武器。面对太空安全领域的新形势、新任务、新挑战，特别是为应对更加复杂的太空环境，必须贯彻落实总体国家安全观，有效提高自身防护能力的建设。如何在复杂的太空安全态势下，继续坚持我国的太空发展战略，维护国家太空资产安全，持续发展航天事业，保护国家航天活动正常开展，既要保证太空安全利益不受侵犯，又要避免陷入太空军备竞赛，是对我国国家安全战略擘画提出的重要挑战，也是当前我国太空安全面临的现实难题。

---

① 《习近平在视察驻陕西部队某基地时强调，聚焦备战打仗，加快创新发展，全面提升履行使命任务能力》，新华网，2021 年 9 月 17 日。

第三节　总体国家安全观视域下维护太空安全的策略建议

随着现代战争形态的演变和太空技术的快速发展，太空已经成为大国战略竞争和现代军事活动中不可或缺的一个战略制高点，是信息化与现代化的综合体现，这一点毋庸置疑。比如，太空安全关乎战略信息获取、情报监视与指挥控制以及经济社会运行，能够大幅提升综合国力和联合作战能力。然而，面对太空军事化与武器化以及太空军备竞赛对太空安全构成严重威胁之趋势，应坚持总体国家安全观，充分认识到日益加剧的太空军事化与武器化对太空安全、国家安全的重大影响，在利用国际外交手段积极反对太空军事化与武器化的同时，积极发展太空力量，强化国家太空安全保障体系[1]，以维护太空战略安全与合法权益。

一、全面审视维护太空安全的重大战略意义

太空平台，特别是侦察和监视卫星，可为军事指挥部提供关键的战略信息，包括但不限于敌方部署、兵力动向，以及其他关键军事目标的实时情报。这些信息直接关系到国家的军事安全。中国坚持走和平发展道路，太空安全关乎和平发展道路的延续。随着太空技术的发展，太空成为新的战略竞争高地。西方多国都在发展太空武器和防御系统，包括反卫星武器、太空基础设施防护技术等。这些技术发展不仅增加了太空军备竞赛的风险，也增大了太空战的可能性。在这种背景之下，维护太空安全不仅是保护太空资产的问题，也是避免太空战争、保障全球和平与稳定的重要措施。

---

[1] 肖君拥：《以总体国家安全观引领太空安全体系建设》，《西南政法大学学报》2024年第2期，第17—21页。

此外，无论是在传统安全领域还是在非传统安全领域，都需要经济安全作为支撑，脱离了这个基础，任何一个领域的安全都难以实现。太空科技对国家安全和经济发展的作用具有协同效应。保障太空安全为经济发展提供了坚实的基础。太空安全不仅直接关系到太空资产的保护和太空活动的顺利进行，而且对维护国家经济安全具有重要影响。太空技术的发展提升了国家的安全能力，为经济发展创造了稳定的条件。太空活动对全球经济基础设施具有支撑作用，全球通信、导航和地理信息系统等，是维系经济安全的基础，也为数字经济的蓬勃发展提供技术支持。对此，也应充分认识太空经济在维护经济安全方面展现出的巨大潜力，坚持开放融合，坚持自主创新，加快培育发展太空经济与科技新业态，推动航天先进技术向国民经济各领域各行业渗透融合，提升航天产业的规模效益与国家的综合实力，不断强化太空安全保障能力建设，在太空领域尽快形成以新发展格局支撑新安全格局、以新安全格局保障新发展格局的良好局面。

二、以抢占航天技术战略制高点为突破口应对国际太空战略竞争

技术的每一次颠覆变革，都对现有国际政治关系、国际体系格局等带来巨大的变革。航天技术具有颠覆性变革的条件和可能。因此，占领航天技术革新的制高点具有重要的战略意义。太空目前的状态虽然是地面政治格局的延伸，但起决定性作用的还是科学技术的实力。航天技术是开发利用太空的根本基础，不论是应对传统政治安全还是当前太空环境困境，都对航天技术提出了更高的要求。要抓住技术革新的着眼点，首先以总体国家安全观为指导，构建空天地海一体化信息系统建设，加强太空态势感知和太空状态监测能力体系建设，为维护国家安全和国家利益提供信息战略支撑。其次创新太空环境治理技术，特别是空间碎片清理技术，既是为继续开发利用太空创造良好环境，同时也展示科技实力和大国担当。另外，呼吁在现有的国际太空法律基础上加强空间碎片清理国际合作，所有航天器寿命结束后进行有效的脱轨操作或回收，防

止更多的废弃卫星形成太空碎片以破坏太空环境。最后，为推进太空交通管理，应加强战略统筹，设计提出"中国方案"，着力构建太空交通管理技术规则体系，持续推动太空态势感知、航天器管控系统等国家航天基础设施建设[1]。

三、高举人类命运共同体大旗推动人类太空持久和平与共同安全

联合国《外层空间条约》奠定了保障太空安全的原则性规定[2]，在国际范围内形成了对太空全球公域性质的共识，符合人类共同利益在太空的实现，是未来建设太空全球秩序的重要观念基础。习近平总书记在亚太空间合作组织成立10周年大会上指出：太空是人类共同的财富，探索、开发、和平利用太空是人类共同的追求。中国倡导世界各国一起推动构建人类命运共同体，坚持在平等互利、和平利用、包容发展的基础上，深入开展太空国际交流合作[3]。开展国际合作是人类探索与利用太空的必然途径[4]。我国致力推动人类命运共同体在太空的构建，既为实现人类和平利用太空提出了超越当前以地缘政治为特点的太空国际关系的中国方案，同时也为维护国家太空安全提出了重要的战略指向。

太空在地球长期经济发展中的作用在很大程度上取决于太空活动的可持续性。太空活动是人类社会经济全面发展和国际和平与安全的手段。然而，太空安全正变得极其重要，因为更多的军事和军民双重用途的太空活动正在扩大，太空中发生冲突的可能性越来越大[5]。面对日益严峻

---

[1] 刘震鑫、张涛、郭丽红：《太空交通管理问题的认识与思考》，《北京航空航天大学学报（社会科学版）》2020年第6期，第101—106页。

[2] 聂明岩：《"总体国家安全观"指导下外空安全国际法治研究》，法律出版社，2018年版，第30页。

[3] 《习近平致信祝贺亚太空间合作组织成立10周年》，《人民网》，2018年11月14日，http://politics.people.com.cn/n1/2018/1114/c1024-30400433.html。

[4] 仪名海、郝江东、周慎：《外层空间国际关系》，清华大学出版社，2015年版，第96页。

[5] [加]拉姆·S.贾克、[美]约瑟夫·N.佩尔顿：《全球太空管理》，刘红卫、付康佳、王兴华等译，北京：中国宇航出版社，2021年8月版，第8、408页。

的太空安全形势，特别是某些国家大张旗鼓地推行太空军事化和太空武器化趋势，不论是站在人类共同利益还是国家安全利益的基础上，坚持太空和平利用原则，坚持太空长期可持续的长远目标，争取更广泛的国际合作，才是一条可行的太空和平开发利用的道路，才是人类走出地球村、探索更广阔太空的根本办法。

总之，当今世界正处于百年未有之大变局，中国也处在前所未有的巨大变革之中。此刻的中国，比以往任何时候都更加接近、更有信心和能力去实现中华民族伟大复兴。历史的洪流滚滚向前，势不可挡。这一历史进程既充满了希望和潜力，也伴随着巨大的风险和挑战。我们要深入贯彻落实总体国家安全观，妥善平衡太空领域发展与安全的关系，积极推动国家太空安全体系和能力现代化建设。要加强太空安全教育和宣传，增强全民的太空安全意识，形成全体中华儿女共同维护太空安全的强大合力。同时，面对复杂多变的国际安全形势和艰巨繁重的国内改革发展稳定任务，我们应当全面强化自身国家太空安全并努力维护国际太空安全，为中华民族伟大复兴以及世界的持久和平与稳定提供坚实可靠的太空安全保障。

第四节 案例："星链"的挑战及应对

党的二十大报告指出："必须坚定不移贯彻总体国家安全观，把维护国家安全贯穿党和国家工作各方面全过程，确保国家安全和社会稳定。"总体国家安全观是一个内容丰富的宏观概念，其涵盖了政治、国土、太空等多个领域具体方面的内容。近年来卫星互联网产业高速发展，大多数国家开始着力打造属于自己的卫星星座，比如英国的 One Web（"一网"），美国的 Starlink（"星链"），中国的鸿雁、虹云等。其中，尤以美国"星链"最具代表性，它的发展让世人在感叹其技术先进的同时也开始思考其背后会带来的安全性挑战，而俄乌冲突中的应用大大提高了对该问题的关注。相关文献[①]基于总体国家安全观的视角，系统性梳理出美国"星链"对总体国家安全观涵盖的网络安全、太空安全、军事安全等方面可能带来的挑战，并提出对策性思考。本节以此为案例，供读者借鉴思考。

一、"星链"概述

"星链"并非一个无商业规划的纯科研项目，其从开始就有着构建新一代太空互联网产业的宏伟愿景。"星链"由 SpaceX 创始人马斯克在 2015 年提出，目的是构建天地一体化通信网络为全球各区域提供互联网通信服务。目前，"星链"在网卫星总数已达 7000 多颗，已经成为全球商业卫星通信行业的颠覆性力量。

"星链"遥遥领先当前其他低轨卫星计划不仅因其具有科学规划、高密数量的特点，更突出体现在两个方面的技术优势。首先，"星链"可以实现星间链路通信。一般的卫星不支持该技术，卫星间通信必须通过地球网关中转。2021 年 SpaceX 发射了首批配置激光星间链路载荷的试验卫星，将激光星间链路投入使用，2022 年开始发射的卫星均配置了星间激光链路。"星链"将实现星间路由转换的方式进行通信（依托卫星间链路进行远程中继，再经由远程地面站完成互联网接入），相比传统的直接入网可以大大减少对地面基站的依赖。其次，"星链"中卫星与终端设备通信使用的是一种有别于传统 IPv4/IPv6 的 P2P 网络连接协议。P2P 是一种去中心化的网络连接技术，这种方式的特点是资源并不集中在某一固定设备上，而是分散地储存在多个设备中。卫星绕着地球飞行会不停地经过用户地区的上空，数据链也会不断切换，而 P2P 用在"星链"卫星上使得每颗卫星和每一个终端用户都具备了服务器和客户端的功能，数据在协议的基础上可在设备间自由流通，大大提高了通信速率，并且其配备了端对端的硬件加密技术，极大提高了安全性。

[①] 汪培豪：《总体国家安全观视域下"星链"的挑战及应对》，《网络安全技术与应用》2023 年第 12 期，第 169—171 页。

作为当前全球最大的天基互联网星座,"星链"具有以下四个方面的特点。一是卫星的发射和建造成本很低。"星链"卫星发射使用的是SpaceX公司自行研发的"猎鹰9号"运载火箭,这一火箭拥有全球最先进的回收技术,大大降低了火箭发射成本。此外,"星链"卫星每颗质量为227~260千克,质量轻便建造成本也相对较低。二是"星链"4.2万颗卫星数量可以对地球实现高密度无死角覆盖。根据GSMA（全球移动通信系统协会）发布的《2022全球移动经济发展报告》显示,全球目前仍有6%的人生活在没有网络覆盖的地区。而"星链"可不受地球自身客观条件的限制,通过"空间移动基站"居高临下,动态覆盖全球,弥补地面通信的缺点,让全球的各个区域都能接入到网络。三是"星链"低轨道和高数量的优势,使其拥有巨大的通信容量和更快的传输速率。SpaceX卫星系统中的每一颗卫星能够为用户提供的下行容量总和在17~23Gbps,具体数值取决于用户终端配置。四是"星链"可广泛用于商业通信、天文以及军事等方面。"星链"从设计到运营都进行了较好的成本控制,且有科学的建设规划。它的特性让其在特定的商业领域里具有极强的竞争力,比如在海事通信领域,可凭借其不受地理因素等限制的优势占据市场份额。伴随"星链"搭建的完成,未来也会衍生更多的应用场景,产生更多的价值。

二、"星链"带来的安全挑战

基于总体国家安全观视角,"星链"带来的安全性挑战不容小觑。

在网络安全方面,国际电信联盟《无线电规则》中规定,除卫星广播业务外,本国不能向其他国家提出该国卫星网络不可覆盖国家领土的要求。这表示"星链"卫星能够覆盖我国领土且有在我国开展卫星通信的可能,但该业务不受我国监管。俄乌冲突中,乌克兰境内能够快速开通"星链"服务就得益于SpaceX公司在乌克兰周边国家（土耳其、波兰等）地面基站供乌借用中转通信。当前我国周边的日本、印度尼西亚、菲律宾等国家准许了在其国内开展"星链"服务,并且部分国家已经建造了"星链"地面站。未来在我国境内的居民可以通过这些国家的基站进行"星链"通信，这将严重挑战我国网络主权。此外，马斯克也在积极发展卫星手机产业，其计划使用第二代"星链"卫星为手机提供卫星互联网服务，一部手机即可直连"星链"实现全球通信，这将对我国国内的网络监管带来巨大挑战，网络信号及卫星手机产业的安全监管都将会成为重大难题。

在太空安全方面，首先"星链"的出现使得本就有限的太空频谱轨道资源更加短缺。卫星轨道、频谱等资源属于全球性资源，由世界各国之间共享。根据国际电信联盟规则，对频谱及轨道资源按照先到先得的原则分配使用。"星链"的几万颗卫星将会大量占据轨道频谱，不利于他国开展卫星项目。其次，"星链"会增加太空碰撞事故可能性。几万颗卫星会产生大量太空碎片，导致近地轨道被碎片覆盖，大大增加卫星间的碰撞概率。此前就发生过类似的安全问题，在2019年，欧洲航天局的"Aeolus"观测卫星为了避免与"星链"卫星发生碰撞采取了紧急制动；2021年，中国常驻维也纳联合国和其他国际组织代表团向联合国秘书长发出照会，通报了美国"星链"在2021年7月和10月曾两次危险接近中国空间站的行为，这对中国空间站及站上航天人员的安全构成威胁。

在军事安全方面，俄乌冲突中"星链"的应用让全球见识到它可以突破传统地面通信的局限性，在地面基站受损的情况下进行通信；它可以提供强大的指挥通信网络，覆盖到其所连接的全球各处部队、无人机、轰炸机等；它安装简单，便于作战携带，能够很好适应机动作战环境下的应用要求。"星链"卫星还搭载模块化探测载荷，可以增加拍照、遥感系统，结合卫星数量众多，可以形成高性能的全天候卫星侦察体系，大大提高军事侦察能力。同时，"星链"还在不断"进化"。美国"太空新闻"网站2022年12月3日称，SpaceX公司近日宣布针对国家安全和军事部门推出新一代"星盾"业务并且在公司内部成立了名为"星盾"的新业务部门，目标客户是美国国家安全机构和国防部，这显示"星链"向军事化迈出了关键一步。此外，"星链"还助推了太空军事化进程。时任特朗普政府曾明确将太空认定为"作战领域"，并成立了太空司令部，设立了太空军，拜登政府仍保留了这一存在。据有关资料显示，"星链"卫星通过技术可以被改装为一种太空武器，用来攻击其他国家的航天器，这种潜在的性能势必影响空间和平。

三、应对"星链"安全挑战的对策建议

卫星网络是未来网络的重要组成部分。"星链"带来的安全性挑战需要积极应对，具体来说可以从以下方面实施。

（一）网络安全层面

一是完善相关法律制度。当前我国在卫星通信领域没有统一的卫星系统信息安全标准，要实现卫星网络统一化管理、加强国内卫星网络监测，需要建立相应的卫星网络安全机制和卫星网络产业的监管规范。具体而言，要结合当下卫星网络发展现状完善我国《卫星通信业务管理规则》《卫星电视广播地面接收设施管理规定》及其他卫星网络法律规范。二是加强境内防范。国家相关部门应根据我国卫星网络的具体发展实践采取防范措施。具体而言可以采取推动构建卫星网络"防火墙"、加强卫星运营业务的许可及通信终端设备的管控、发展卫星信号监测技术等防范措施。确保"信号可防、信号可截、终端可控、信号可监"。三是规划卫星通信产业发展。伴随卫星通信技术的成熟，卫星手机一体化将成为未来发展的主流，这将给我国带来巨大的监管难题。虽然国家可以对境内卫星手机的生产、销售进行严格管控，但对境外流入的管理具有极大不确定性。因此，需要对产业发展尽早部署规划。

（二）太空安全层面

一是完善太空的法律制度。当前，太空的法律架构主要由五大协定构成，协定制定时间较早且主要针对航天活动搭建了笼统的法制框架。50多年前的条约框架已难以规范当下商业化航天发展。基于此，各方应探索形成新条约的可能性或对现有条约进行修补，完善太空的法律制度。

二是促进联合国介入太空发展治理。"星链"卫星的发展必然会促进其他各国低轨卫星发展，这将导致频率和轨道资源的争夺日益激烈。对此，应当积极推动联合国及相关国际机构（国际电信联盟等）介入这一问题的治理，注重发展实际与公平原则的结合。三是加强太空活动管理。卫星使用过程中无法避免地产生碎片，而现有的技术无法做到有效处理。为了航天活动安全，应积极推动世界各国从法律层面对碎片管理明确其需承担的义务和责任，维护太空环境安全。同时，随着航天活动的日益增多，应加快与其他国家建立航天活动应急反应机制，减少航天器碰撞等危险的发生。四是合理布局低轨卫星发展进程。应大力支持低轨卫星星座建设，提前规避因他国抢占而造成的轨道资源耗竭。同时，对已经获得的频段资源，要统一管理，有效使用。

（三）军事安全层面

"星链"在未来必定会让美军在作战中"如虎添翼"。若要在未来信息化战争中与先进技术缩小差距，掌握主动权、维护和平安全，应注重新型作战方法的研究，注重技术创新，也要加速布局自己的卫星网络系统。同时积极跟踪"星链"及其他国家星座计划的发展，加强对其应用研究，针对可能出现的不同应用场景，生成相对应的解决方案。还应积极推动"禁止太空军事化"进程，倡导更多国家共同提出大力推进太空和平使用的方案，保障太空安全。

总之，总体国家安全观要求我们既重视内部安全也重视外部安全，把维护国家安全贯彻到方方面面，以安全保障发展。"星链"自问世以来，就展现了其与众不同，它所具有的特点和技术将会改变全球网络通信的格局，极大地促进互联互通。俄乌冲突中的应用让我们又看到其在军事方面的重大价值，并对它未来还会出现在何种应用场景、带来何种价值充满好奇。但作为一项星座计划，也需要对其时刻保持警惕，"星链"对网络主权、网络监管、太空以及军事等领域带来的安全挑战值得研究，应探索出可能存在的安全问题并早做应对打算，更好地保障国家内外安全环境与太空安全利益。

第十章/太空安全危机管控

近年来，太空军事化步伐加速，商业航天迅速崛起，太空拥挤日益加剧，太空安全环境正在发生急剧变化。在此态势下，诸如在轨卫星碰撞或解体、空间环境突变与空间频谱干扰等影响航天活动正常开展，以及空间碎片威胁在轨卫星以及地面安全等太空安全突发事件频发，特别是大国之间太空领域博弈可能造成国家之间或政治集团之间武装冲突或战争的危险状态[①]显现。人类或许即将经历太空时代以来最严重的太空安全危机。习近平总书记指出，要开展太空安全国际合作，提高太空危机管控和综合治理效能[②]。坚持和平发展的太空安全观，将太空安全突发事件和太空领域大国博弈造成的危险状态等纳入太空安全危机管控范畴开展研究，具有重大现实意义。

第一节 对太空安全危机的基本认识

目前，国内外对太空安全危机管控研究尚处于起步阶段，在很多方面尚没有形成统一认识。比如，有将太空安全战略危机管理作为主要研

[①] 军事危机是指国家或政治集团之间处于可能发生战争或军事冲突的危险状态。太空安全危机具有军事危机的基本特点，但也包括因空间碎片、轨道拥挤等自然因素造成的太空安全突发事件引起的危险状态。

[②] 《习近平在视察驻陕西部队某基地时强调，聚焦备战打仗，加快创新发展，全面提升履行使命任务能力》，新华网，2021年9月17日。

究对象的①，有将太空安全危机仅仅局限在太空领域军事危机层面的，也有将如本书所述的太空安全危机更大范畴的认识。因太空是全球公域，太空安全危机某种意义上属于国际危机，因此可以认为，除军事层面的太空安全危机外，太空领域突发事件某种程度上也会造成安全危机。作为国际危机研究的知名学者，理查德·内德·勒博（Richard Ned Lebow）对国际危机的起源、性质和影响等相关问题进行了系统研究，这对于探讨太空安全危机具有重要参考价值②。

一、理论借鉴

勒博根据危机发动方是否有意制造危机和是否希望走向战争两个维度，将危机分为偶发性危机、边缘政策危机、敌意合理化危机、派生性危机四种代表性类型③。

偶发性危机，是指由意外事件所引发的危机，但双方都无意发动危机，且危机发生后双方都积极寻求和解以避免战争。偶发性危机主要发生在双方都无意发动，且出现后都不愿意激化的情况下。其爆发最难预料，但危害有限。上述在轨卫星碰撞或解体、空间环境突变影响航天活动、空间碎片威胁在轨卫星以及地面安全以及在轨卫星交会抵近等突发事件构成的太空安全危机，大多可理解为偶发性危机。某种程度上，与勒博所阐述的偶发性危机有所谓的"双方主体"不同的是，太空领域的偶发性危机虽属于意外事件导致的危机，但有时候也缺乏相关的危机主体，或无明确的危机双方。

边缘政策危机，是一国蓄意挑战并试图迫使对手放弃曾经作出的重要承诺时发生的危机。边缘政策危机的发动者并非想发动一场战争，而

---

① 李苏军、王谦、郑维伟等：《太空安全战略》，清华大学出版社，2023年6月版，第309—337页。
② 阮建平、邓凯帆、王佳敏：《拜登政府对华战略竞争与危机管控》，《国际展望》2022年第4期，第62—79页。
③ 理查德·内德·勒博：《和平与战争之间：国际危机的性质》，赵景芳译，北京大学出版社，2018年3月版，第26、27、48、68—69页。

是希望借助"战略发布""公开炒作",特别是"武力威胁"等手段,迫使对手因缺乏信心、意志或能力而退让。边缘政策危机主要发生在实力尤其是对抗意志不对称的双方之间,一方通过升级对抗烈度等来迫使对方妥协或阻止对方的进攻。通常情况下,制造危机的一方并不愿意真正采取战争方式,而是企图通过造成这种表象来达到"不战而屈人之兵"的目的。边缘政策危机的发动方具有明确的目标指向和诉求,旨在通过"武力威胁"等将自身意志强加于对方。借以鉴之,在太空领域,一些国家采取的利用自己的航天器抵近滋扰别国航天器正常运行以及"极限施压"等措施,进而引起太空博弈对抗趋紧、造成国家之间武装冲突或战争的危险状态等,即具有此类危机的部分特征,可理解为属于边缘政策危机。

敌意合理化危机,是危机发动方为了寻找开战的借口而主动挑起与目标国之间的危机,其目的不是为了强制达成和解,而是为了掩盖自身的战争行为并赢得国内外支持。一般而言,敌意合理化危机主要发生在矛盾激化且难以调和的国家之间。但国际机制、相互依赖和核武器给现代国家之间的敌意合理化危机带来了越来越多的限制。尤其是核武器的巨大杀伤力,使得核大国一般都不会冒着相互毁灭的核战争风险去肆意挑衅另一个核大国,甚至会迫使双方以和平方式解决其他危机。

派生性危机主要是指一国在准备或实施一场主要冲突过程中所引发的次生性对抗,即发动方的政策导致了自身与第三方的冲突,虽然没有任何一方真正希望对抗,但基于对所感知的国家利益和安全需要以及国内政治压力,容易导致危机甚至引发战争。派生性危机主要是由对立一方与第三方的矛盾所引发的对立双方的危机,又称为"第三方危机"。无论这个第三方是不是盟友,另一方都会予以支持,从而引发对抗性危机。由于太空领域的特殊性,敌意合理化危机、派生性危机目前在太空领域尚不明显。但是,当太空领域敌意合理化危机一旦发生时,由于航天器受到攻击后造成解体产生碎片等不可避免地会影响第三方国家航天器正常运行而产生派生性危机。

分析认为,虽然上述四种类型的危机具有各自特点,但并非截然分离,在一些情况下可能出现升级转化。如冷战所揭示的,虽然大国之间的"敌意合理化危机"受到越来越多的限制,但并不意味着其竞争的消失,而往往采取非直接冲突的方式,甚至以"代理人战争"的方式进行竞争,因此成为很多国际危机的根源。采取"危机边缘政策"的一方如果不能实现政策目标,就可能升级对抗而引发敌意合理化危机。基辛格曾指出,"在核时代,一种恐吓,只要被认真看待,就是有用的;一个认真的威慑,如果被人当作恐吓,那就有可能带来一场灾难"[1]。同样,在太空领域,偶发性危机如果缺乏及时充分的沟通也可能导致危机升级:一方会将该危机视为对方一系列阴谋的一部分。比如,在轨航天器突然解体,或会被视为该航天器的拥有方为了阻止另一方利用有关轨道资源而实施的"阴谋"。如果不加以阻止,就可能会面临更加严重的后果。当然,如果对立大国意识到一些第三方国家利用他们之间的竞争有意制造太空危机,则会主动加以抑制,以免被拖入非意愿的太空冲突。尤其是当面临太空危机失控的危险时,对立大国也都会默契合作阻止太空危机升级。这也是由于太空领域的全球公域、轨道运行机理等本身特点规律所决定的。

二、分类特点

基于上述理解,在太空领域,应特别重视太空安全突发事件以及因各种原因造成的紧急而危险的状态。关注不同类型的太空安全危机各自特点以及升级转化条件,是有力管控太空安全危机的重要理论基础。

从危机的主观动机划分,可分为偶发性太空安全危机和蓄意性太空安全危机两类。偶发性太空安全危机是指双方都没有制造危机的意图,危机由某些难以预料或控制的突发事件、偶然因素而意外引起,这种危机失控的风险往往较小。蓄意性太空安全危机系有意制造,具有很强烈

---

[1] [美]亨利·基辛格:《白宫岁月》(第一册),陈瑶华等译,世界知识出版社,2003年版,第86页。

的对抗、冲突甚至战争导向，此类危机失控的风险或不确定性往往较大。上述太空领域的敌意合理化危机、派生性危机、边缘政策危机，也可归纳为蓄意性太空安全危机。

从危机的针对目标划分，可分为太空系统危机、太空信息危机和太空关联危机三类。太空系统危机是指航天器、地面测运控系统、应用系统等面临威胁或受到攻击引发的太空安全危机。太空信息危机是指太空通信、导航、气象、测绘等空间信息受到威胁或攻击引发的太空安全危机。太空关联危机是指由于太空系统或信息受到攻击而造成的能源、制造、经济、金融、交通、电力、舆论等行业或领域发生的关联性危机。

从危机发生发展阶段划分，还可从低到高分为常规低风险级别、警戒级别、低级别、中级别、高级别等太空安全危机。其中，常规低风险级别太空安全危机是一种风险很低的危机状态，造成的损失很小，导向战争的可能性微乎其微。警戒级别太空安全危机是一种风险较低的危机状态，造成的损失较小，导向战争的可能性很小，但足以引起决策层关注和危机防控体系警戒。低级别太空安全危机是一种危机的低级状态，对太空体系没有造成永久不可恢复的影响，影响范围局限在太空系统，对国家战略基础能力影响较小，导向战争的可能性较小。中级别太空安全危机是危机的中级状态，对太空体系个别系统造成影响，影响范围扩展到部分地面系统，损害了国家战略基础能力，造成了部分国家基础设施的混乱和失控，有发生军事对抗的一定可能性。高级别太空安全危机是一种非常严重的危机状态，对太空体系和太空环境造成重大影响，对国家战略基础设施造成重大影响，引发了社会动荡和混乱，已经发生了局部的军事冲突，并有可能进一步升级为战争。

管控太空安全危机，应结合不同的太空安全危机类型，深刻认识太空领域本身的特点对太空安全危机的影响。比如，太空领域并非仅指外层物理空间，太空安全危机的爆发点有可能发生在陆、海、空、天、网、电等任何一个领域，并不仅限于航天器工作的外层空间；由于太空安全技术兼容性强、全球公域等特点，太空安全危机往往是介于和平与战争之间的一种状态，涉及多个领域与国家，按照危机的发展情景和管控对策可以沿着不同的路径转化。基于此认识，太空安全危机也可以理解为具有跨界公共危机的特点。跨越政治边界、功能边界和时间边界的公共危机就是跨界公共危机①，可影响不同时空维度下的海量主体和多元群体。不可否认，太空安全危机即具有这一典型特征。

对于不同类型的太空安全危机，其构成要素主要包括危机爆发点、危机行为体、危机行为、危机互动和危机结束。危机爆发点是指引爆危机的事件，通常由某一太空突发事件引起。由于危机双方对于威胁的承受力和敏感点有所不同，也有可能造成双方对于危机爆发点的认识偏差。危机行为体主要是指危机所涉及的参与对象，主要包括对抗的双方或波及的第三方。对于太空安全危机来讲，由于太空行动有可能会对太空环境造成重大影响，则危机参与对象有可能是多个太空系统的国家或组织，由于态势感知能力的缺陷，也可能有未知的对象存在。危机行为是指危机行为体在危机中的主要活动，包括危机决策、危机反应、危机管控技巧等内容。危机互动是指在系统角度下对抗双方危机行为相互作用的表现形式，主要包括危机认知、危机措施与危机反措施。由于太空安全危机主要涉及国家层面，则其危机互动主要在国家与国家、国家与地区之间。危机结束是指当决策者对危机所造成的威胁、时间压力、战争可能性的认知水平下降到危机爆发前的水平后危机出现的实质性降级。当然，危机有些时候也会转入另一场危机，或转为持续的压力状态，压力慢性释放。

显而易见的是，地区安全形势与争端、太空利益争夺、太空霸权、其他领域的军事对抗延伸至太空以及太空自然环境事件等，或都正在成为引发太空安全危机的关键因素。可以认为，太空资源与利益争夺造成的长期持续的太空军备竞赛是"主因"，太空技术的发展及其在各领域的巨大作用是"诱因"，一些航天国家的世界霸权图谋是不可忽视的重要因素，太空技术能力尤其是太空态势感知能力的欠缺与太空各类威胁

---

① 张海波：《中国第四代应急管理体系：逻辑与框架》，《中国行政管理》2022 年第 4 期，第 112—122 页。

是"催化剂",太空法律法规的模糊与空白地带是"帮凶"等,都是从不同角度对太空安全危机影响因素的理解和认识。

虽然有很多因素预示着太空安全危机的爆发难以避免,但是还有一些因素起着限制和延缓的作用。比如,太空对抗造成太空资源的损失是危机冲突各方最大的顾忌,保持互相摧毁的力量均势是防止出现太空安全危机的"定盘星",世界各国对于太空技术与产业的期待作用也在管控太空安全危机中不可忽视。

第二节 太空安全危机演化与博弈

一般来说,太空安全危机通常要经过潜伏、爆发、高潮、转化、消融等阶段。在太空安全危机演化过程中,不可避免会伴随多方围绕太空安全危机展开的博弈活动。

一、演化过程

看似突然爆发,但其实太空安全危机都有一个酝酿、发展、爆发的过程。一些轨道资源的争端、危险的太空技术试验、对于月球一片区域的开发权、敏感太空技术的封锁与扩散、涉及太空领域的条约与原则宣言的斗争、进攻性太空系统的装备部署试验等,与此相对应的是不断加强的军事戒备、相关领域科技合作的减少、舆论场上的互相攻击、演习演训的互为假想敌、规则与话语权的争夺等。在这种情况下,危机还隐藏在正常交往之下,还没有对各方产生直接的威胁,沟通渠道还比较畅通,军事上还没有感受到压力,整体上还处于和平状态。潜伏状态的危机其实并不一定发展成危机,这种状态可能持续很长一段时间,以至于人们对于这种状态习以为常,甚至忘记这种危机的存在和可能造成的后果。潜在的危机其实是一种煮青蛙的温水,需要国际社会提早作出规划,制定好应对策略。

当各方面条件聚合，超出危机爆发阈值时，潜在的危机就可以转化为现实的太空安全危机，甚至转化为太空领域或者全面的对抗、冲突乃至战争。当危机爆发时，冲突各方感受到了威胁与压力，太空安全危机局势正向太空战争的方向发展，危机各方已经开始了危机管控的初期工作，包括成立危机管控指挥机构，召开小范围核心成员的会议进行讨论，提出应对危机的指导思想和原则、分配工作，并在其他相关领域作出相应的预防性反应等，以避免极端情况下可能造成的灾难性损失。危机参与方的反应，特别是军事上的激烈反应，或将会进一步促使太空安全危机升级，使得紧张局势趋向恶化。

随着危机态势的演变，太空安全危机各方的矛盾冲突或将进一步发展，措施进一步升级。各方处于激烈的矛盾对抗中，当危机各方作出强烈的反应，作出有针对性的军事部署，做好了应对进一步对抗性冲突甚至战争的时候，标志着危机进入了高潮阶段。在这个时候，一方面，危机参与方其实已经做好了应对最坏结果的准备，太空力量部署到位，武装冲突一触即发；另一方面，政治外交手段还在努力，还在讨价还价，迫使对方让步。在无法达成目的时，占据优势的一方还可能发出最后通牒，武装冲突（不限于太空领域）选项的可能性已经达到最大，战争将一触即发。

太空安全危机的高潮阶段一般比较短暂，危机参与方领导层的心理压力是巨大的。在危机参与方对于危机态势的认知过程完成后，危机开始转化，或转化为军事冲突，或是化险为夷。危机与战争爆发的关系在于危机双方是否希望以冲突方式获取更大利益。当冲突只能带来损失，而无法获得更大利益的时候，和平解决冲突就成为各方的唯一选择。

太空安全危机经过危机参与方的试探、交涉、讨价还价、威胁、调停等危机互动后，逐步缓解直至消失，危机进入了消融阶段。在这个阶段，危机参与方已经达成了一定程度的妥协，签订了备忘录或者初步的协议，攻击性的军事部署进行了回调，地面力量返回驻地，实施防御性轨道机动的航天器返回工作轨道或者进入正常工作状态，形势基本回到了危机爆发前的状态，危机管控工作重点进入了具体问题的"讨价还价"阶段。

上述是一般情况下双方太空博弈造成的太空安全危机的演化过程。当然，对于由太空环境、空间碎片等造成的太空安全危机的演化过程与其不同，需要具体问题具体分析。

二、危机博弈

"囚徒困境"描述了社会中广泛存在的两难困境。除囚徒困境模型外，网络上常见的博弈模型还包括公共物品博弈、雪堆博弈、最后通牒博弈、独裁者博弈、大猪小猪博弈等。其中，公共物品博弈关注的是多个相关个体间的博弈行为，是囚徒困境模型的多人版本；雪堆博弈模型与囚徒困境不同的是，遇到背叛者时，合作者的收益高于双方相互背叛的收益，与囚徒困境相比，合作更容易在雪堆博弈中涌现。最后，通牒博弈和独裁者博弈是研究个体利他行为的两个最常用的博弈模型。

太空安全危机博弈具有"人质"特性。世界进入核武器时代之后，军事危机博弈中出现了一种互为"人质"特性，互为"人质"是威慑理论中的一个重要特征，指的是在核武器的威慑下，双方的民众彼此成为危机博弈的"人质"。核武器的恐怖平衡，使得有核国家之间更加趋向于以和平方式解决权力转移问题。"人质"因素对于太空安全危机博弈的意义在于，在太空安全危机博弈过程中，太空环境是"人质"、轨道上运行的各国航天器也是"人质"、未来成百上千年的航天发展前景更是"人质"。这个"人质"特性造成的结果，限制了太空安全危机的开启条件，降低了危机发展成为太空大战的可能性；由于核与天并存，又进一步使"人质"特性出现了一定的"增幅"效应，核与天的相互累积效应，使得威慑效果成倍增加，天的能力增加了核打击的精确性，核打击又对天的威胁起到了威慑作用。总之，"人质"特性可使得太空安全危机发展呈现出一种"熔断"特性，即在强大的一方利益有可能受到极大损害时，可使得弱小的一方有能力威胁强大的一方，利用"人质"特性强迫其达成和解。

军事同盟也对太空安全危机博弈具有较大影响。在太空安全危机博弈构成中，一般应考虑盟国的影响，这也是由太空安全领域国际合作大的发展趋势所决定的。例如，在上述危机博弈过程中，一方就很有可能拉拢一些国家抱团对抗另一方。而这种同盟国的情况符合大猪小猪博弈结构。在这种博弈结构下，主要对手之外的同盟者更加趋向于"搭便车"。换句话说，在能一同攫取利益的时候，选择跟随同盟中的强者是其最大的利益点，但遇到需要付出的时候，则更加选择背叛是其最大利益点。同盟的领导者选择建立军事同盟虽然可以获得更大的利益，但在某些时刻也容易背上维护集团利益的包袱，严重时可能被本集团的成员拖入战争的泥潭，则同盟就有解体的风险。因此，衡量太空安全危机态势与发展，一个松散的利益共同体将产生更大的合作空间。这也是太空安全危机博弈过程中需要考虑的一个重要因素。

第三节　太空安全危机管控理论剖析

鉴于太空安全危机的全球性特点，太空安全危机管控某种意义上可以认为是国际危机管控的范畴。当前世界处于百年未有之大变局中，东西方之间的意识形态斗争日益激烈，守成大国与新崛起大国之间的遏制和反遏制之争、制度之争为国际社会发展带来巨大风险[1]。基于对国际危机的经验教训分析，国际战略界形成了各种国际危机管控的理论认识。其中，现代威慑理论、合作竞争理论可以为太空安全危机管控提供重要指导，同时也为剖析太空安全危机管控特点奠定理论基础。

---

[1] 王成、王佃利：《跨界公共危机治理中的意义建构：功能、挑战与应对》，《领导科学》2024年第3期，第74—79页。

一、理论借鉴

威慑是以惩罚报复相威胁阻止对手进攻的一种古老的政治实践活动，其系统的理论化主要始于二战后兴起的核威慑战略。威慑理论经历了众多争论而不断深化，为国际危机管控提供了重要的理论基础。威慑的实现是以潜在对手确信进攻的代价远远超过其收益或承受能力为基础的。"战争的后果越是可怕，就越不可能采取战争手段；战争的后果越是能控制，实际发生战争的危险性就越大。"① 比如，由于巨大的杀伤力，核武器被视为一种前所未有的威慑力量。随着更多国家掌握核武器后，相互毁灭的危险使得核大国之间几乎不可能以战争方式解决它们之间的矛盾。作为威慑战略理论的先驱，伯纳德·布罗迪（Bernard Brodie）开创性地预见核武器的出现改变了战争的性质，各国由渴望赢得战争转变为希望避免战争②。可见，现代威慑理论强调，威慑战略要成功，还必须考虑心理认知、情感、价值偏好和信号传递与解读等因素。对此，基辛格曾总结道，成功的威慑"需要将实力、使用实力的意志以及潜在对手对以上两个因素的评估三个方面结合起来考虑。而且，威慑是所有这些因素的乘积，而不是它们的总和。如果其中任何一个因素是零，威慑就会失效"③。

从心理认知的角度来看，有效的威慑就是以对方可感知到的强大报复力量和意志为基础、以难以接受的代价为预期后果，从而迫使对方不敢升级对抗。其中有恐惧和焦虑两种心理机制，前者明确知道威胁的具体来源和危险后果；后者只知道有危险后果，但不知道其具体来源。据此，前者主要通过一定的"透明"来实现，即让对手明确知道本方的报

---

① ［美］亨利·基辛格：《白宫岁月》（第一册），第272页。
② ［美］詹姆斯·多尔蒂、小罗伯特·普法尔茨格拉夫：《争论中的国际关系理论》，阎学通、陈寒溪等译，世界知识出版社，2003年版，第372页。
③ Henry A. Kissinger, Nuclear Weapons and Foreign Policy, New York: Harper and Row, 1957, p. 12.

复能力和冲突的严重代价，具有绝对优势的大国往往喜欢采取此方式以不战而胜。后者主要是通过一定的"模糊"来实现，即让对手不知道自己会受到什么样的报复而感到焦虑，从而不敢冒进，因此往往为实力相对较弱的一方所采用。当然，实际的威慑战略往往是二者的有机整合，其平衡点因力量对比和形势变化而动态调整。要维持威慑的有效性，就需要把关于自身能力的一些情况传达给对手，但传达过多的情报有可能会方便对手策划进攻，从而削弱威慑的效力[1]。

从信号传递的角度来看，对重大利益的清晰界定和明确承诺有助于增强威慑的效果，这就需要保持对话渠道的畅通，及时就意外事件相互确认对方的意图，避免误判和误算。"界定承诺并使其具有可信度，也会使对手了解一个国家至关重要的利益和它所不会忍受的威胁是什么，从而减少误判的概率。明确的承诺也可以减少因误解而出现挑战的概率。"[2] 在太空领域，一些国家提出的"威慑战略"，本质上也是为了管控太空安全危机的发生[3]。

除现代威慑理论外，合作竞争理论也是国际危机管控的一种重要理论。作为对国家间利益与矛盾复杂交织现实的一种理论承认，合作竞争理论认为，国家间竞争具有普遍性和不可避免性，但竞争失控走向危机对抗则不符合任何一方利益。因此，太空安全危机管控的目的就是通过双方的联合行动，减少紧张，消除危机。太空资源的有限性和国际社会的相对无序状态，决定了国家之间竞争的永恒性。但与此同时，太空安全全球化相互依赖的日益加深和共同挑战的不断涌现，也不得不使得国家之间日益由零和的竞争关系逐步走向正和的共生性关系[4]。这也是太空的和平利用是人类永恒命题的缘由所在。

因此，合作竞争理论承认太空领域国家间竞争的不可避免性，但并

---

[1] ［美］詹姆斯·多尔蒂、小罗伯特·普法尔茨格拉夫：《争论中的国际关系理论》，第380页。
[2] ［美］理查德·内德·勒博：《和平与战争之间：国际危机的性质》，第328页。
[3] 丰松江、董正宏：《太空，未来战场》，时事出版社，2021年1月版。
[4] 阮建平、林一斋：《人类命运共同体的历史逻辑、挑战与建设路径》，《中州学刊》2018年第11期，第37页。

不意味着接受危机和冲突。除全面战争以外，国际行为体之间的利益并非完全对抗性的，在互利和"我活也让别人活"的基础上，是可以开展有效太空合作的，而且这种合作并不依赖于行为体之间的友谊①。大多数国家之间客观上都处于一种竞争与合作的混合状态，其区别主要在于太空发展与运用领域、程度和稳定性的差异。即便是敌对关系的国家之间，只要不愿意发生太空战争或更大冲突，也存在深化合作的情况。合作竞争就是要避免零和博弈，特别是负和博弈。因此，从动机类型和收益结果来看，太空合作将可以分为两种类型，即避免进一步相互损害的消极合作和相互增益的积极合作。在很大程度上，目前一些国家之间的合作竞争就属于避免进一步相互损害的消极合作；但从长远看，太空领域的建设发展更需要相互增益的积极合作，这也将对有效管控太空安全危机起到更加积极的作用。

国际关系理论包含了程度不同的合作竞争内容，为太空安全危机管控提供了不同的思路。比如，尽管继承了对国际竞争持久性的基调，新现实主义认为，国际无政府状态导致的安全困境意味着国家追求的首要目标应该是安全，而不是无限的权力②。这就需要对立各方自我克制，并对对方的安全感受保持敏感。否则，很容易导致军备竞赛。对此，罗伯特·杰维斯从认知心理学的角度进行过深入分析③。新自由主义认为，全球相互交往的扩大和相互依赖的加深不仅限制了军事手段的使用，还导致国际机制的建立和扩大，为对立各方提供了相互沟通的直接渠道，有助于减少国家之间的误解、误判和误算以及由此导致的冲突。构建主义从共有文化和身份的角度分析了国家间关系演进的三个阶段，即由不承认对方生存权的"霍布斯文化"向不否认对方生存权的"洛克文化"到承认对方生存权的"康德文化"发展，这也是一个通过社会互动和学

---

① ［美］罗伯特·阿克塞尔罗德著：《合作的进化》，吴坚忠译，上海人民出版社，2016年版，第51—61页。
② ［美］肯尼思·沃尔兹：《国际政治理论》，信强译，上海人民出版社，2008年版，第124—126页。
③ Robert Jervis, "Cooperation Under the Security Dilemma," World Politics, Vol. 30, No. 2, 1978, pp. 167–214.

习由排他性角色身份向共生性集体身份扩展的过程①。

综上所述,无论是为了避免不可控的太空军事冲突,还是为了减少太空突发事件造成的相互伤害,太空安全危机管控都必须以一定的共识为前提,通过对对方核心利益的尊重和自我约束来避免太空安全意外事件引发的军事冲突或竞争失控升级。而恰恰在太空领域,国际社会大多数国家是有共同维护太空安全的共识的,这也是太空安全危机管控的重要基础。

二、管控特点

任何国家,尤其是大国,都需要统筹安全与发展的关系。太空安全危机管控的逻辑起点应是在危机发生前,在发展过程中对太空安全危机征兆和风险进行准确有效的甄别、评估、分析,在危机发生后进行危机发展趋势分析、对策选择、行动实施。太空安全危机管控,核心目的是为维护太空安全秩序和太空活动安全等而采取的一系列措施,包括对可能造成太空安全风险的各种因素进行预防、干预、监测和应对的管理控制活动。如何评估太空安全危机的风险和危害,进而采取相应的应对措施,是太空安全危机管控的重要内容。

要全面评估分析太空领域发生安全危机的风险和危害,必须在系统进行太空环境风险预测的同时,全面分析国家以及其他国家太空领域军民商等各个力量实体所拥有的重点设施与关键资产,只有把资产和家底掌握清楚,并对其重要性、相互影响、损害造成的后果等梳理分析清楚,才能够有针对性地做好预防工作。威胁分析主要是按照情报对威胁己方太空重点设施与关键资产安全的国家或组织的类型、主体、目标、目的、后果等内容进行全面梳理,评估威胁的大小与目标的对应关系,为预警与预备工作做好针对性准备。弱项分析是分析重点设施与关键资产的薄

---

① [美]亚历山大·温特:《国际政治的社会理论》,秦亚青译,上海人民出版社,2000年版,第287—288页、313—383页。

弱程度，并有针对性地采取改进措施，从而化解或降低危机带来的损害。对策分析是列出应对危机能够采用的对策集合，分析这些对策所造成的影响，为危机决策提供参考。对于太空安全危机来讲，可选的对策应包含多种类型，针对不同的危机态势可以选择不同烈度的对策。趋势分析是危机态势分析的主要内容，主要研究太空安全危机发展方向，给出危机管控策略实施的可能性和造成的后果，为危机决策提供态势判断和参考。

在太空安全危机管控互动的过程中，决策者在动态变化的态势和不确定因素的条件下，应准确把握保障危机管控机制高效运行的基本依据和实施管控的内在要求，应坚持以维护国家总体安全利益为根本出发点和落脚点，以争取太空安全危机演化过程中的主动权为核心，充分调动国家太空领域相关资源，主动研究和预防危机，最大限度地减少和降低危机带来的不利影响，确保国家太空领域的战略目标如期实现。在危机管控过程中必须遵循的基本要求和政策法规，是危机内在规律的表现，也是实践经验的总结。决策者只有遵循这些原则，才能最大限度地保障太空安全危机管控措施的有效性和正确性。

辩证看，危机是不可能杜绝的，只能尽可能地预防危机发生和控制危机带来的危害；危机的影响也不可能完全消除，因此危机潜伏期是最重要的危机管控时期。应通过各种信息的分析，对危机事件有一个初步定性，确定是一次普通的太空安全突发事件，还是一次恶性的太空安全危险状态，而后再确定和选择启动何种管控机制。比如，在蓄意性太空安全危机管控时，对对手的意图判断主要是搞清楚对手在危机交互过程中表达的真实意图，揭示表象之下的核心企图。危机事件造成的直接和间接损害主要包括太空领域的直接危害和由于太空系统损失造成的金融、经济、工业、交通、军事等领域的损失。尽管太空安全危机应对并不在战时状态，但在危机过程中也可以提升战备等级，成立太空安全危机应对专业队伍，及时协同到位处置，提高危机管控的时效性和专业性。其中，关键在于太空安全危机决策。在资源有限的条件下，决策者为实现太空安全危机管控目标，应按照既定的程序、方法和手段等，在危机互动过程中明晰一系列决策和对策选择。危机决策必须设定红线和底线，其中红线是不可逾越的界限，是"雷区"和"高压线"；底线是危机互动中可承受或者能够认可的下限，是最低目标和基本要求，是不可以突破的最后的界限。

此外，从跨界公共危机的角度看，太空安全危机演化的不确定性和复杂性激增，以单一主体、单线处置、单一对话应对太空领域跨界公共危机已难以奏效，取而代之的应当是建立在理性秩序上的多元主体联动，以形成应对太空领域跨界公共危机的合力。借鉴跨界公共危机治理相关理论[1]，太空安全领域跨界公共危机治理虽然面临诸多困境，但在奔向未来的不确定性与拥抱未来的美好想象中，人们总能找到适合的治理方式，为跨界危机治理的意义建构带来新的生机，发挥重要示范意义。

第四节　对太空安全危机管控的思考

太空是人类共同的财富。太空安全是国家建设和社会发展的战略保障[2]。当下，国际秩序与地区秩序调整力度速度都在加剧，作为多极化格局中的太空安全态势复杂多变。在现代航空航天等领域前沿科技高度发达，人类经略太空能力不断提升的背景下，如何以新的安全观念有效管控太空安全危机，如何更加合理地统筹太空安全与发展，是"第三太空时代"国际社会面临的一项时代选择。应秉持人类命运共同体理念，积极开展太空安全国际合作，全面提高安全进出和开放利用太空能力，不断增强太空安全危机管控和综合治理效能[3]，持续为维护太空持久和

---

[1] 王成、王佃利：《跨界公共危机治理中的意义建构：功能、挑战与应对》，《领导科学》2024年第3期：74—79页。

[2] 《国防部：中方坚持和平利用太空》，2024年4月19日。https://military.cnr.cn/jq/20240419/t20240419_526672905.shtml。

[3] 《习近平在视察驻陕西西部队某基地时强调：聚焦备战打仗，加快创新发展，全面提升履行使命任务能力》，《人民日报》2021年9月17日第1版。

平与共同安全作出积极贡献。

一、最大限度防范太空安全危机

安全理念是太空安全危机管控的前提和依托，是思维方式的体现。随着人类社会的不断发展，太空安全问题日益突出，给人类太空活动以及社会发展带来了严重的挑战。管控太空安全危机，首先应最大限度地防范太空安全危机。

太空作为国际共享的领域，全球性问题需要通过全球参与来寻求和执行全球性解决办法。防范太空安全危机，不能仅在国家一级有效管理与太空活动有关的所有影响和风险，还应通过统一的规则或准则、标准和守则，进行某种形式的国际协调和管理行为，以及通过国际机构进行某种形式的有效管控。国家间可以通过建立战略协作伙伴关系，有效管控太空战略危机。国际社会应加强从源头上预防和管理太空安全风险，通过科学的评估、预警和应对措施来保障全球太空安全、防范太空安全危机发生。比如，应当注重持续发展太空安全态势感知能力，建立太空安全信息共享与协同机制、太空物体碰撞风险评估与预警机制、太空安全危机应对与应急处置机制等，预防和有效应对因太空物体意外碰撞等太空意外事件引发的太空安全危机。同时，综合使用军事、政治、外交等各种手段，避免发生太空敌意合理化危机、派生性危机以及边缘政策危机事件，保护本国易受攻击的太空系统，保持太空系统的安全运行。

二、加强太空安全危机管控体系设计

在最大限度防范太空安全危机的同时，坚持完整性、动态性、融合性、法治性、合理性等原则，建立功能日渐完整的太空安全危机管控体系势在必行。太空安全危机管控体系是担负国家或国际太空安全危机管控职能的组织结构及其运行机制和法规制度系统。虽然各个领域的危机管控体系设计不尽相同，但从构成要素上看，借鉴国际通用的国家安全危机管理体系设计框架，包括决策系统、智囊系统、情报系统、执行系统、制度系统等，是构建太空安全危机管控体系的重要路径。

对于一个国家而言，需要建立力量相对集中、指挥体系完善、机制运行顺畅、危机预警预测能力强大、军民商信息共享、协调一致行动的太空安全危机管控体系。对于国际社会而言，应在信息共享、资源共用、共同应对危机等方面加强国际合作，构建国际太空安全危机管控体系。一般来说，危机管控应该包括危机爆发前的预警预测、危机过程中的反应过程和危机过后的恢复重建过程。对于太空安全危机管控而言，基本流程包括以下七个方面：预测预警预备、掌握和报告情况、启动危机管控机制、实施危机管理与控制、做好舆论与外交工作、危机管控行动保障、秩序恢复与重建等。这些都是一个国家或国际社会在构建太空安全危机管控体系过程中需要考虑的重要因素。

三、健全太空安全危机管控运行机制

太空安全危机管控运行机制，是为实施太空安全危机管控而建立的运行规则和方式，主要是明确任务界面、职责分工和基本要求等。通过运行机制，可以将太空安全危机管控力量按照一定的规则连接起来，保障整个太空安全危机管控体系高效顺畅运行。

太空安全危机管控运行机制设计构建，应当与国家重大安全事件应急处置或国际危机管控等组织指挥体制相适应，严格区分日常太空安全应急响应事件和太空安全博弈对抗危险状态，确保太空安全危机管控的军、民、商以及国际友好力量和资源能够统筹协调使用。应构建先进的太空安全风险评估方法与完善的风险预测预警机制，设立或指定专门机构，进行情报信息的汇总、分析与处理，对太空安全态势进行综合判断，对太空安全危机爆发的时间、地点、强度等进行短、中、长期预测，并对危机爆发进行短、中、长期预警。信息通报机制是在危机处理过程中建立一套规则和渠道，理顺军、民、商及国际社会太空力量之间的关系，约定将危机态势信息相互通报，保证各支力量协调一致和信息共享。协

同处置机制主要是建立一种规定模式，在遇到太空领域重大安全问题时，联合国家危机管控力量、军民商太空力量以及国际友好力量等，共同研判太空安全危机形势，交流设想看法，协商应对策略，合理配置和统筹管理所需资源，联合进行危机事件管控行动，发挥危机管控力量体系的整体效能。

总之，太空安全危机管控是一个连续性的过程。在风险治理视角下，太空安全危机管控需要不断优化太空安全管理机制，如风险评估与预警机制、危机应对与应急处置机制、风险管理与防控机制、信息共享与协同机制等，以不断提高太空安全危机管控的效果和能力，更好地维护太空安全、造福人类社会进步。

第十一章／太空安全综合治理

随着进出太空的行为体越来越多，太空活动的日益频繁和航天事业的繁荣发展，为人类创造了巨大的社会经济价值，带动了人类社会的进步；同时，也远远超越当前太空管理制度的支撑能力，使得太空安全形势比以往任何时候都要严峻复杂。目前包括《外层空间条约》《营救协定》《责任公约》《登记公约》《月球协定》等在内的国际机制[1]，以及国际社会就太空安全治理提出的多项倡议等，尚无法有效处理太空环境安全问题，无法解决太空军事化、武器化、战场化问题，无法解决太空轨道和频率的争夺问题等[2][3]。太空是"大国皇冠上的宝石"。面向未来，大量太空活动参与者的复杂利益交织、井喷式的航天器发射数量增长、频谱干扰与轨道位置的激烈竞争、太空环境污染与日益拥挤的近地空间、非航天国家对太空利益的诉求、民用技术掩盖下的太空军事化等领域的新问题、新挑战，在强烈呼唤健全的全球太空管理制度的诞生[4]，太空安全综合治理任重而道远[5]。国际社会迫切需要就新时代的太空安全观

---

[1] 李苏军、王谦、郑维伟等：《太空安全战略》，北京：清华大学出版社，2023年6月版，第205—252页。

[2] 何奇松、南琳：《太空安全治理的困境及其出路》，《北京航空航天大学学报（社会科学版）》2012年第1期，第28—35页。

[3] 孙雪岩、何奇松：《太空安全治理的五个倡议刍议》，《北京理工大学学报（社会科学版）》2013年第4期，第98—106页。

[4] 全球太空管理，是指国际、地区或国家法律以及管理或规制与太空有关的事务或活动的监管机构和行动/方式/过程的集合。[加]拉姆·S.贾克、[美]约瑟夫·N.佩尔顿：《全球太空管理》，刘红卫、付康佳、王兴华等译，北京：中国宇航出版社，2021年8月版，第6页。

[5] 中国现代国际关系研究院：《地理与国家安全》，北京：时事出版社，2021年4月版，第195—221页。

凝聚共识，加快健全新的太空安全综合治理秩序，规范各国太空行为，以确保人类对太空的可持续利用和共同安全。

第一节　太空安全综合治理时代背景

随着人类探索和利用太空的步伐不断加快，太空领域正在发生日新月异的根本性、革命性变化，太空增进人类福祉的价值和潜力正在快速释放，太空多极化大开发正在拉开帷幕。太空对人类社会的发展至关重要，关乎国计民生、国家安全与国际战略竞争的战略价值日益凸显，已成为当今时代特色的一个重要方面。如今，对太空系统的愈发依赖与太空系统天然脆弱性之间、太空日益拥挤与太空资源有限之间两大矛盾，使得太空安全问题再次引发国际社会的普遍关注。从近地空间的安全问题拓展至深空，从太空物理域的安全问题拓展至信息域网络域等，都成为当今时代背景下太空安全问题研究的范畴。综合分析认为，太空环境恶化、太空资源争夺白热化、太空商业化、太空开发深空化，特别是太空战场化，是当今时代背景下乃至未来很长一段时期内太空安全领域面临的五个突出挑战[①]。

一、太空环境恶化，影响人类太空活动可持续发展

全球卫星发射数量每年递增、近地轨道卫星规模更是急剧扩大、已到达设计寿命的卫星大多因无法及时回收处理而仍然在轨等因素，使得卫星轨道持续呈现严重拥挤趋势。日益严重的轨道拥挤，使得近年来地球轨道空间发生的卫星相撞事故特别是卫星碰撞预警屡见不鲜。相对而言，地月轨道空间航天器之间潜在碰撞风险也正在引起国际社会关注。

[①] 贾平凡：《外空治理体系变革需全球加强合作》，《人民日报（海外版）》2023年7月13日，第006版。

比如，2024年7月11日，韩国航空航天研究所战略和规划局高级研究员郑素因（Soyoung Chung）在"安全世界基金会太空可持续发展峰会"上发表演讲时透露，韩国航空航天研究所过去18个月收到了关于"韩国探路者月球轨道器"即月享号（KPLO/Danuri）探测器与其他绕月航天器潜在碰撞危险的40次"红色警报"[①]。随着在轨服务和主动碎片清除技术的测试和验证，交会与临近作业可能会变得更加普遍。然而，国际上对于什么是在轨卫星之间的安全互动，几乎没有一致的定义。关于航天器交会与临近作业的国家和国际讨论要么不存在，要么还处于初始阶段。

与轨道日益拥挤伴生的空间碎片，对在轨卫星的安全运行造成极大威胁，对太空的可持续利用造成长远威胁。随着人类航天活动暴增，在役卫星必须执行越来越多的避碰机动，以躲避轨道卫星拥挤或空间碎片的威胁；任务结束后仍留在轨道上的卫星也有可能碎裂并形成危险的碎片云，在轨徘徊数年。比如，对于太空垃圾问题，美国SpaceX公司表示，每颗"星链"卫星都将能够追踪在轨碎片并自动规避碰撞，并在到达寿命后自动脱离轨道，推向大气中燃烧殆尽。但相当讽刺的是，SpaceX公司在2019年5月发射的第一批"星链"中，就有3颗卫星失去了联系，无法进行主动控制，最终成了太空垃圾。又如，2024年6月28日发生的俄罗斯一颗废弃卫星在距地表约350千米处解体事件，再次将太空垃圾问题推到了风口浪尖，也再次为人类敲响了太空安全的警钟[②]。欧洲航天局（ESA）长期致力于太空环境跟踪与空间碎片治理。根据ESA的模型预测，地球轨道上尺寸大于1厘米的物体总数或超过100万个[③]。尽管各国都在制定并采取空间碎片减缓措施，但远远赶不上新卫星和碎片的增长速度。碎片与碎片、卫星与卫星相撞，将产生更多的碎片，形成"碎片潮"，进而形成级联效应，进一步加剧太空环境的

[①] 爱太空宙叔编译：《什么？月球轨道上也要防撞了……》，《航天界》2024年7月12日。
[②] 《太空垃圾预警，国际空间站宇航员躲进飞船避险》，新华社北京2024年6月28日电。
[③] 刘璐、龚君、王浩：《ESA持续发布〈太空环境报告〉，致力空间环境治理》，《国际太空》2023年第10期，第48—50页。

恶化。

对此，美国战略与国际研究中心认为，尽管有一些国际机制、国家政策、跨国活动和行业努力来遏制空间碎片的产生和扩散，但几乎不存在国际标准或规范。随着今天的技术和商业卫星的激增，为数不多已经到位的国际标准或规范也已经过时了[1]。许多空间专家承认，如果没有行为规范或碎片清除任务，太空环境可能会受到永久的破坏。所以，若这一趋势得不到有效治理，全球太空行为可视为"不可持续"的。如果这个假设变成现实，对人类航天事业而言或将是一场灾难。

二、太空资源争夺白热化，加剧国家间战略竞争

卫星频率轨位资源是一种有限的、不可再生的自然资源，是全人类共有的国际资源。人类航天技术的快速发展与广泛应用，在驱动着卫星产业规模逐年递增的同时，卫星频率轨位资源供需矛盾日益突出，一些国家、商业航天实体等围绕频率轨位资源的争夺也日趋激烈。特别是低轨高密度互联网星座卫星的爆炸式增长，使许多国家围绕近地轨道频率轨位资源的争夺进入白热化状态[2]。比如，美国、俄罗斯等从 20 世纪五六十年代起就已向国际电联申报并依照国际程序获取了大量频率轨位资源，这也导致目前很多好用的频段和轨道位置被占用，其他国家再想从中分得一杯羹已经很难。美国 GPS 系统和俄罗斯的"格洛纳斯"卫星导航系统已占用了 80% 的"黄金导航频段"。又如，日本、韩国、印度尼西亚等亚太国家也在加紧申报并获取频率轨位资源。更有甚者，汤加王国早期申报了大量的频率轨道资源并获得了优先使用权，此后以经营优先使用权来获取经济利益[3]。可以看出，一些国家为维护自身的军事或

---

[1] KAITLYN JOHNSON：《Key Governance Issues in Space》，CENTER FOR STRATEGIC & INTERNATIONAL STUDIES，2020 年 9 月。

[2] 汤靖师、程昊文：《空间碎片问题的起源、现状和发展》，《物理》2021 年第 5 期，第 317—323 页。

[3] 詹律：《马斯克的"星链"是否违反国际空间法》，《詹律法政评论》，2021 年 12 月 28 日。

经济利益，都在抓紧获取卫星频率轨位资源。

除卫星频率轨位资源外，对于人类而言，太空中还蕴藏无法想象的"宝藏"。与冷战时期的太空竞赛不同，如今太空竞争带来的利益已在眼前。面向未来，或许太空资源将在少数"主要玩家"的利益博弈下被分配掉。比如，为了在太空资源获取中处于有利地位，很多国家早已开始行动。2023年10月，美国发射"灵神星"探测器，前往火星与木星之间的小行星主带，探访一颗富含金属的小行星"灵神星（16 Psyche）"①。科学家推测，这颗小行星实际上是一颗直径超过200千米的"金属球"，它主要由铁、镍和金、铂、铜等稀有金属组成。按照市价进行估值，这颗小行星的金属资源价值达1000万亿美元。如果该资源能够成功开采，无疑会为开采国带来巨大利益，并对全球经济形成极大冲击。另一个例子是太空资源氦-3。氦-3是一种稀有的氦气同位素气体，由于氦-3与氘进行热核反应时仅产生没有放射性的质子，故使用氦-3作为能源时不会产生辐射，不会对环境带来危害。100吨的氦-3便能满足全世界一年的能源需求。在月球及太阳系其他地方的沉积物里，含有数量可观的氦-3，足以支持地球未来几百年的能源需求②。如果有国家率先掌握并垄断了氦-3的太空开采技术，它将获取无可替代的发展优势。这也是近年来月球资源开发日益受到青睐的主要原因所在。

因此，伴随太空自然资源商业开采即将成为现实，有专家提出，太空资源活动主体对其发现（探矿勘探）或获取的资源究竟享有何种权利，是待解决的焦点法律问题。2019年，海牙太空资源治理国际工作组发布的《发展太空资源活动国际框架的要素》提出了太空自然资源优先权概念。尽管确立太空自然资源优先权概念具有重要意义，但太空法不宜规定太空自然资源的优先探矿权和优先勘探权，太空自然资源优先权应包括"优先采矿权"和"对开采后资源的优先权"两个内涵。且多个

---

① 孙亦丰、张立华：《美国"灵神星"小行星探测任务分析》，《中国航天》2023年第12期，第49—55页。

② 秦胜飞、东归霖、周俊林：《神奇的氦-3》，《石油知识》2022年第1期，第38—39页。

国家或活动主体可能会对同一资源的开采享有不同阶段和不同程度的优先权利，因此需要结合具体实践考虑太空自然资源优先权的分配和实现路径[1]。

三、太空商业化大发展，推动参与太空活动的行为体与日俱增

在太空商业化加速推进的大背景下，人类活动在太空领域不断拓展，参与太空活动的行为体日趋多元、太空私营化的趋势愈加明显。尽管自人类涉足太空以来的大部分太空活动属于国家行为，但是随着太空商业化的大发展，相关国家逐渐放宽了对太空商业活动的限制，使得越来越多的商业实体、私人团体进入太空开发领域[2]。根据太空科技分析机构（Spacetech Analytics）发布的《2021年/第二季度太空技术产业发展概述》报告显示，全球太空科技公司数量已达10000余家，预计到2025年太空经济规模将达5000亿美元[3]。商业航天、私营企业正在改变全球太空探索事业的发展格局，也逐渐成为影响太空安全与太空治理的重要因素。比如，太空商业化的日益增强为任何有购买能力的组织或个人提供了曾经仅限于全球大国的能力。这种商业市场上获得先进太空能力的可能潜在地使非国家行为体获得太空优势，它们处于国际太空监管之外，或会对国际社会造成重大安全隐患[4]。

同时，太空商业的发展和竞争不仅涉及经济要素，还涉及政治、军事、科技等诸多方面要素，这些要素相互交织使得一些具体问题变得更加复杂，使得单靠公共部门（尤其是政府之间的合作）难以有效应对。比如，欧美等国家的航天政策法规经过多年发展，对商业航天的引导、

---

[1] 王国语、郭宇峰：《论外空自然资源优先权》，《国际法学刊》2023年第2期，第20—39页。

[2] 仪名海等：《外层空间国际关系》，清华大学出版社，2015年版，第226—227页。

[3] SpaceTech Industry 2021/Q2 Landscape Overview, https：//analytics.dkv.global/spacetech/SpaceTech－Industry－2021－Report.pdf.

[4] Office of Director of National Inteligence, United States Intelligence Community, The National Intelligence Strategy of the United States of America, 2019, p. 4.

规范及扶持较为明确，无论是生产制造、商业发射及卫星运营服务等传统领域，还是亚轨道旅游、太空资源开采等新兴领域，都使商业公司开展相应业务有法可依、有章可循，为商业航天发展奠定了良好的制度基础[①]。反之，一些国家通过在政策、技术、资金等方面的支持，将商业航天"绑上"太空军事化的战车，对于维护太空安全而言也值得高度警惕。以太空探索技术公司（Space X 公司）为例，近年来大举实施能直接为军服务的"星链"计划[②]。"星链"运用于战场，标志着第一次商业太空战争的开启[③]。诸如此类太空商业化，使得既有国内秩序的稳定性与国际制度的效能面临严峻挑战，所带来的太空安全威胁早已突破国家主权管辖，活跃于管辖权极度缺位的国际社会空间中。

四、太空开发深空化，对国际太空治理产生重要影响

近年来，世界航天大国、强国就深空探测展开了新一轮竞争。与此同时，许多私人实体公司也计划开发月球等天体资源。以月球开发为例，一些国家通过法律赋予实体公司开发月球资源的产权、所有权，也进一步激发了私人实体公司涉足太空探索和开发的热情。因而，国家行为体与非国家行为体交织进行的月球竞赛的大幕业已拉开，形成了有别于冷战时代美苏月球竞赛的新格局。在新的国际太空治理规则尚未形成之际，新一轮月球竞赛势必对国际太空治理产生重要影响。

新一轮月球竞赛给包括月球在内的太空领域带来了"发展赤字""治理赤字"与"和平赤字"[④]。基于天体"先到先得"的原则开采月球

[①] 刘海滨、郝璐：《国内商业航天发展现状及未来展望》，《军民两用技术与产品》，2019年第12期，第21—26页。

[②] 黄国伟：《中国航天怀揣人类共同梦想》，环球网，2021年3月30日，https：//baijiahao.baidu.com/s? id =1695606499529541694&wfr = spider&for = pc。

[③] 张涵抒：《"星链"在战场：第一次商业太空战争》，《文化纵横》2024年第1期，第8—11页。

[④] 何奇松：《新一轮月球竞赛与太空治理的前景》，《社会科学文摘》2019年8月，第41—43页。

等天体资源，有悖于进入太空机会平等原则和全人类共享太空资源原则。借口开发与利用天体资源，谋求月球等天体的产权，进而变相谋求天体主权，这不仅是月球等太空资源开发的"发展赤字"问题，更是一个"治理赤字"问题。如果说《外层空间条约》给非国家行为体把天体据为己有或拥有天体产权留下了模糊空间，那么《月球协定》则在一定程度上弥补了《外层空间条约》的模糊性。问题在于，《月球协定》实际上没有法律效力，若没有任何一个航天强国、大国的批准与实施，《月球协定》就是一纸空文。国际社会对《外层空间条约》第2条的解释存在分歧，以及《月球协定》的无效性，为一些国家通过国内法赋予私人公司拥有包括月球在内的天体所有权、产权留下了法律漏洞。更有美国政客公然宣称，《外层空间条约》并没有赋予包括月球在内的"全球公地"以法律地位。与此遥相呼应的是，美国私人太空公司公开要求月球产权。为此，美国学界提出所谓"太空经济学"，变相为私人实体获取天体资源的产权摇旗呐喊。太空经济学属于经济学范畴，而经济学必然涉及产权、所有权问题。

有学者认为，美国政界、学界、产业界、国会为月球等太空资源的所有权或产权共同演奏了一曲四重奏，鼓吹私人实体拥有天体等自然资源的产权或所有权，实际上就是变相地为美国谋求月球等天体的主权。在没有国际法律约束的情况下，根据先占先得的原则，不排除美国借助众多技术先进的私人太空公司抢占月球和火星，这样，月球、火星的大部分就会成为美国的太空"领土"。在美国通过上述有关法律后，在月球竞赛大潮的背景下，国际社会对此高度关注。2016年联合国和平利用外层空间委员会法律小组委员会第55届会议就此展开辩论，决定从2017年起设立一项新议题："关于外空资源探索开发与利用活动潜在法律模式的一般性意见交流。"如果说在月球竞赛背景下，开发月球等太空资源给《外层空间条约》等太空法律带来了前所未有的挑战，造成太空领域的"发展赤字"和"治理赤字"，那么在《月球协定》"一纸空文"的前提下，月球竞赛更给国际安全带来严重挑战，造成"和平赤字"。这一点主要在于不排除有关国家行为体（或得到本国非政府行为体的帮助）在月球建立军事基地，作用于地球的军事目标。上述"三大赤字"问题，归根到底是"治理赤字"。因为"发展赤字"涉及如何利用太空资源，包括太空轨道与频率资源等，也涉及如何让更多国家走近、利用包括月球在内的太空，这些都涉及太空治理机制及有关规则问题。

五、太空战场化，对人类和平利用太空构成严峻威胁

国际外空军控起源于20世纪空间技术的发展和美苏冷战核恐怖对峙，从早期的"太空禁核"逐渐演变为当前的"太空禁武"，主要目的在于增强国家安全或国际安全。2018年起，美国视太空为"作战域"，组建独立太空军并重组太空司令部，加快太空军事力量改革调整步伐。此后，国际社会新一轮外空军事竞争格局逐渐形成，主要国家军事航天预算不断增长，推动太空军备竞赛风险持续升高，国际社会对于不断加大的太空武器化、战场化风险高度关注，外空军控议题博弈越发激烈[1]。

当前，太空被视为军事上的"终极高地"。所有太空活动的双重用途性质是不可避免的。太空军事建制渐成大国"标配"，太空武器研发不再遮遮掩掩，太空沦为战场、发生武装冲突的风险显著增加。这将严重冲击以"和平利用太空"和"太空自由"为基石的现有国际太空秩序[2]。伴随建设太空军蔚为潮流，太空武器化禁忌即将突破。比如，美国长期追求太空控制能力，为此曾公开提出太空武器发展计划[3]。早在小布什政府时期，美国空军航天司令部制定的《2004年及以后战略规划方案》即主张在太空中部署常规武器，发展天基全球打击能力，并将其建设成为新的战略支柱。美国早已部署卫星通信对抗系统（CCS），还具备导航干扰能力、共轨反卫能力以及动能反卫能力等。俄罗斯积极发展

---

[1] 刘震鑫、杜会森：《国际外空军控的路径之争》，《世界知识》2024年第13期，第72—73页。

[2] 郭晓兵：《当前国际太空竞争走势探析》，《人民论坛·学术前沿》2020年8月第16期，第29—38页。

[3] Brian Weeden, Global Counterspace Capabilities An Open Source Assessment, April 2020, p. xiv, https: //swfound. org/counterspace/.

多款反卫星武器，包括"努多利"机动反卫星系统、"隼"空基激光反卫星系统、"严寒"和"坚枪"两款陆基反卫星系统，以及电磁轨道炮等新概念武器[1]，其S-500防空导弹系统也具有强大的反卫能力[2]。

与冷战期间太空与核战略稳定密切相关造成美苏都不敢轻举妄动不同，当前太空有了"独立"地位，且与常规军力结合极为紧密，太空动武的心理门槛也在降低。在地缘角逐中，为确保自身优势，一些国家在太空率先动武的可能性增加。各方在太空中厉兵秣马，太空战场化已成现实，太空战争风险显著增加。比如，卫星交会操作可能是导火索之一。2020年2月，美国太空司令部指控两个俄罗斯航天器尾随美国卫星。其实，美国航天器也频频执行抵近侦察任务，其神秘的X-37B空天飞机就曾秘密侦察俄罗斯卫星。双方操作稍有不慎，航天器就可能发生碰撞，并带来危机进一步升级。在这种情况下，如何慑止太空攻击？美国选择强行将"天核"挂钩，扩大核武器使用范围，以核慑天。时任美国副总统彭斯还威胁，如果需要，不排除在太空中部署核武器。相应地，俄罗斯发布的核威慑政策也提出，如果敌人攻击俄罗斯重要国家或军事设施，以致影响俄罗斯核反击能力，那么俄罗斯就将动用核武器予以反击[3]。这意味着冷战时期的核常纠缠将以一种新形式回归，太空冲突升级为核冲突的风险再度上升。由于各国综合实力有差别、太空利益有分歧，具有约束力的国际法律规范却难以形成，太空武器化战场化或将日益严重，太空的对抗和斗争或将不断升级[4]。

---

[1] 石文：《俄罗斯太空战力究竟几何》，《中国国防报》2018年7月16日。

[2] Star Wars? Russia's New S-500 has SPACE DEFENSE abilities, can destroy hypersonic weapons & satellites in low-Earth orbit, 3 July 2020, https://www.rt.com/russia/493720-rusia-s500-prometey-space defense/.

[3] Basic Principles of State Policy of the Russian Federation on Nuclear Deterrence, June 2, 2020, http://pravo.gov.ru/proxy/ips/? docbody=&nd=102744101&intelsearch.

[4] 何奇松：《太空安全治理的现状、问题与出路》，《国际展望》2014年6月第6期，第119—137页。

第二节　太空安全综合治理困境

近半个多世纪以来，人类的太空探索事业取得了快速发展，在此过程中也形成了一系列太空治理制度。目前太空国际制度最为典型的代表是冷战时期形成的处理太空事务的五个国际条约，即1967年的《外层空间条约》、1968的《营救协定》、1972年的《责任公约》、1976年的《登记公约》和1984年的《月球协定》，强调要把太空作为"全球公地"，要以国际合作来确保太空安全，但它们都是以软法形式出现，对国际太空行为体没有强制性约束，未能对太空问题形成有效治理。冷战后，国际格局发生了重大变革，国际太空制度也需调整转型。尤其是近年来大国太空角逐激烈、太空商业活动增多、太空参与行为体多元化、太空安全环境更为复杂、个别国家太空单边主义有所加强，导致此前以主权国家为中心，主要关注太空安全议题的太空制度面临新的挑战，太空制度的不足日益凸显[1][2]。

一、现有太空制度与太空活动日益脱节

由于太空活动的迅速发展，冷战时期制定的相关太空制度在制定出台时未充分考虑到当前复杂的多极化太空活动以及日新月异的太空技术发展，已难以适应目前太空活动管理的需要[3]。比如，具体规范存在内在不足，相关概念不甚清晰。空间物体、太空责任的"过错"和"重大过失"的区分，就连对太空安全构成重大挑战的太空军事化、太空武器

---

[1] 何奇松：《太空安全问题论略》，《军事历史研究》2009年第3期，第142页。
[2] ［德］卡伊－乌维·施罗格等编著：《太空安全指南》（上册），杨乐平、王国语、徐能武译，北京：国防工业出版社，2019年8月版，第18—31页。
[3] ［加］拉姆·S. 贾克、［美］约瑟夫·N. 佩尔顿：《全球太空管理》，刘红卫、付康佳、王兴华等译，北京：中国宇航出版社，2021年8月版，第Ⅵ页。

化等概念也缺乏共识。且太空制度的形成很大程度上是冷战时期美苏妥协的结果，参与国家有限，关注领域相对狭窄。冷战后太空活动的参与主体日益增多，太空活动范围拓展，太空制度的权威性逐渐下降。加之大国太空竞争加剧，太空军事化、武器化日益明显，太空制度的制约性明显不足。目前的太空制度间存在竞争、重叠甚至相互抵触的现象，各国纷纷提出基于自身利益的太空制度构想，试图让国际社会认可，制度之间的竞争乱象加剧了太空治理的困境，对太空国际合作产生不良影响。由于太空领域的共有利益不足，科技优势、先入优势使得太空领域权力结构呈现等级化状态[1]。美国并不想被太空制度束缚，凭借其优势不断推行单边主义，中俄联手采取反制措施，欧盟不断倡议推约，私人公司逐渐兴起，导致太空领域多方角力，各种太空制度难以执行。制度复杂化也在有利于强国地位巩固与强化的同时，进一步加剧了太空领域的权力结构失衡，使得大国协调难以实现，中小国家利益未能得到维护和改善。

总而言之，现有太空制度已无法适应不断增加的太空问题治理的需要。构建新的太空制度存在共同利益基础薄弱、外部强制力不足、基本理念和道义准则存异和权力分配结构失衡等困境。太空制度的不足限制了太空合作，也导致了太空治理陷入困境，难以对太空军事化、武器化等带来的安全问题进行有效治理。对于所有的国际制度而言，规范与经验之间总是或多或少地存在鸿沟，有效的全球治理需要将正当性、合法性和效率三者联系起来。在太空治理领域，宣称主权国家平等参与太空利用的规范与大国政治、霸权政治的太空现实之间的鸿沟日益加大，导致太空制度与太空权力结构越来越难以匹配，治理难度逐渐加大，治理困境日益凸显。

---

[1] 凌胜利：《太空治理与中国的参与战略》，《国际问题研究》2015 年第 3 期，第 111—125 页。

二、技术创新发展带来太空治理难题

如果不确定性已成为当下国际秩序的突出特征，那么不断加速的技术变革便是制造"迷雾"的重要源泉之一①。太空探索利用是迄今为止人类所从事的最具冒险性的事业之一，注重技术创新是各个太空主体在发展太空力量过程中必须具备的核心品质。然而，太空主体在相关技术方面的创新特别是那种颠覆性创新会给其太空力量发展带来重大甚至是突破性进展，从而使得它与其他太空主体的交往互动呈现出不确定性，进而影响太空领域各主体之间权力关系的生成和结构。比如，近十多年来，一些国家利用技术创新带来的权力优势，妄图以绝对实力护持绝对霸权，这一行为使得国际体系演变中单极与多极的斗争更为激烈。比如，将信息革命中的网络、处理、存储技术和领先的人工智能技术加紧广泛运用于太空领域，推动航天技术取得突破性进展，试图以太空技术优势谋求太空绝对优势，或会使得太空安全国际体系演变平添变数。

技术变革可能使国际秩序原有的价值观和制度安排面临考验，改变行为主体的主观认知和共有观念②。航天技术变革具有非同一般的不可预见性与不确定性，各国在太空军控和国际规则制定方面往往不愿意冒束缚技术创新的风险，关于太空安全的政治共识一时难以达成，只能在曲折中缓慢前行。太空安全机制创建和改善常常难以跟上技术变革的步伐，这使得各国缺乏必要的信心和耐心，从而导致太空安全机制的构建和完善陷于停滞。特别是太空技术的发展也带来了太空治理难题，给未来太空的可持续利用带来了新的不确定性。比如，移除太空碎片存在政治与军事斗争③。为解决太空碎片对航天器进出太空、卫星在轨运行产

---

① 刘杨钺：《技术变革与网络空间安全治理：拥抱"不确定的时代"》，《社会科学》2020年第9期，第41—50页。

② 刘杨钺：《技术变革与网络空间安全治理：拥抱"不确定的时代"》，《社会科学》2020年第9期，第41—50页。

③ 李忠林：《太空秩序变迁与太空治理难题——基于太空技术的视角》，《当代世界与社会主义》2021年第1期，第147页。

生的安全威胁,有必要采取主动行为,主动移除太空碎片。目前,有些国家已经掌握或正在研究清除太空碎片的技术。但是,国际社会对此极为谨慎,担心既然能主动移除太空碎片,就完全能移除卫星。也就是说,移除太空碎片技术完全可以用于攻击在轨卫星,太空碎片以及移除太空碎片都有可能被一些国家作为太空博弈对抗的手段[1]。

此外,越来越多国家的商业参与者已经或正在迅速开发航天技术,发射天基资产,提供航天服务或规划有关的复杂方案。比如,太空机器人,近距离太空操纵和对接技术,与太空制造、维修、加油和更新相关的其他技术,以及可能用于主动清除空间碎片的技术等。然而,空间法和空间政策所面临的挑战是,很难将这些技术的负面应用和正面应用区分开来。与此同时,越来越多的国家和非国家行为体发展更加尖端的太空军民两用技术能力,必然带来太空新技术扩散的问题[2]。一个更困难的问题是卫星的商业用途和军事用途之间的界限将继续变得模糊,以及私人和商业太空资产的武器化问题也值得关注[3]。因此,这种令人兴奋、充满革新的情况与所有颠覆性技术的进步一样,都需要尽早制定规则和标准,以确保"糟糕的事情"不会在人类社会发生,或至少延缓、阻碍"不好的事情"的发生[4]。

三、权力分散与观念多元加大太空治理难度

在太空领域中太空行为主体不断增加既是必然趋势,也是一个值得高度关注的问题。随着各国太空力量的发展,太空活动中权力主体的增

---

[1] Donald J. Kessler and Burton G. Cour–Palais, "Collision Frequency of Artificial Satellites: The Creation of a Debris Belt," Journal of Geophysical Research: Earth Surface, Vol. 83, No. A6, 1978, pp. 2637–2646.

[2] [德]卡伊-乌维·施罗格等编著:《太空安全指南》(上册),杨乐平、王国语、徐能武译,北京:国防工业出版社,2019年8月版,第233页。

[3] 斯科特·马德瑞:《下一代太空颠覆性技术与创新》,吴文堂、王鲲鹏、黄剑等译,北京:中国宇航出版社,2023年11月版,第147页。

[4] [加]拉姆·S.贾克、[美]约瑟夫·N.佩尔顿:《全球太空管理》,刘红卫、付康佳、王兴华等译,北京:中国宇航出版社,2021年8月版,第Ⅵ、255页。

加与变化使得权力明显分散。这些逐步加入太空活动领域的国家及非国家行为体,以强弱不同的太空力量为基础形成太空权力互动网络的结点,在牵拉着这一网络不断扩张的同时,也改变着网络的内在结构,使得太空领域的国际协调更为复杂,太空领域国际治理难度进一步加大。同时,这些不断发展的太空能力无疑也会给太空安全治理带来更大的挑战。其中,商业航天作为太空领域宏观体系层面和微观个体层面权力交互关系的连接点,扮演着多重角色,追求着多种利益。它的快速增多使得太空权力分散化,国际治理问题更多、难度更大。此外,随着各国太空力量及其应用的不断发展,特别是民用太空产品、服务迅速增多,作为相关太空产品、服务用户卷入其中的机构、企业和人员更是以亿量级的数目迅速增加。这一趋势,必然致使太空国际治理成为非同寻常的超级工程且难度陡增。

在太空领域中太空主体的差异决定了观念的差异。随着太空权力互动中的主体数量不断增加,太空观念也愈发多元化。太空主体之间的观念多元与价值迥异使得太空安全制度的建构越发困难。比如,与冷战时期不同的是,当前快速增多的太空领域相关主体不再以一种置身事外的超然态度对待太空话题,而是从自身利益出发,高度关注、参与太空话题。与此同时,以"太空段"为中心环节的网络系统具有"瞬间全球"的特征,加之语音传输、视频传输和数据传输等技术的融合,使得全球互联网成为各太空主体讨论、交流相关话题最广泛、最便捷的平台。又如,太空领域霸权与反霸权观念碰撞成为太空治理焦点话题。在太空权力结构演变进程中,个别国家试图凭借其唯一超级大国实力维持太空领域的单极霸权,而其他一些太空国家则程度不同地倾向于反霸权的多极权力结构。在太空领域霸权与反霸权观念成为焦点话题之际,除立场坚定、联手反霸权主义外,个别国家越是宣称其太空霸权,其盟友国家越是想脱离其领导,并提出对太空冲突问题的解决方案。比如,欧盟推行独立的 GPS 星座(伽利略)以及采用《欧盟外层空间活动行为守则》等行为表明了这一趋势。可见,各太空主体因身份立场、利益偏好不同,观念也各不相同，这使得太空安全制度建构和完善充满不确定性①。

此外，私人资本不断进入太空，导致太空领域中参与角色复杂化，太空制度无法对其进行有效管制。冷战之后，各国政府对航天技术的管制比较宽松，私营航天企业的数量也随之增多②。比如，21 世纪以来，太空商业化和私有化作为主要形态构成了美国太空开发利用的格局③。2015 年，美国宣布允许商业公司参与太空开发活动，向民间开放太空相关技术，大力支持私人商业公司参与太空活动、进行太空技术研发、发射太空物体，太空商业化的进程得到里程碑式发展，极大程度上扶持了太空旅游等新兴市场④。此后，私人资本在太空中趋于活跃，其他国家也纷纷效仿，放松对私人企业的太空技术的管制，一批私营的太空公司如 SpaceX 公司、蓝色起源、行星资源公司等争相加入太空资源的竞争中。越来越多的民营企业涌入太空，为人类进入太空开展太空活动作出了贡献，但同时也埋下了风险。私人实体公司未能纳入现有治理体系，越来越多的私人实体公司走向太空，制造卫星和运载火箭，甚至参与深空探测，无疑增加了太空治理的难度。有学者表示，不排除私人实体公司为了私利进行一些故意或无意的太空活动，以妨碍其他行为体正常太空活动的可能性⑤。

总之，在当前全球的太空管理制度中，国际条约与国内立法、双边/多边协定、国际学术论坛建议、联合国决议以及硬性规定和软法律并存，而各国政府、政府间组织、非政府组织、商业实体、学术界、工业界、联合国监管机构等对太空不同的利益诉求，使得这些约束和规定有时是不兼容甚至是冲突的。同时，有学者表示，太空/临近空间/空域一体化

---

① ［德］卡伊-乌维·施罗格等编著：《太空安全指南》（上册），杨乐平、王国语、徐能武译，北京：国防工业出版社，2019 年 8 月版，第 92—189 页。
② 李忠林：《太空秩序变迁与太空治理难题——基于太空技术的视角》，《当代世界与社会主义》2021 年第 1 期，第 145 页。
③ 罗绍琴、张伟：《美国太空战略转型及其影响》，《美国研究》2021 年第 3 期，第 67 页。
④ Alina Orlova, Roberto Nogueira, and Paula Chimenti, "The Present and Future of the Space Sector: A Business Ecosystem Approach," Space Policy, Vol. 52, 2020. p. 1.
⑤ Office of Director of National Inteligence, United States Intelligence Community, The National Intelligence Strategy of the United States of America, 2019, p. 4.

管控、地外天体探测、太空移民、新太空活动等,又进一步使得人类太空安全综合治理面临的问题更加复杂①。

四、太空武器化与军备竞赛是太空治理的一大拦路虎

长期以来,太空武器化对于国际军控和裁军而言一直都是不小的挑战,对太空安全和太空环境都存在巨大的隐患。太空资源的争夺与太空武器化的过程互相交织,在大国权力较量之间所引发的太空的一系列问题都加剧了太空治理体系的失衡。美国将太空作为"作战域",特朗普政府宣布建立太空军、组建太空司令部,这一系列动作触动了各国对于太空军事活动敏感的神经②。诸多国家加快了关于太空机构的建设,以应对全球太空军事方面的变化。一些国家也不断加强本国对于太空军事能力的建设,增加太空军事机构的建立。

因此,有学者认为,美国是阻碍太空治理的主要障碍③。美国作为世界上太空技术最先进的国家,本应凭借先进的太空技术在太空治理领域担负符合全球期待的国际责任。然而美国的一系列举动表明,它是阻碍太空治理的主要障碍。比如,美国积极推动太空私有化,宣布太空不再是"全球公地",已经明确暗示美国可以以"先占先得"的方式抢占天体主权,不排除未来美国在太空"圈地"的可能性。美国此举明显有违国际社会关于太空为人类所共有、只能用于和平目的的基本共识,与现有的国际机制背道而驰。比如,太空态势感知能力是有效应对太空碎片,避免发生太空交通事故的主要途径。问题在于,太空态势感知系统具有典型的军民两用性质。因此,人们也担心有些国家的态势感知能力建设是打着应对太空碎片探测等幌子,暗地里强化军事能力。目前,全

---

① [加] 拉姆·S. 贾克、[美] 约瑟夫·N. 佩尔顿:《全球太空管理》,刘红卫、付康佳、王兴华等译,北京:中国宇航出版社,2021 年 8 月版。
② 罗绍琴、张伟:《美国太空战略转型及其影响》,《美国研究》2021 年第 3 期,第 78 页。
③ 李忠林:《太空秩序变迁与太空治理难题——基于太空技术的视角》,《当代世界与社会主义》2021 年第 1 期,第 148 页。

球只有美国建立了较为完善的太空态势感知系统，且主要与其盟国共享，具有较强的排外性，这加剧了外界的担忧。美国凭借自身先进的太空技术优势，对国际太空机制采取了"合则用，不合则弃"的投机做法；为了维护太空霸权，采取了进攻性现实主义的做法。各太空国家的回应自然是发展自身的太空威慑和防护能力，以维护自身的太空安全利益。但是其他国家的这种做法又被美国及盟国视为威胁，由此引发新一轮太空军备竞赛和太空安全困境，这不仅增加了发生太空冲突的风险，也加大了太空治理的难度。

五、案例：两颗活动卫星险些相撞

2019年9月2日，近地轨道上的两颗活动卫星险些相撞。来自欧洲航天局的地球观测卫星Aeolus与SpaceX公司"星链"计划首批卫星之一的"星链-44"都处于危险之中，后者打算用于提供宽带互联网。作为太空交通管理服务的一部分，美国空军向这两家卫星运营商提供了对碰撞可能性和时间框架的评估。由于缺乏关于如何处理潜在碰撞的明确国际规范，如何进行选择就留给了卫星运营商。

随着碰撞日期的临近，碰撞的概率从五万分之一增加到千分之一。这引起了欧洲航天局的极大警觉，他们试图联系SpaceX公司。这一过程是通过直接电子邮件完成的。然而，由于SpaceX公司软件的漏洞，该公司没有收到欧洲航天局的信息。欧洲航天局选择让Aeolus机动远离"星链-44"的轨道路径，碰撞才得以避免[1]。当然，碰撞对两颗卫星都有害，而且会在近地轨道产生大量的碎片——可能达到2009年Iridium-Cosmos碰撞的规模，这次碰撞产生了近2000块可追踪的碎片[2]。

仅这一个例子就清楚地表明，缺乏商定的太空交通管理国际规范和

---

[1]《欧洲航天局航天器躲避大型星座》，欧洲航天局，2019年3月9日，https://www.esa.int/Safety_Security/ESA_spacecraft_dodges_large_constellation。

[2] 布莱恩·威登：《2009年Iridium-Cosmos碰撞资料简报》，安全世界基金会，2010年11月10日，http://swfound.org/media/205392/swf_iridium_cosmos_collision_fact_sheet_updated_2012.pdf。

程序可能会在太空环境中造成毁灭性事件。太空中的碰撞对太空可持续性[1]造成巨大的破坏，对企业也同样具有破坏性。虽然欧洲航天局对其卫星进行了自我保险，但没有证据表明 SpaceX 公司的"星链"卫星也投保了。2020 年 1 月底也发生了类似的事件。两颗卫星处于碰撞进程中，碰撞的概率为 1/100，甚至比 Aeolus－"星链－44"事件还要大[2]。然而，与 Aeolus－"星链－44"侥幸脱险不同的是，这两颗卫星都无法机动，这意味着它们无法避开彼此的方向。国际社会所能做的就是等着看这两颗卫星差点相撞。幸运的是，卫星没有坠毁。然而，这一事件凸显了在拥挤的太空领域中发生轨道碰撞的危险日益增加。

太空态势感知和太空交通管理是太空领域可持续性的基石，包括碎片缓解、执行安全的交会与临近作业，以及有精准的保险要求和评估。这一分析并非试图对所有观点提供全面评估，而是提供了高度相关或不寻常的案例，这些案例可以凸显出上述太空治理领域的共识或变化。

第三节　对太空安全综合治理的思考

太空安全综合治理涉及全人类共同利益，属于全球安全治理的范畴，也是全球安全治理的重要领域。面对急剧变化的国际社会的现实和层出不穷的新现象，虽然重要的国际太空治理机构依旧发挥重要的作用，但太空治理制度逐渐暴露出许多问题，运作中出现不少漏洞，引发歧义和争端，亟须依据实际情况进行变革、加以升级[3]。显而易见，人类利用太空正在以类似人类利用地球资源的方式演变：发现新资源，研发新技

---

[1]　太空可持续性，是指对太空的一系列关注，包括安全地、不受干扰地开展太空活动，确保太空活动为地球带来持续的收益。

[2]　杰夫·福斯特：《潜在的卫星碰撞表明需要主动碎片清除》，《太空新闻》2020 年 1 月 29 日，https://spacenews.com/potential-satellite-collision-shows-need-for-active-debris-removal/。

[3]　张磊：《国际太空治理探析：历史演变、影响因素与中国的参与》，《国际观察》2022 年第 6 期。

术，产生未曾预料的后果，然后着手加强管理和控制，以确保下一代能够继续安全利用这些资源①。2020年9月，美国战略与国际问题研究中心发布《太空治理关键问题》报告②，围绕如何从政策和机制方面应对当前及今后的太空治理这个主题，针对任何类型航天任务均将涉及的空间可持续性和碎片缓解、交会与临近作业、航天保险等领域，从国家、国际政策与行业努力等角度展开论述。2023年，联合国发布题为《为了全人类——太空治理的未来》的报告认为③，过去10年，太空探索领域有三大变化：发射入轨航天器数量剧增、私营企业参与增加、载人深空探测酝酿重启。与此同时，太空治理存在的一些问题更显尖锐，太空治理体系变革被提上议事日程。联合国报告认为，太空探索新时代快速到来，对现有太空治理体系形成冲击，需要从全人类利益出发，制定新的有效治理框架，推动创新，降低风险。

一、健全国际太空安全综合治理机制、规则、标准体系

理念引领行动，方向决定出路。在国际关系领域，行为主体的观念是影响合作能否达成的首要环节，共识是推动合作进程、影响合作全局的积极性因素。太空安全问题的复杂性和范围，以及未来安全挑战的本质，都需要通过一个扩展的国际规范框架来解决④。因此，为了提升太空安全综合治理能力，国际社会须早日形成和平、普惠、共建的太空安全综合治理观念，配套建立公正合理、坚强有力的国际太空安全治理机制规则标准体系。

---

① ［德］卡伊－乌维·施罗格等编著：《太空安全指南》（上册），杨乐平、王国语、徐能武译，北京：国防工业出版社，2019年8月版，第197—198页。

② KAITLYN JOHNSON, "Key Governance Issues in Space," CENTER FOR STRATEGIC & INTERNATIONAL STUDIES, 2020年9月。

③ 贾平凡：《外空治理体系变革需全球加强合作》，《人民日报（海外版）》2023年7月13日第6版。

④ ［德］卡伊－乌维·施罗格等编著：《太空安全指南》（上册），杨乐平、王国语、徐能武译，北京：国防工业出版社，2019年8月版，第186页。

当前，太空安全治理机制已成为一个日益凸显的复杂而敏感的国际安全问题，亟须一套行之有效的国际安全机制进行调控，以达成和平利用太空的目的。各国在太空安全领域的共同利益，包括小行星防御、空间碎片防护、太空军控等方面，构成了建立协商机制的基础，并提供了根本动力；各国在太空安全利益的差异，包括国力的强弱、航天实力的高低、政策战略的定位等方面，则构成了建立治理机制的前提和条件，影响着治理机制的具体制定和执行。太空属性决定了太空安全治理机制集体合作性博弈的实质，同时也导致了太空安全治理的困境：各国不愿为集体的共同安全利益采取行动[1]。因此，应加强国际组织之间协调与合作，为关键太空安全治理领域相关术语创建国际定义，制定卫星行为特别是交会与临近作业的规范规则，建立健全协商与责权分配等太空安全综合治理机制，为太空安全综合治理提供机制保障。同时，太空领域令人兴奋、充满革新的发展与所有颠覆性技术的进步一样，需要尽早制定规则和标准，以确保"糟糕的事情"不会在人类社会发生，或至少延缓、阻碍"不好的事情"的发生。

二、充分发挥联合国在太空安全治理中的作用

在"人造卫星"发射一年之后，联合国和平利用外层空间委员会即成立，这标志着美国和苏联双方都认识到，有必要对太空活动进行管制，而且该管制应由国际机构掌握。联合国显然是这种国际机构[2]。尽管在许多人看来，近几十年来，多个联合国机构在太空管理的逐步发展方面效力已下降，但因太空全球公域性质，由联合国主导太空活动，制定太空政策，实现公平和负责任地利用太空，造福人类，仍是长久之计[3]。

---

[1] 何奇松：《太空安全治理的现状、问题与出路》，《国际展望》2014年第6期，第119—137页。

[2] [加]拉姆·S.贾克、[美]约瑟夫·N.佩尔顿：《全球太空管理》，刘红卫、付康佳、王兴华等译，北京：中国宇航出版社，2021年8月版，第22页。

[3] 张甲英：《全球外空治理中的联合国：角色、挑战与应对》，《江西社会学院学报》2023年第3期，第26—33页。

强大的太空态势感知、有效的太空交通管理以及空间碎片缓解是太空领域可持续性的基石，也将决定未来几十年太空领域的可持续性。诸如这些太空安全治理问题，仅靠一个或少数几个国家的能力是有限的。需要充分发挥联合国的作用，促进国际合作，携手应对。

联合国应居于主导地位，制定全球太空安全政策，支持并强化现有法律框架，修改过时的条款，增加新条款；建立全球太空安全数据中心，提高太空态势感知能力；提出、评估并确立公平的太空"道路规则"，实施公平公正的太空交通管理。联合国应主导国际机构，如国际电信联盟与国际民事航空组织等，改变先申请、先使用的轨道和频率抢占方式，更多采用"公正"规划的分配方式，保证新来者、后发国家拥有足够的轨道与频率资源，优先照顾多边国际太空合作项目所需要的资源，促进公平利用太空资源。联合国可主导培育雄心勃勃的空间碎片缓解等国际太空工程，确保增进全球利益。联合国可主导建立一个磋商机制，让所有攸关方参与太空探索，并从中受益，尤其是让那些没有能力进入太空的国家获得益处。在条件成熟的情况下，可拟定太空武器的标准，规制双用途技术，核查规则遵守情况等。

三、加快太空安全治理相关支撑技术发展

毋庸置疑，在太空这一新兴前沿领域，技术实力永远是太空国际关系权力建构的重要来源，其技术水平高低将直接影响太空安全治理权力的大小[1]。为保障太空活动长期可持续发展，应科学谋划太空治理支撑技术体系建设，形成天地协同、稳定可靠、高效智能的太空活动治理技术能力。

比如，加快建设天地一体化空间目标感知系统，提升空间碎片和小行星监测能力，具备全天域多维空间目标感知能力；开展空间碎片清除与减缓、行星防御等在轨验证任务，建成多类型太空安全防护与处置系统，支撑太空安全治理；推动建设空间频谱监测与管理系统及太空交通

---

[1] 徐能武：《外层空间国际关系研究》，北京：中国社会科学出版社，2010年版。

管理系统，形成空间频谱和轨位资源管理能力，在太空交通管理领域开展实践。太空环境治理相关技术也是太空安全技术体系的重要组成部分，是影响人类太空可持续发展的关键。比如，深空探测技术发展为小行星防御实施提供可能；空间碎片监视能力提升大幅降低了飞行器受碎片碰撞的风险；抵近抓捕操控和拖曳移除技术发展为空间碎片环境治理提供了解决途径等。太空可持续性和碎片缓解涉及所有航天任务实体的利益，全面加强相关技术开发的国际合作，必然成为加快太空安全治理支撑技术发展的战略选择。

四、坚持治理现代化思想提升太空治理能力

在太空领域，权力取决于太空治理能力的发展水平。当前，太空国家间的航天综合治理能力差距较大，太空权力分布失衡，太空国际合作因此受阻。国际社会应一道促进以航天实力为基础的太空权力均衡，减少太空主体间的权力斗争，缓和太空力量差距带来的矛盾，维护太空秩序的基本稳定，为促进人类命运共同体视域下的太空合作做好政治准备。

为适应国际太空发展的新形势和新挑战，需要坚持法治思维，加快推动航天立法进程，填补国家航天领域的法律空白，以航天法为统领，健全科技创新、科研生产、产业发展、金融保险等相关配套政策法规体系，出台或完善太空活动管理条例等，依法指导和规范各类太空活动。比如，有学者提出，现有的以空间物体登记为基础的国际空间法管辖权体系，已不能完全满足快速发展的外层空间活动，通过"国家立法—国际实践—国际立法"路径建立航天器国籍制度，不仅有助于弥补现有空间物体登记管辖权体系的不足，还可能发展出全新的外层空间管辖权体系以及进一步完善外空损害赔偿责任制度，并推动国际空间法从"义务本位"向"权利本位"转变①。此外，应将商业航天发展纳入法治轨道，

---

① 王国语、吴清颖：《论航天器国籍制度的建立》，《国际法研究》2023年第3期，第107—123页。

进一步加强商业航天科研生产及发射服务安全风险管理，推动制定太空旅游、太空采矿等新兴太空商业活动的规章制度，促进新兴产业快速发展。构建现代化的太空全球治理体系还要加强对太空治理的国际统筹，切实形成集中决策的太空活动管理体制；加强全球太空活动的顶层设计，将太空活动视为保护全球安全和经济利益、促进人类社会发展的战略活动，加快推动太空治理领域的战略引领，理顺国际社会职责分工，在太空全球治理领域形成合力。

五、加快构建太空领域人类命运共同体

构建人类命运共同体理念是习近平新时代中国特色社会主义思想的重要组成部分，已成为引领时代潮流和人类文明进步方向的鲜明旗帜[①]。太空是人类共同的疆域。和平利用太空，在太空构建人类命运共同体，符合全人类的长远利益，是国际社会的普遍利益诉求。人为环境污染、空间碎片危险、太空武器化等严重事态和现象，已经成为各国进出、探索、利用太空的"公害"，威胁着整个人类在太空中的共同利益，而太空安全综合治理的努力不可能单依靠个别国家的实力奏效。一个国家在太空的安全与其他国家在太空的安全越来越多地联系在一起。即使当前由于不同国家对于政治、军事、国家利益等因素的考量导致太空仍笼罩在安全风险甚至冲突的阴影之下，但人类的视野应看到冲突之后的和平，应看到当前国际社会对实现太空和平利用的努力[②]。

随着太空开发利用的深入和太空战略地位不断提高，国际太空治理作为全球治理的重要组成部分，无论在理论还是实践方面均引起了国际社会的普遍关注[③]。面对上述太空安全综合治理困境和挑战，我国作为

[①] 甘永、唐玉华、张晓斌等：《秉持构建人类命运共同体理念，推动太空领域全球治理》，《中国航天》2021年第3期，第45—48页。

[②] 王国语、袁杰、马冬雪：《联合国外空活动长期可持续性准则谈判焦点及趋势分析》，《中国航天》2017年第12期，第30—34页。

[③] 张磊：《国际太空治理探析：历史演变、影响因素与中国的参与》，《国际观察》2022年第6期，第128页。

国际太空治理的重要主体，始终坚持在联合国框架下，秉持全人类共同利益的价值取向，全力推动在太空领域构建人类命运共同体，为长远解决国际太空安全治理问题贡献中国智慧、中国方案、中国力量。在实践中，我国始终积极广泛参与国际多边平台的国际规则谈判进程，坚持对话协商，以构建人类命运共同体理念，积极推进外空军控进程，推动外空军控条约磋商，推动太空多边和双边合作的开展，维护世界各国享有和平利用外空的权益，切实为太空持久和平与共同安全作出更大的贡献。

图书在版编目（CIP）数据

太空安全概论 / 丰松江编著. -- 北京：时事出版社, 2025.4. -- ISBN 978-7-5195-0486-1

Ⅰ. V11

中国国家版本馆 CIP 数据核字第 2025945H74 号

出版发行：时事出版社
地　　址：北京市海淀区彰化路138号西荣阁B座G2层
邮　　编：100097
发行热线：(010) 88869831　88869832
传　　真：(010) 88869875
电子邮箱：shishichubanshe@sina.com
印　　刷：北京良义印刷科技有限公司

开本：787×1092　1/16　印张：21.5　字数：306 千字
2025年4月第1版　2025年4月第1次印刷
定价：168.00 元
（如有印装质量问题，请与本社发行部联系调换）